电力博弈优化设计与应用

高丙团　刘晓峰　著

东南大学出版社
SOUTHEAST UNIVERSITY PRESS
·南京·

内 容 简 介

在能源消费需求持续快速增长的当下,提高能源利用效率迫在眉睫。自国务院电改9号文的颁布,我国正式拉开了电力市场改革的序幕。在现代电力市场中,电源侧、电网侧和用户侧多方参与形成多主体的决策优化;而博弈论作为一种解决多主体决策优化问题的有效手段,成为智能电网市场环境下不同群体开展策略选择的有力工具。本书理论结合典型案例,基于智能电网环境下需求侧博弈的背景要素和概念框架,从"完全信息到不完全信息"和"完全理性到不完全理性"两个维度给出了合作博弈/非合作博弈、主从博弈、贝叶斯博弈、演化博弈在智能电网特别是需求侧的典型优化设计与应用案例分析。

图书在版编目(CIP)数据

电力博弈优化设计与应用/高丙团,刘晓峰著.—
南京:东南大学出版社,2022.6
　　ISBN 978 - 7 - 5641 - 9941 - 8

　　Ⅰ.①电… Ⅱ.①高… ②刘… Ⅲ.①电力系统-系统优化 Ⅳ.①TM7

中国版本图书馆 CIP 数据核字(2021)第 264653 号

责任编辑:姜晓乐　　责任校对:韩小亮　　封面设计:夏乾茜　　责任印制:周荣虎

电力博弈优化设计与应用
Dianli Boyi Youhua Sheji Yu Yingyong

著　　者	高丙团　刘晓峰
出版发行	东南大学出版社
社　　址	南京市四牌楼 2 号(邮编:210096)　电话:025-83793330
经　　销	全国各地新华书店
印　　刷	江苏凤凰数码印务有限公司
开　　本	787mm×1092mm　1/16
印　　张	15.75
字　　数	393 千
版　　次	2022 年 6 月第 1 版
印　　次	2022 年 6 月第 1 次印刷
书　　号	ISBN 978 - 7 - 5641 - 9941 - 8
定　　价	66.00 元

本社图书若有印装质量问题,请直接与营销部联系,电话:025 - 83791830。

前　言

　　能源利用形式以及能源利用的质和量关系到人类社会的发展和进步。电力作为优质的二次能源以特殊商品的形式与当前社会每个人的生活息息相关,各种先进的科学和技术不断推动电力领域的变革性发展。随着智能电网的建设和电力市场改革的深化,电力已经从传统单向能流发展到能流的双向流动,配以高速通信的信息流和资金流,使得电力能源系统已发展成为涉及多领域、多方参与的复杂网络系统,其优化设计也发展成为多层次、多目标和多变量的综合优化设计。作为特殊商品的电力,在市场化的大环境和大趋势下,如何开展多方参与主体的策略优化,是实现资源市场化高效配置,保障电力能源系统安全稳定,确保人民美好生活的关键。

　　博弈自生命出现之初就存在于自然界中,生物进化的过程就是生物体与自然界不断博弈演化的结果。一般认为博弈理论由约翰·冯·诺伊曼于 20 世纪 20 年代开始创立,1944年冯·诺伊曼和奥斯卡·摩根斯坦出版的著作《博弈论与经济行为》则标志着现代系统博弈理论的初步形成。虽然博弈理论被应用到很多领域,但其应用最为活跃的还是经济领域。广义的电力博弈优化是伴随着电力的发明而出现的,狭义的电力博弈优化则是在电力市场化以后参与电力市场的各个利益主体之间的博弈。伴随着我国电力市场化改革的步伐,特别是 2015 年《中共中央　国务院关于进一步深化电力体制改革的若干意见》(中发〔2015〕9号)发布后,竞争机制直接引入电力能源的各个环节,使得参与电力能源各方的市场化博弈优化成为可能,也促成了电力博弈优化研究的学术论文大量涌现。但是,当前的研究成果大多都仅限于典型场景下具体的博弈对象和单一的博弈算法,缺少一本能够涵盖电力能源大部分环节的博弈优化设计和应用实例内容的专业书籍。

　　作者在 2010 年参与地方政府智能电网规划和国家电网公司需求侧管理项目的过程中开始接触并进入电力博弈优化领域,和指导的研究生持续做了一些研究工作。研究工作主要包括:从博弈参与人是否理性方面涉及电力传统博弈优化和电力演化博弈优化;从信息是否完整方面涉及完全信息电力博弈优化和不完全信息电力博弈优化;从参与人地位是否对等方面涉及电力常规博弈优化和电力主从博弈优化;从参与人位于电力能源产销的不同环节涉及电源侧、输电侧和用电侧博弈优化。

　　第 1 章简要介绍智能电网、电力市场、电力需求侧管理、博弈理论等背景知识,阐述国内外博弈优化技术在电力能源特别是在电力需求侧管理方面的发展现状;同时,对电力需求侧博弈关键技术进行了展望。

第2章介绍电力非合作博弈优化,阐述非合作博弈基本理论知识,并结合电站发输电方案优化、居民负荷管理优化、冷热电联供多园区用能调度等典型场景,提出基于非合作博弈的电力优化方法。

第3章介绍电力合作博弈优化,阐述合作博弈基本理论知识,并结合用户负荷调度、可再生能源电站跨区电力交易、分布式供能系统经济优化等典型场景,提出基于合作博弈的电力优化方法。

第4章介绍电力主从博弈优化,阐述主从博弈基本理论知识,并结合发电商与大用户双边合同交易、电力公司与居民用户购售电交易典型场景,提出基于主从博弈的电力优化方法。

第5章介绍不完全信息电力博弈优化,阐述不完全信息博弈基本理论知识,并结合发电商与大用户双边合同交易、居民分布式能源调度、居民需求响应资源日前投标决策等典型场景,提出基于不完全信息的电力博弈优化方法。

第6章介绍电力演化博弈优化,阐述演化博弈基本理论知识,并结合居民智能需求响应演化、智能用电项目演化、综合需求响应项目演化博弈等典型场景,提出基于演化博弈的电力优化方法。

第7章介绍了小型需求侧博弈优化实验平台。

本书是作者及其团队成员在电力博弈优化领域一段时期的研究成果总结。除了署名作者之外,参与相关工作的研究生还有张文虎、吴诚、马婷婷、朱振宇、罗京、凌静和陈晨等。

作者
2021 年 8 月

目　　录

第一章 绪 论

1.1 电力博弈优化的现实意义

电能作为一种清洁二次能源,已经渗透到人类社会发展的各个领域。目前,电能的生产仍旧依赖于化石能源,能源危机、环境污染、全球气候变暖等问题日益加剧,现有的能源生产和消费模式亟须优化[1]。为提高资源的利用效率,促进节能减排以及提高供电可靠性,世界多国相继开展了智能电网的理论研究和实践。与传统电网相比,智能电网具有电力和信息双向交互的特点,通过高速、实时的通信技术和先进的数据测量采集技术,构建一个高度智能化的能量交换网络[2-3]。由于智能电网可以实时交换信息,因此智能电网中的诸多主体,特别是用户侧主体具备了参与电力优化互动的资源和通道,在电力市场化大环境下,能够直接参与电网运行优化[4]。解除管制、引入竞争是世界各国电力工业发展的总趋势,随着智能电网的建设,发电侧和用电侧的市场将全部放开,利用市场竞争来优化资源配置,从而提高效率,降低成本,优化服务,促进电力工业的长期可持续发展。

我国的电力市场交易体制改革经历了多个阶段。2002 年 2 月,国务院印发《电力体制改革方案》(国发〔2002〕5 号),提出了厂网分开、主辅分离、输配分开、竞价上网的指导方针并规划了改革路径,电力市场进入初步发育阶段。2015 年 3 月,《中共中央 国务院关于进一步深化电力体制改革的若干意见》(中发〔2015〕9 号,以下简称"电改 9 号文")发布,我国新一轮电力体制改革开启。根据电改 9 号文,电网公司、发电厂和其他社会资本只要符合售电公司准入条件都可以投资成立售电公司。售电侧的市场放开后,参与竞争的售电主体有:电网企业的售电公司;由社会资本投资增量配电网的售电公司,拥有配电网的经营权;独立的售电公司,没有配电网的经营权。同一售电公司可以在不同供电营业区内交易,一个供电营业区内也可以有多家售电公司。但是一个供电营业区内只能有一个售电公司拥有该配电网的经营权,并需承担保底供电服务。售电公司主要有三种途径购买电量:与发电公司签订双边交易合同、参加电力批发市场交易和从其他售电公司购电。其中,参与电力批发市场交易是售电公司购电的重要途径。

在新模式下,发电公司既可以与售电公司交易,通过售电公司卖电给电力用户,也可以与电力用户直接交易,该模式和已有的与大用户直接交易类似。此时,电网企业不再以购销差价作为主要收入来源,而是只对发电公司、售电公司、电力用户等提供传输电能的服务,并向其服务对象按照政府核定的输配电价收取过网费,输配电价的制定以准许成本加合理收益为原则。各市场主体均可以在电力交易中优化自己的收益。对于发电侧,电站参与电力批发市场与售电公司交易时,在市场中参加竞价以确定交易电量及交易价格,并通过改变报价策略来优化自己的收益。而在输电环节中,不同输电线路所属的电网企业对过网费的收费标准可能有所区别,电站以过网费最低为目标来优化输电方案。其中,电站可以是传统能源发电厂如火电厂等,也可以是新能源电站如风电场、光伏电站等。

借助于智能电网信息和能量的双向互动能力,在我国电力市场改革的大背景下,需求侧用户在电网中的作用逐渐显现出来[5]。通常,需求侧用户根据用电特性可分为居民、商业和工业用户。其中,居民、商业中低能耗用户主要通过需求响应(Demand Response,DR)市场化手段与电网互动,实现负荷柔性化,提高终端用电效率[6-8];工业高能耗用户主要通过电力零售市场与发电侧互动,实现源荷供需平衡,提高供电可靠性[9-10]。然而,由于需求侧用户基数大,负荷类型多,特别是分布式电源、电动汽车的出现和普及,再加上开放型电力市场售电主体、交易模式的多元化,需求侧决策主体最优策略的确定变得极具挑战性,传统单主体决策的最优理论体系已无法满足多决策主体间的策略优化[11]。鉴于此,作为解决多决策主体优化问题的博弈论有望成为解决电力需求侧问题的有力工具[12]。

博弈论又称为对策论,主要用于研究两个或两个以上有利益相关的决策主体如何通过各自优化决策从而使得自身利益最大化。博弈问题最早可追溯到19世纪初期的寡头竞争模型。1928年,冯·诺依曼证明了博弈论的基本原理,标志着博弈论作为一门理论正式诞生。20世纪50年代,约翰·纳什(John Nash)利用不动点定理证明了非合作博弈均衡点的存在性,即Nash均衡(纳什均衡)[13],从此博弈论在不同领域得到了深远的发展与应用。通常来说,一个完整博弈至少包括3个要素:参与者、策略空间和支付函数。参与者,指参与博弈的决策主体,是能独立决策、独立行动并且极具理性的个人或组织;策略空间,指参与者在博弈过程中可以选择的全部决策或策略的集合,不同参与者的策略空间常常不同,可选择的决策数量也可以不同;支付函数,指参与者在决策之后得到的效益或者效用,可以为正值或负值,参与者在博弈过程中总会选择使自己收益最大的策略。3个基本要素确定后,即可建立相应的博弈模型。在非合作博弈中,当任意参与者都不会轻易改变自身策略,否则其收益会减少时,该均衡状态称为Nash均衡。另外,博弈按照参与者的理性程度可将其分为经典博弈和演化博弈,其中经典博弈要求参与者必须为完全理性,而演化博弈只要求参与者具有有限理性。经典博弈又可按照参与者是否合作可将其分为合作博弈和非合作博弈,按照参与者对其他参与者信息的了解程度可将其分为完全信息博弈和贝叶斯博弈,按照参与者是否存在行动的先后顺序可将其分为静态博弈和动态博弈[14]。

博弈论与其他优化理论的区别在于参与者之间的决策具有相互作用,某一个参与者的决策受其他参与者决策的影响,同时也会影响其他参与者。博弈论最早被应用于经济领域,后在政治、军事、生物进化、工程管理等各个领域均有应用。在电气工程领域,博弈论最早应用于电力市场[15],尤其是在以发电公司作为研究对象的发电侧领域的应用。例如,Cournot模型和Bertrand模型在发电公司竞价上网方面的运用[16-17]。随着需求侧在智能电网中地位的日渐凸显,需求侧用户良好的决策工具对加强智能电网的建设有着重大意义。因此,博弈论在需求侧的应用研究也具有重要的理论价值和实际意义。

1.2 电力博弈行为

传统电力市场中,发电公司、电网公司之间往往存在激烈的博弈[18-19],如图1-1所示的博弈[0];但是,需求侧用户只能被动接受电网公司制定的销售电价,用户之间以及和电网公司之间并无直接竞争关系;传统电力市场的博弈优化研究已较为成熟,不是本书的研究重点。然而,随着电力体制改革的不断深化,电力市场售电主体和交易模式正朝着多元化方向发展。根据国家政策、国家能源局下发的《关于推进售电侧改革的实施意见》,售电侧市场主体既包括传统电网企业,还包括售电公司和用户。售电市场的开放使得需求侧资源不再仅仅集中在用户负荷上,还包含分布式电源、储能以及电动汽车等分布式能源。如图1-1所示,在多边开放市场下,过去统购统销模式被打破,用户不仅被赋予了自由选择售电主体的权利,其中高能耗用户还可跳过售电公司,直接与发电公司进行交易;同时,拥有分布式能源用户还可成为集能源供应和消耗于一体的产消者,既可自产自消,又可选择与售电公司进行市场交易。鉴于此,需求侧与发电侧、售电侧之间多主体、多元化的交易必然会存在错综复杂的博弈行为。根据需求侧不同主体间的市场交易模式,需求侧博弈行为可以分为以下3类:

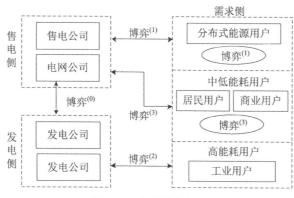

图1-1 电力博弈行为

(1)分布式能源用户博弈[1],通过分布式电源或者利用储能以及电动汽车反向放电能力,用户以售电主体身份在电力市场中进行交易[20]。为了更好地服务于电力系统,市场会设置相应的机制,而用户为了能够在交易中取得良好收益,需要和其他售电用户、电网公司以及售电公司进行博弈。

(2)高能耗用户博弈[2],高能耗行业的大用户为了降低生产成本势必会选择直接与发电公司进行购电交易[21]。高能耗大用户和发电公司分别作为买方和卖方都想在交易中获得最大利益,因此两者之间必定存在直购电博弈[22]。博弈形式可以是单个大用户对单个发电公司,也可以是多个大用户对多个发电公司。

(3)中低能耗用户博弈[3],商业、居民等中小型用户在需求侧占据重要地位,该类型用户在电价机制的激励下会通过改变用电方式来减少电费。在需求响应框架下,用户用电需求会通过市场影响电价,因此,各用户为使自身费用最低,必定会存在博弈[23]。另外,售电侧放开后,中小型用户可以从电力市场自由选择售电主体,因此用户和售电公司、电网公司之间也会存在博弈行为。

1.3 博弈论在电力需求侧的应用

现阶段,针对电力需求侧的博弈建模理论多是基于非合作博弈、合作博弈和 Stackelberg 博弈,其次还有考虑不完全信息的贝叶斯博弈以及有限理性的演化博弈。其中,非合作博弈运用最为广泛,但由于实际问题的多样化及其复杂多变性,特别是涉及众多参与者时,纳什均衡解的存在性证明以及求解存在一定的困难;合作博弈相对于非合作博弈而言,合作联盟的整体收益一般会大于个体非合作时的收益之和,即所谓的合作剩余,这也是合作博弈能够继续的重要原因,但考虑到参与个体的利己性,联盟利益再分配一旦出现不公平现象,就极有可能导致联盟的瓦解,因此在实际场景中利益分配机制的设计是一个难点;Stackelberg 博弈实际上是一种由于双方市场地位不对称而导致先后决策的动态博弈行为,博弈双方一方处于领导者地位,而另一方处于追随者地位,因此该博弈多见于发电商和大用户间的直购电博弈,但由于领导者在制定策略时需要充分考虑追随者的响应模型,因此 Stackelberg 博弈均衡解的求解过程通常较为繁琐。另外,贝叶斯博弈摒弃了博弈信息必须完全已知的假设,演化博弈摒弃了博弈参与者必须为完全理性的假设,从而使其更贴近于现实,但是如何选取与建立贝叶斯博弈中不完全信息的概率模型以及演化博弈中选择和变异机制才能更加贴近实际问题,存在一定的难度。本节内容将从分布式能源用户、高能耗用户以及中低能耗用户 3 个方面对所涉及的上述博弈展开国内外研究综述。

1.3.1 分布式能源用户博弈

需求侧售电用户主要通过储能、分布式电源以及电动汽车等设备和电网进行双向交易。为了能够获得高收益,用户在安排分布式电源出力时需要考虑电网负荷水平、市场电价以及负荷匹配等众多因素,而负荷水平和市场电价等因素与其他市场参与者密切相关,因此博弈论的应用可以为分布式能源用户决策提供新途径。

在储能和分布式电源方面,文献[24]设计了一种新型电能成本函数以运用到储能反向售电给电网的场景中。该文以用户和售电公司作为博弈参与者,分别讨论分析了非合作博弈和 Stackelberg 博弈。其中,非合作博弈模型通过优化用户各时段负荷安排来最小化能耗费用,Stackelberg 博弈模型通过优化售电公司各时段电价参数来最大化收益。文献[25]采用非合作博弈方法研究了居民用户和电网进行双边交易时的博弈行为。文章所述场景中用户通过分布式电源和储能设备可为负荷供电,又可在能量供应过剩时向电网售电。文献[26]针对配电网存在高比例分布式居民用户售电商的情况下,设计了一种 n 人非合作博弈框架,并在仿真分析部分利用 IEEE 13 节点对所提方法进行了验证,结果表明居民用户售电商在分布式电源和储能的运行管理方面可以起到至关重要的作用。

在电动汽车方面,文献[27-29]均以电动汽车作为用户和电网之间进行交易的媒介,并利用多智能体博弈机制对电动汽车充放电策略进行了研究。其中,文献[27]建立了电动汽车和电网的能量交易市场,并采用非合作博弈方法对交易策略进行了优化,但并未考虑用户其他负荷的可转移性和不确定性。为此,文献[28]综合考虑了电动汽车反向卖电和柔性负荷不确定性,并分别以用户团体效益和用户个人效益最大化为目标建立了合作博弈模型和非合作博弈模型。仿真结果表明两种博弈方式下电动汽车储存的能量均可在负荷高峰时段满足用户用能需求,并能降低电网供电压力,增大电网社会效益。文献[27]和[28]均假设所有参与者博弈信息为完全已知,而文献[29]在建模过程中考虑了博弈信息的不完全性,将电动汽车按照充放电成本不同进行分类并建立了各类型的概率模型,然后采用贝叶斯博弈对电动汽车和电网的双边交易进行了建模分析。研究结果表明,随着电动汽车参与双边交易比例的提高,参与用户的能耗费用会逐渐降低。

1.3.2 高能耗用户博弈

随着电力市场改革的深入,工业等高能耗行业的大用户可以从发电公司直接购电。发电公司和大用户彼此存在利益上的冲突,各方均想通过制定有效的购售电策略来制约对方,提高自身收益,而博弈论是为有利益冲突个体优化决策的理论,它在直购电交易中的研究成果对于电力市场的发展具有重要参考价值。目前,博弈论在高能耗用户直购电方面的应用主要分为用户与单一发电公司博弈以及用户与多个发电公司博弈。

在用户与单一发电公司博弈方面,用户和发电公司在直购电交易时,为了自身利益最大化会进行博弈,并在双方博弈达到均衡状态以后完成交易。文献[30]以发电公司和用户收益最大化为目标建立了基于定价博弈的 Stackelberg 优化模型,并在算例中分析了合作博弈和非合作博弈在直购电交易中产生的不同效果。研究结果表明所建立的 Stackelberg 博弈模型产生的全局均衡定价策略可保证用户和发电公司双方收益均衡,交易可以稳定持续。文献[31]提出了一种基于双边合同二次交易的高低匹配竞价机制,并采用学习博弈法研究了交易双方两阶段竞价优化策略,即博弈双方通过调节电量和电价申报策略以达到前一阶段收益结果的最优反应,进而实现各自利益的最大化。文献[30]和[31]均未考虑博弈信息的不完全性。文献[32]则考虑了发电公司生产成本和大用户估价是私有信息的情况。该文基于贝叶斯博弈理论对双方线性报价战略均衡展开了研究,通过求解贝叶斯纳什均衡解,从而为发电公司和大用户提供最优报价策略。

在用户与多个发电公司博弈方面,当市场处于完全开放的情况下,大用户为了降低用电费用可以同时与多个发电公司签订合同,完成直购电交易。文献[33]建立了以用户为领导者、发电公司为追随者的 Stackelberg 博弈模型。用户将购电量和报价上报给各发电商,然后各发电商给出相应的报价,最后双方以自身利益最大化为目标进行售电量和售电价格的协商与匹配。文献[34]则将发电公司视为上层领导者,将大用户视为下层追随者。研究结果表明,所提双边交易机制既可提高发电公司利益,降低运营风险,又可减少用户购电成本,获得稳定电能供应。基于文献[34],文献[35]将贝叶斯博弈理论引入大用户与发电公司的双边交易中。该文假设发电公司报价和发电成本为私有信息,各发电公司无法获知对手具体的报价和发电成本信息。仿真结果表明,由于博弈信息的不完全,大用户和发电公司的利益均会受到影响。上述文献均是基于经典博弈理论展开研究,而文献[36]则利用演化博弈论的均衡分析方法研究了大用户和发电商之间的购售电价及电量均衡问题,建立了群体策略动态复制方程,并通过数值解析法分析了均衡解的演化状态。

1.3.3 中低能耗用户博弈

商业、居民等用户虽然个体电能需求不大,但由于用户基数大,因此依然存在较大的需求响应潜力。现阶段,电力市场主要通过调整电价结构来吸引中低能耗用户积极参与到需求响应中。其中,较为有效的电价机制为分时电价和实时电价,目前博弈论在这两方面均有较为成熟的研究。但现有研究主要针对居民用户,对于商业用户方面的应用较少。

1) 基于分时电价的博弈

在分时电价博弈方面,已有研究多是以类似于直购电的交易机制进行,即售电公司给出各时段电价,用户给出购电策略。因此,基于分时电价的博弈形式以非合作博弈和Stackelberg 博弈最为常见[37-39],也有部分文献建立了演化博弈和贝叶斯博弈模型[40-41]。

文献[37]基于分时电价将非合作博弈引入售电公司和用户之间的电能交易。其中,售电公司通过优化各时段售电电价以提高自身收益,而用户在被动接受电价的前提下为了既能达到用电满意度又能降低用电费用,会合理安排优化各时段负荷。文献[38]建立了售电公司和用户之间的 Stackelberg 博弈模型,而售电公司则采用非合作博弈模型对其电价的决策做了分析。进一步,为了实现用户用电效用最大化,文章采用 Lagrange 乘子法推导出用户从不同售电公司购电的最优购电量组合。文献[39]则分别在用户侧和售电公司侧建立了非合作博弈模型,并在仿真分析中以 3 个售电公司和 1 000 个用户为例进行了验证。算例结果表明,所提方法可以降低用户用能费用,平抑电网峰谷差,而且还可适用于拥有大规模居民用户的电力系统。同样以多售电公司多用户为研究背景,文献[40]和[42]则采用演化博弈来研究不完全理性用户群体在受其他用户影响下从不同售电公司购电的决策行为,并建立了用户选择售电公司行为的演化博弈模型。研究结果表明,售电公司给出的电价和售电量会直接影响用户群体购电的演化趋势,其趋势可为售电公司制定电价策略提供参考。

2) 基于实时电价的博弈

在实时电价博弈方面,博弈形式主要为合作博弈[43-45]和非合作博弈[46-48]两种形式。其中,合作博弈多是以优化用户集体费用作为目标进行,而非合作博弈多是从优化个体用户费用的角度进行建模分析。

在合作博弈方面,文献[43]假设传统发电机组的发电成本是关于发电量的二次函数形式,并以此建立了所有用户 1 天的总电能费用优化模型。进一步,根据各用户日用电量占总用电量比重乘以所有用户费用来分配各用户的电能费用,然后建立了用户博弈优化模型。然而,由于文中用户用电量占比为常量,因此每个用户依然是将集体费用最小作为博弈目标,即所建立的博弈属于典型的合作博弈范畴。文献[44]设置的博弈机制与文献[43]类似,不同之处在于,该文中用户费用是按照每个时段进行结算的,而文献[43]是按照每天的总费用结算。对比分析结果表明,文献[44]中用户在峰时段削减负荷后的费用要比在平时段削减相同负荷后的费用低,文献[43]中用户在两种情况下的费用一样。

在非合作博弈方面,文献[46]提出一种幂函数型电价模型,并利用变分不等式原理对纳什均衡存在情况下电价模型中幂的范围进行了求解分析,进而建立起用户与用户间关于电能费用的非合作博弈模型。文献[47]假设用户用电产生的效用为电量的二次函数,电价为电量的线性函数,并以效用与电费差值作为用户参与博弈的目标。文献[48]则以电能的效用函数模型以及电价模型的设计作为该文的重点,最终将电价设置为包含一次与对数函数的混合模型,电能效用则是以自然常数为底的指数模型。进一步,该文建立了售电公司和居民用户的双层博弈模型,并在仿真分析中将所提方法与文献[43]进行了对比,结果表明所设计的模型可以很好地平抑负荷峰谷差,降低能源费用。

1.4 电力需求侧博弈关键技术展望

1.4.1 用户分布式能源协调优化

售电侧市场改革的深入使得拥有分布式能源的用户成为新型售电主体。随着用户型售电商数量的不断增加,其未来的发展将面临众多亟待解决的问题,博弈论也将会在分布式能源用户的不同方面发挥更大的作用。

(1) 从电网角度来说,分布式能源的大量接入势必会对电网的安全稳定造成影响,分布式能源用户之间是否需要合作,如何协调联盟内部与电网的交易时段和功率才能降低对电网的影响,此类问题十分适合使用合作博弈理论进行分析。通过引入衡量分布式用户与电网交互功率波动性的相关指标,在用户愿意参与合作的前提条件下,以此构建联盟协同优化函数来降低对电网的影响。另外,分布式电源、储能、电动汽车均可作为调节电网频率的辅助设备[49-50],如何制定有效策略才能达到最优效果也可通过合作博弈做进一步研究,而联盟在为电网提供调频服务时所获取收益的分配问题也是研究该领域的一个可行方向。

(2) 从用户角度来说,以往分布式电源、储能等设备的功率和容量主要是以满足用户自身负荷为目标进行优化配置,而当用户成为售电主体后,电源和储能配置不仅需要考虑自身负荷情况,还需要考虑售电收益以及其他用户售电对市场造成的影响。在此情况下,用户如何进行分布式电源和储能优化配置有望借助于非合作博弈理论来解决,可综合考虑设备投资成本、运行维护成本以及售电利润等方面,以此构建用户非合作博弈模型并确立博弈策略集,进而通过求解纳什均衡获得各用户分布式电源和储能最优配置。

1.4.2 高能耗用户购电策略优化

随着直购电交易的推广以及电力市场的不断完善,对电能价格较为敏感的高能耗用户可以通过不同市场获得电能,其中,包括远期合约、期权以及现货等市场[51]。不同市场中的电价不同,电价的波动性及其受市场需求影响程度也不尽相同。因此,高能耗用户如何合理分配各市场购电量以降低购电费用、发电公司如何制定各市场的报价策略才能吸引更多用户,这些问题可以通过主从博弈得到很好的解决。其基本流程为高能耗用户构建购电策略优化模型,发电公司依据用户最优购电策略构建报价策略优化模型,进而设计出分布式算法求解 Stackelberg 均衡,其中算法的收敛效果及效率是该领域的一个重要研究点。

此外,由于用户和发电公司在直购电交易中的信息极有可能属于商业机密,不为竞争对手所知。已有研究多是假设发电公司成本函数或者报价为未知信息,然而实际系统中难以获取的未知信息远不止这些,例如发电公司的最大发电量、高能耗用户负荷需求以及现货市场的电价等等。因此,在用户和发电公司直购电交易中存在多种未知信息的情况下,并基于未知信息均服从特定概率分布特性的先验条件,从而有望可以通过贝叶斯博弈建模理论来解决上述背景下的高能耗用户和发电公司购售电策略优化问题。

1.4.3　商业用户负荷需求响应

商业用户负荷不同于居民负荷。首先,负荷种类少,主要涉及照明和空调;其次,负荷使用时段较为集中;最后,负荷弹性水平低,照明、空调可转移性差。

鉴于商业用户的负荷特性,基于居民负荷用电特性的传统博弈优化方法难以运用至商业用户需求响应中。但是,由于空调为可中断负荷且在商业用电中占有较大比重,因此在不影响用户舒适度的前提下,负荷代理机构(例如,负荷聚合商[52-53])根据电网调度部门发布的负荷削减相关信息对空调实施有计划的间歇性中断,从而可以达到较好的削峰效果。在此情况下,电网调度部门在负荷削减效果和投资费用两者间的协调均衡问题可通过纳什谈判博弈理论解决,即可将削减效果和投资费用视为相互竞争的两个谈判个体,各个体均以自身目标最优作为决策依据,经过多轮博弈后双方达成妥协,从而得到负荷削减效果和投资费用之间的均衡解。此外,电网调度部门和负荷代理机构买卖双方不同主体间利益冲突问题可通过二人零和博弈得到有效分析;而不同代理机构在进行市场份额竞争时,对于负荷削减的策略性报价、削减投标量等问题有望可以通过非合作博弈给出合理的解决方案。

1.4.4　考虑居民用户差异性的需求响应

居民用户不同个体间用电行为、负荷种类以及消费观等都具有较大的差异性,已有博弈建模方法多未考虑居民用户间的差异[54-56],从而导致优化结果与实际系统有较大的出入。为此,需要研究的主要问题包括[57]:

(1)居民用户用电行为受外界环境、生活习惯以及家庭人口结构等众多因素影响,在对居民用户实施负荷调度安排时需紧密结合用户用电行为特征。因此,根据居民用电行为特征有针对性地建立博弈优化模型有利于进一步贴近实际系统。

(2)居民用户需求响应模型主要是建立用户用电与电价的关联关系,要想准确地描述负荷需求随电价的响应程度,就需要考虑居民用户的不同消费心理对负荷调度优化的影响。例如,只有当电价优惠超过一定幅度时,有的用户才愿意改变用电习惯转移负荷。为此,如何建立考虑用户消费心理的居民用户博弈优化模型值得做深入研究。

(3)进一步,不同居民用户对经济的敏感程度不同,例如,家庭收入高的用户参与需求响应的积极性远小于家庭收入低的用户。在此情况下,如何建立合理的数学模型来衡量用户经济敏感度,如何将其引入居民用户需求响应中,此类问题亦值得做进一步探讨。

1.4.5　电力网络通信安全分析

通信网络的快速、安全、可靠对于实现需求响应至关重要。电力通信广泛采用光纤通

信,而光纤通信并不是绝对安全的通信通道,面临着数据窃取、篡改以及丢失的安全威胁。为此,可采用博弈论研究相关问题:

（1）由于电价、负荷等数据信息在传输过程中存在被篡改、丢失的风险,电网和用户在博弈过程中获取的信息就存在偏差。因此,可将该类问题归结为不完全信息问题,可以考虑采用贝叶斯博弈理论对其展开研究。

（2）在不法分子针对电网进行的网络攻击活动中,不法分子和电网部门一方收益必然意味着另一方的损失。因此,可将不法分子的攻击和电网部门的防护视作一个零和博弈的两方参与者,不法分子选择薄弱环节进行策略性攻击,电网通过对可能被攻击的环节进行策略性防护,最终两者达到一个动态的均衡状态。通过对零和博弈建模以及纳什均衡的求解分析,有利于今后对电网数据信息安全保护提供决策依据。

1.5 本书结构及撰写安排

如前文所述,博弈可分为非合作博弈、合作博弈、主从博弈等类型,本书将按照此分类阐述各类博弈的主要研究内容。其中,第二章至第六章主要介绍了非合作博弈、合作博弈、主从博弈、不完全信息博弈、演化博弈的理论知识,并通过对发电环节、电网环节、售电环节以及用电环节等典型应用场景的建模仿真分析来阐述博弈的使用方法及应用价值;第七章则通过居民负荷能量管理系统实验平台对完全信息博弈和不完全信息博弈优化方法进行实验研究,以验证电力需求侧博弈方法在实际系统中的可行性。

参考文献

[1] 张晶,代攀,吴天京,等.新一代智能电网技术标准体系架构设计及需求分析[J].电力系统自动化,2020,44(09):12-20.

[2] 高仕斌,高凤华,刘一谷,等.自感知能源互联网研究展望[J].电力系统自动化,2021,45(05):1-17.

[3] 刘东,盛万兴,王云,等.电网信息物理系统的关键技术及其进展[J].中国电机工程学报,2015,35(14):3522-3531.

[4] 余贻鑫,刘艳丽.智能电网的挑战性问题[J].电力系统自动化,2015,39(2):1-5.

[5] 程乐峰,杨汝,刘贵云,等.多群体非对称演化博弈动力学及其在智能电网电力需求侧响应中的应用[J].中国电机工程学报,2020,40(S1):20-36.

[6] 江泽昌,刘天羽,江秀臣,等.智能电网下多时间尺度家庭能量管理优化策略[J].太阳能学报,2021,42(01):460-469.

[7] 王蓓蓓.面向智能电网的用户需求响应特性和能力研究综述[J].中国电机工程学报,2014,34(22):3654-3663.

[8] 张高,薛松,范孟华,等.面向我国电力市场的需求响应市场化交易机制设计[J].电力建设,2021,42(04):132-140.

[9] 闵子慧,陈红坤,林洋佳,等.新电改背景下大用户直购双边博弈模型[J].电力系统保护与控制,2020,48(06):77-84.

[10] 田力丹,张凯锋,耿建,等.大用户直购电中鲁宾斯坦恩模型贴现因子的泛化分析[J].电力系统自动化,2019,43(15):152-158.

[11] 张建华,马丽,刘念.博弈论在微电网中的应用及展望[J].电力建设,2016,37(6):55-61.

[12] 卢强,陈来军,梅生伟.博弈论在电力系统中典型应用及若干展望[J].中国电机工程学报,2014,34(29):5009-5017.

[13] Nash J. Equilibrium points in n-person games[J]. Proceedings of the National Academy of Sciences of the United States of America,1950,36(1):48-49.

[14] 梅生伟,刘锋,魏韡.工程博弈论基础及电力系统应用[M].北京:科学出版社,2016:56-190.

[15] 刁勤华,林济铿,倪以信,等.博弈论及其在电力市场中的应用[J].电力系统自动化,2001,25(1):13-18.

[16] 袁智强,侯志俭,蒋传文,等.电力市场古诺模型的均衡分析[J].电网技术,2003,27(12):6-9.

[17] Valenzuela J, Mazumdar M. A probability model for the electricity price duration curve under an oligopoly market[J]. IEEE Transactions on Power Systems, 2005, 20(3):1250-1256.

[18] 匡熠,王秀丽,王建学,等.基于stackelberg博弈的虚拟电厂能源共享机制[J].电网技术,2020,44(12):4556-4564.

[19] 赵洱崟,王浩,林弘杨.现货市场中基于演化博弈的火电企业阶梯报价策略[J].电力建设,2020,41(08):68-77.

[20] 赵岩,李博嵩,蒋传文,等.售电侧开放条件下我国需求侧资源参与电力市场的运营机制建议[J].电力建设,2016,37(3):112-116.

[21] Gao B T, Zhang W H, Tang Y, et al. Game-theoretic energy management for the residential users with dischargeable plug-in electric vehicles[J]. Energies, 2014, 7:7499-7518.

[22] 吴诚.基于博弈论的大用户直购电双边决策研究[D].南京:东南大学,2017.

[23] 林照航,李华强,王羽佳,等.基于可利用传输能力与保险理论的大用户直购电决策[J].电网技术,2016,40(05):1564-1569.

[24] Chen H, Li Y H, Louie R,et al. Autonomous demand side management based on energy consumption scheduling and instantaneous load billing: an aggregative game approach[J]. IEEE Transaction on Smart Grid, 2014,5(4):1744-1754.

[25] Hazem M, Alberto L. Game-theoretic demand-side management with storage devices for the future smart grid[J]. IEEE Transaction on Smart Grid, 2014,5(3):1475-1485.

[26] Italo A, Luis G, Gesualdo S, et al. Demand-side management via distributed energy generation and storage optimization[J]. IEEE Transaction on Smart Grid, 2013,4(2):866-876.

[27] Su W C, Alex Q. A game theoretic framework for a next-generation retail electricity market with high penetration of distributed residential electricity suppliers[J]. Applied Energy, 2014(119):341-350.

[28] Wu C, Mohsenian-Rad H, Huang J. Vehicle-to-aggregator interaction game[J]. IEEE Transaction on Smart Grid, 2012,3(1):434-442.

[29] Byung-Gook K, Ren S L, Mihaela S, et al. Bidirectional energy trading and residential load scheduling with electric vehicles in the smart grid[J]. IEEE Journal on Selected Areas in Communications, 2013, 31(7):1219-1234.

[30] Liu X F, Gao B T, Wu C,et al. Demand-side management with Household plug-in electric vehicles: a Bayesian game-theoretic approach[J]. IEEE Systems Journal, 2017:1-11. DOI:10.1109/ JSYST.

2017.2741719.

[31] 夏炜,吕林,刘沛清.直购电交易中等效电能双边定价博弈研究[J].现代电力,2015,32(3)：71-75.

[32] 刘贞,任玉珑,王恩创,等.基于双边合同二次交易的高低匹配竞价机制 Swarm 仿真[J].电力系统自动化,2007,31(18)：26-29.

[33] 方德斌,王先甲.电力市场下发电公司和大用户间电力交易的双方叫价拍卖模型[J].电网技术,2005,29(6)：32-36.

[34] Hamed K, Ashkan R, Vahid J. An agent-based system for bilateral contracts of energy[J]. Expert Systems with Applications, 2011,38：11369-11376.

[35] 吴城,高丙团,汤奕,等.基于主从博弈的发电商与大用户双边合同交易模型[J].电力系统自动化,2016,40(22)：56-62.

[36] Tang Y, Ling J, Wu C, et al. Game-theoretic optimization of bilateral contract transaction for generation companies and large consumers with incomplete information[J]. Entropy,2017,19(6)：272.

[37] 石长华.基于演化博弈论的大用户直接购电研究[D].南京：南京理工大学,2006.

[38] Yang P, Tang G, Arye N. A game-theoretic approach for optimal time-of-use electricity pricing[J]. IEEE Transaction on Power Systems, 2012,28(2)：884-892.

[39] Sabita M, Zhu Q, Zhang Y, et al. Dependable demand response management in the smart grid：a Stackelberg game approach[J]. IEEE Transaction on Smart Grid, 2013,4(1)：120-132.

[40] Mohammad M, Ahad K. Demand side management in a smart grid with multiple electricity suppliers [J]. Energy, 2015, 81：766-776.

[41] Chai B, Chen J, Yang Z, et al. Demand response management with multiple utility companies：a two-level game approach[J]. IEEE Transaction on Smart Grid, 2014,5(2)：722-731.

[42] Sudip M, Samaresh B, Tamoghna O, et al. ENTICE：agent-based energy trading with incomplete information in the smart grid[J]. Journal of Network and Computer Applications, 2015, 55：202-212.

[43] 孙云涛,宋依群,姚良忠,等.售电市场环境下电力用户选择售电公司行为研究[J].电网技术,2018,42(4)：1124-1131.

[44] Amir-Hamed M, Vincent W, Juri J, et al. Autonomous demand-side management based on game-theoretic energy consumption scheduling for the future smart grid[J]. IEEE Transaction on Smart Grid, 2010,1(3)：320-331.

[45] Zahra B, Massoud H, Hamed N, et al. Achieving optimality and fairness in autonomous demand response：benchmarks and billing mechanisms[J]. IEEE Transaction on Smart Grid, 2013, 4(2)：968-975.

[46] Gao B T, Liu X F, Zhang W H, et al. Autonomous household energy management based on a double cooperative game approach in the smart grid[J]. Energies, 2015(8)：7326-7343.

[47] Chen H, Li Y H, Raymond H, et al. Autonomous demand side management based on energy consumption scheduling and instantaneous load billing：an aggregative game approach[J]. IEEE Transaction on Smart Grid, 2014,5(4)：1744-1754.

[48] Pedram S, Hamed M, Robert S, et al. Advanced demand side management for the future smart grid using mechanism design [J]. IEEE Transaction on Smart Grid, 2012,3(3)：1170-1180.

[49] Zubair M, Duong M, Nei K, et al. GTES：an optimized game-theoretic demand-side management scheme for smart grid[J]. IEEE Systems Journal, 2014,8(2)：588-597.

[50] 张琨,葛少云,刘洪,等.智能配电系统环境下的电动汽车调频竞标模型[J].电网技术,2016,40(9)：2588-2595.

[51] 黄际元,李欣然,常敏,等.考虑储能电池参与一次调频技术经济模型的容量配置方法[J].电工技术学报,2017,32(21)：112-121.

[52] Gao B T, Wu C, Wu Y J, et al. Expected utility and entropy-based decision-making model for large consumers in the smart grid[J]. Entropy, 2015, 17(10)：6560-6575.

[53] 任惠,陆海涛,卢锦玲,等.考虑信息物理系统耦合和用户响应差异的负荷聚合商需求响应特性分析[J].电网技术,2020,44(10)：3927-3936.

[54] 高赐威,李倩玉,李扬.基于DLC的空调负荷双层优化调度和控制策略[J].中国电机工程学报,2014,34(10)：1546-1555.

[55] 罗滇生,杜乾,别少勇,等.基于负荷分解的居民差异化用电行为特性分析[J].电力系统保护与控制,2016,44(21)：29-33.

[56] 刘晓峰,高丙团,李扬.博弈论在电力需求侧的应用研究综述[J].电网技术,2018,42(8)：2704-2711.

[57] 刘晓峰.基于居民用电行为特征的需求侧博弈优化技术研究[D].南京：东南大学,2019.

第二章　电力非合作博弈优化

本章首先阐述了非合作博弈基本理论知识;然后基于电站发输电方案优化、居民负荷管理优化、冷热电联供多园区用能调度等典型场景,提出电力非合作博弈优化的对象建模、博弈优化设计和优化问题的求解方法。

2.1　非合作博弈理论知识

2.1.1　非合作博弈

非合作博弈是指在策略环境下,非合作的框架把所有人的行动都当成是个别行动。它主要强调一个人进行自主决策,而与这个策略环境中其他人无关。非合作博弈强调的是对自己利益最大化的争取,不考虑其他参与者利益,与其他参与者之间没有共同遵守的协议[1]。非合作博弈远比合作博弈复杂,因此人们的主要研究方向还是在非合作博弈上。非合作博弈是博弈的常态,生活中的博弈大多是非合作博弈,没有特别说明的情况下,人们所说的博弈一般都是指非合作博弈。

2.1.2　纳什均衡

纳什均衡是非合作博弈中的一个重要概念,是一种策略组合,使得每个参与人的策略是对其他参与人策略的最优反应。一个博弈问题达到纳什均衡,即意味着各博弈参与者都没有意愿来单独改变自己的策略,因为在纳什均衡点上,若某个参与者单独改变自己的策略而其他参与者策略不变,则会导致这个参与者的收益减少。纳什均衡作为所有参与者对博弈结果的一致预测,是求解博弈论最重要的工具。纳什均衡点的定义如下:

定义:在具有 n 个参与者的博弈问题中,如果存在某一策略组合 $\omega^* = (s_1^*, \cdots, s_i^*, \cdots, s_n^*)$ 满足条件:对任意参与者 i, s_i^* 是其针对其他 $n-1$ 个参与者所选策略 $s_{-i}^* = (s_1^*, \cdots, s_{i-1}^*, s_{i+1}^*, \cdots, s_n^*)$ 的最优反应策略,即对于所有 $s_i \in S_i$ 都成立,当存在以下关系时:

$$u_i(s_1^*, \cdots, s_{i-1}^*, s_i^*, s_{i+1}^*, \cdots, s_n^*) \geqslant u_i(s_1^*, \cdots, s_{i-1}^*, s_i, s_{i+1}^*, \cdots, s_n^*)$$

则称该策略组合 ω^* 是该非合作博弈的一个纳什均衡点。

上述定义中,S_i 表示参与者 i 的策略空间,s_{-i} 表示除了参与者 i 之外其他所有参与者所选策略的集合,s_i 表示参与者 i 是策略空间 S_i 中的任一策略,u_i 为参与者 i 的收益。

这里需要说明的是,并不是所有非合作博弈问题都存在纳什均衡点,即使存在纳什均衡点,这种均衡点也可能存在多个。当一个博弈问题存在一个纳什均衡点时,我们称其为纯纳什均衡点,否则就称为混合纳什均衡点。

2.2 风光火跨区域消纳非合作博弈优化

2.2.1 风光火跨区域消纳竞价模型

1) 系统模型

模型考虑火电与新能源电站打捆通过特高压线路跨区域输送到负荷中心。火电厂、风电场、光伏电站等电站并入送端系统,其中,考虑风电、光电等清洁能源尽可能就地消纳,在本地不能完全消纳时与出力稳定的火电打捆通过特高压输电线路输送到受端系统负荷中心,如图2-1所示。只讨论送端系统内的电站通过特高压输电线路跨区域消纳的部分,假定受端系统对送端系统的电量需求为确定值,即各时段的特高压线路上的输送电量为确定值,由送端系统的电力调度中心来确保特高压线路上的供需平衡及安全稳定性,并假定受端系统的上网电价为统一确定值。送端系统中的各电站通过在日前市场及日内市场的竞价来确定通过特高压线路输送的交易电量[2-3]。

图 2-1 风光火电联合跨区域消纳

由于跨区域消纳的距离较长,送端系统的电站售电到受端系统时需考虑向途经电网支付的输配电成本,即过网费。从 2014 年底的深圳试点开始,截至 2016 年 6 月 15 日,按照已批复的各地关于输配电价的文件,对于不同的用电类型,输配电价各不相同,而且不同地区的输配电价也有很大区别。对于一般工商业用电,各地的平均输配电价都超过0.3 元/kWh,其中,最高的是 0.466 元/kWh(湖北),最低是 0.31 元/kWh(云南)。而对于大工业用电,平均输配电价在 0.1 元/kWh 左右,其中,最高的是 0.124 5 元/kWh(内蒙古西部),最低的是0.104 3 元/kWh(湖北)。此处考虑特高压输电线路的输配电价为固定值,并记为 p_T,电站跨区域消纳的成本包括发电成本、线损费、过网费、碳排放成本以及政府补贴,可按下式计算:

$$C_L(q) = (1+\sigma)C_g(q) + p_T q + p_{ct}\mu q - p_{cr}\mu(1-\sigma)q - S(q) \qquad (2-1)$$

式中,C_L 为电站的跨区域消纳成本,q 为电量,C_g 为发电成本,S 为政府补贴,σ 为线损率,p_T 为特高压输配电价,p_{ct} 和 p_{cr} 为送受端区域碳排放价格,μ 为火电单位电能碳排放量转换因子。

由上式,可得到火电厂的跨区域消纳成本 C_{Lth} 为

$$C_{Lth}(q_{th}) = (1+\sigma)C_{thg0}(q_{th}) + p_T q_{th} + p_{ct}\mu(1+\sigma)q_{th} - p_{cr}\mu q_{th} - S_{th}(q_{th}) \quad (2\text{-}2)$$

式中火电厂发电成本 $C_{thg0}(q_{th}) = a_{th}q_{th}^2 + b_{th}q_{th} + C_{th}$，$a_{th}$，$b_{th}$，$c_{th}$ 为火电厂发电成本系数。

风电场的跨区域消纳成本 C_{Lw} 可按下式计算：

$$C_{Lw}(q_w) = (1+\sigma)C_{wg0}(q_w) + p_T q_w - p_{cr}\mu q_w - S_w(q_w) \quad (2\text{-}3)$$

式中风电场发电成本 $C_{wg0}(q_w) = b_w q_w + c_w$，$b_w$，$c_w$ 为风电场发电成本系数。

类似的，光伏电站的跨区域消纳成本 C_{Ls} 可按下式计算：

$$C_{Ls}(q_s) = (1+\sigma)C_{sg0}(q_s) + p_T q_s - p_{cr}\mu q_s - S_s(q_s) \quad (2\text{-}4)$$

式中光伏电站发电成本 $C_{sg0}(q_s) = b_s q_s + c_s$，$b_s$，$c_s$ 为光伏电站发电成本系数。

跨区域消纳成本相当于叠加了线性分量，火电厂此时的报价函数仍可表示为线性函数，即：

$$p_{Lthb} = a_{Lthb}q_{th} + b_{Lthb} \quad (2\text{-}5)$$

式中，p_{Lthb} 为火电厂的报价，$a_{Lthb} > 0$ 为火电厂报价的增长系数，b_{Lthb} 为火电厂初始报价。为保证受端系统接收送端系统传输的电量，送端电站报出的电价应不高于受端上网电价，即：

$$p_{Lthb\,min} \leqslant p_{Lthb} \leqslant p_{RG} \quad (2\text{-}6)$$

式中，$p_{Lthb\,min}$ 为火电厂报价的下限，p_{RG} 为受端系统上网电价。类似地，风电场、光伏电站的报价函数也可设为线性函数，如下式所示：

$$p_{Lwb} = a_{Lwb}q_w + b_{Lwb} \quad (2\text{-}7)$$

$$p_{Lsb} = a_{Lsb}q_s + b_{Lsb} \quad (2\text{-}8)$$

式中，p_{Lwb}、p_{Lsb} 分别为风电场、光伏电站的报价，$a_{Lwb} < 0$、$a_{Lsb} < 0$ 分别为风电场、光伏电站报价的增长系数，b_{Lwb}、b_{Lsb} 分别为风电场、光伏电站的初始报价。风电场、光伏电站的报价应该控制在一个合理的价格区间内，可表示如下：

$$p_{Lwb\,min} \leqslant p_{Lwb} \leqslant p_{RG} \quad (2\text{-}9)$$

$$p_{Lsb\,min} \leqslant p_{Lsb} \leqslant p_{RG} \quad (2\text{-}10)$$

式中，$p_{Lwb\,min}$、$p_{Lsb\,min}$ 分别为风电场、光伏电站报价的下限。在各电站报价时，假定报价的增长系数为固定值，即只通过改变初始报价的值来改变报价曲线。

2）竞价模型

在日前市场中，火电厂、风电场和光伏电站通过售电获得的利润可分别按下式计算：

$$\pi_{LthD} = p_{LthD}q_{LthD} - C_{Lth}(q_{LthD}) \quad (2\text{-}11)$$

$$\pi_{LwD} = p_{LwD}q_{LwD} - C_{Lw}(q_{LwD}) \quad (2\text{-}12)$$

$$\pi_{LsD} = p_{LsD}q_{LsD} - C_{Ls}(q_{LsD}) \quad (2\text{-}13)$$

式中，π_{LthD}、π_{LwD}、π_{LsD} 分别为火电厂、风电场和光伏电站在日前市场的收益，p_{LthD}、p_{LwD}、

p_{LsD} 分别为日前市场中火电厂、风电场和光伏电站的交易电价，q_{LthD}、q_{LwD}、q_{LsD} 分别为日前市场中火电厂、风电场和光伏电站的交易电量，$C_{Lth}(q_{LthD})$、$C_{Lw}(q_{LwD})$、$C_{Ls}(q_{LsD})$ 分别为火电厂、风电场和光伏电站的成本。

风电场和光伏电站参与市场竞争时，若日内预测电量小于交易电量，则日内预测电量与交易电量相差超过 8% 的部分要支付比上网电价更高的罚款给售电公司[2]。在日内市场中，考虑到风电场和光伏电站发电的波动性和随机性，风电场需支付的罚款可按下式计算：

$$F_{Lw} = \begin{cases} 0 & \Delta q_{Lw} > 0 \\ 0 & \Delta q_{Lw} < 0, |\Delta q_{Lw}| \leqslant 8\% q_{CQLw} \\ k_f p_{LI} \Delta q_{Lw} & \Delta q_{Lw} < 0, |\Delta q_{Lw}| > 8\% q_{CQLw} \end{cases} \tag{2-14}$$

式中，F_{Lw} 为风电场的罚款，p_{LI} 为日内市场的出清电价，q_{CQLw} 为风电场的装机容量，Δq_{Lw} 为风电场的实际发电量与日前市场确定的交易电量之差，$\Delta q_{Lw} = q_{Lwp} - q_{LwD}$，其中 q_{Lwp} 为风电场的实际发电量。风电场在日内市场可获得的利润为

$$\pi_{LwI} = \begin{cases} p_{LwI} q_{LwI} - C_{Lw}(q_{LwI}) & \Delta q_{Lw} > 0 \\ C_{Lw}(|\Delta q_{Lw}|) - p_{LwD}|\Delta q_{Lw}| & \Delta q_{Lw} < 0, |\Delta q_{Lw}| \leqslant 8\% q_{CQLw} \\ k_f p_{LI} \Delta q_{Lw} & \Delta q_{Lw} < 0, |\Delta q_{Lw}| > 8\% q_{CQLw} \end{cases} \tag{2-15}$$

式中，π_{LwI} 为风电场在日内市场中的利润，p_{LwI} 为在日内市场中风电场的交易电价，q_{LwI} 为在日内市场中风电场竞得的交易电量。

同样地，光伏电站在日内市场的利润可以按下式计算：

$$\pi_{LsI} = \begin{cases} p_{LsI} q_{LsI} - C_{Ls}(q_{LsI}) & \Delta q_{Ls} > 0 \\ C_{Ls}(|\Delta q_{Ls}|) - p_{LsD}|\Delta q_{Ls}| & \Delta q_{Ls} < 0, |\Delta q_{Ls}| \leqslant 8\% q_{CQLs} \\ k_f p_{LI} \Delta q_{Ls} & \Delta q_{Ls} < 0, |\Delta q_{Ls}| > 8\% q_{CQLs} \end{cases} \tag{2-16}$$

式中，π_{LsI} 为光伏电站在日内市场中的利润，p_{LsI} 为日内市场中光伏电站的交易电价，q_{LsI} 为日内市场中光伏电站竞得的交易电量，Δq_{Ls} 为光伏电站的实际发电量与日前市场确定的交易电量之差，$\Delta q_{Ls} = q_{Lsp} - q_{LsD}$，其中 q_{Lsp} 为光伏电站的实际发电量，$C_{Ls}(q_{LsI})$ 为光伏电站发出 q_{LsI} 电量的成本，$C_{Ls}(|\Delta q_{Ls}|)$ 为光伏电站发出 $|\Delta q_{Ls}|$ 电量的成本，q_{CQLs} 为光伏电站的装机容量。

由于火电厂的出力具有稳定性，其预测误差可忽略不计，火电厂在日内市场中的利润 π_{LthI} 为：

$$\pi_{LthI} = p_{LthI} q_{LthI} - C_{Lth}(q_{LthI}) \tag{2-17}$$

式中，p_{LthI} 为火电厂在日内市场中的交易电价，q_{LthI} 为火电厂在日内市场中的交易电量。

2.2.2 非合作博弈模型

用 $\boldsymbol{L} = \{1, \cdots, l, \cdots, L\}$ 表示送端系统中参与外送电力的所有电站。每个交易日分为 H 个交易时段，受端系统提前一天公布次日交易时段 $h \in \boldsymbol{H} = \{1, \cdots, h, \cdots, H\}$ 的电量需

求 $Q_R^h \in \boldsymbol{Q}_R = \{Q_R^1, \cdots, Q_R^h, \cdots, Q_R^H\}$。电站 $l \in \boldsymbol{L} = \{1, \cdots, l, \cdots, L\}$ 根据电量需求计划提供交易日中各个交易时段的报价参数 $b_{lb}^h \in \boldsymbol{b}_{lb} = \{b_{lb}^1, \cdots, b_{lb}^h, \cdots, b_{lb}^H\}$，$L$ 个电站的报价曲线形成发电计划 $\boldsymbol{b}_l = \{b_{1b}, \cdots, b_{lb}, \cdots, b_{Lb}\}$，最后由电力交易中心发布各时段的出清结果。其中,各电站的报价为:

$$p_{lb}^h = a_{lb}^h q_{lb}^h + b_{lb}^h \tag{2-18}$$

式中,p_{lb}^h 为电站 l 在 h 时段的报价,q_{lb}^h 为电站 l 在 h 时段竞得的电量,a_{lb}^h 和 b_{lb}^h 为电站 l 在 h 时段的报价参数。假定各电站只通过改变参数 b_{lb}^h 来改变报价,即 a_{lb}^h 的值固定。

当电站将报价参数提交到电力调度中心时,为了使送电端电站的电价具有竞争力,电力调度中心以总购电成本最低为目标进行市场出清:

$$\underset{q_{lb}^h}{\text{minimize}} \, U_L = U_L(b_{1b}^h, \cdots, b_{lb}^h, \cdots, b_{Lb}^h, q_{1b}^h, \cdots, q_{lb}^h, \cdots, q_{Lb}^h)$$
$$= \sum_{h=1}^{H} \sum_{l=1}^{L} (a_{lb}^h q_{lb}^h + b_{lb}^h) q_{lb}^h \tag{2-19}$$

式中,U_L 为总购电成本。上式中的决策变量是 q_{lb}^h,b_{lb}^h 此时是常量。

为保证特高压线路上的供需平衡及安全稳定性,需满足下列约束条件:

(1)特高压线路外送平衡约束

$$Q_R^h = \sum_{l=1}^{L} q_l^h \tag{2-20}$$

式中,Q_R^h 为受端系统在时段 h 的电量需求。

(2)特高压线路容量约束

$$\sum_{l=1}^{L} q_l^h \leqslant Q_{\text{TLmax}} \tag{2-21}$$

式中,Q_{TLmax} 为特高压线路的最大输送容量。

(3)机组出力约束

$$q_{l\min} \leqslant q_l^h \leqslant q_{l\max} \tag{2-22}$$

式中,$q_{l\min}$ 为电站 l 的最小出力,$q_{l\max}$ 为电站 l 的最大出力。

(4)火电机组爬坡约束

$$\gamma_{\text{down}} q_{\text{thmax}} \leqslant q_{\text{th}}^h - q_{\text{th}}^{h-1} \leqslant \gamma_{\text{up}} q_{\text{thmax}} \tag{2-23}$$

式中,γ_{down} 为火电厂向下爬坡速率,γ_{up} 为火电厂向上爬坡速率。

当电力调度中心确定各电站的交易电量以后,可以得到各电站的电价,从而可以计算市场出清电价:

$$p_{cl}^h(b_{1b}^h, \cdots, b_{Lb}^h, q_{1b}^h, \cdots, q_{Lb}^h) = \max(p_{lb}^h, l \in \boldsymbol{L}) \tag{2-24}$$

式中,p_{cl}^h 为市场出清电价。电站在计算收益时,交易电价均为市场出清电价。电站以自己

收益最大化为目标来改变所选择的策略时,优化问题可表示为:

$$\underset{b_{lb}^{h}}{\text{maximize}}\,\pi_l = \sum_{h=1}^{H} \pi_l^h(b_{1b}^h, \cdots, b_{Lb}^h, q_{1b}^h, \cdots, q_{Lb}^h) \qquad (2\text{-}25)$$

式中,π_l 为电站 l 的总收益,π_l^h 为电站 l 在 h 时段的收益。此时 b_{lb}^h 是决策变量,q_{lb}^h 是常量。

优化问题可描述为下式双层优化问题,

$$\begin{cases} \underset{b_{lb}^{h}}{\text{maximize}}\,\pi_l = \sum_{h=1}^{H} \pi_l^h(b_{1b}^h, \cdots, b_{Lb}^h, q_{1b}^h, \cdots, q_{Lb}^h) \\ \underset{q_{lb}^{h}}{\text{minimize}}\,U_L = U_L(b_{1b}^h, \cdots, b_{lb}^h, \cdots, b_{Lb}^h, q_{1b}^h, \cdots, q_{lb}^h, \cdots, q_{Lb}^h) \\ \qquad\quad = \sum_{h=1}^{H}\sum_{l=1}^{L}(a_{lb}^h q_{lb}^h + b_{lb}^h)q_{lb}^h \end{cases} \qquad (2\text{-}26)$$

其中,各电站位于双层优化的上层,电力调度中心位于双层优化的下层。

当下式满足时,可认为得到纳什均衡解。

$$\pi_l^h(b_{1b}^{h*}, \cdots, b_{Lb}^{h*}, q_{1b}^{h*}, \cdots, q_{Lb}^{h*}) \geqslant \pi_l^h(b_{1b}^{h*}, \cdots, b_{(l-1)b}^{h*}, b_{lb}^{h}, b_{(l+1)b}^{h*}, \cdots, b_{Lb}^{h*}, q_{1b}^{h*}, \cdots, q_{Lb}^{h*})$$

$$(2\text{-}27)$$

电站 l 在 h 时段寻找广义纳什均衡点的算法如下:

(1) 取随机值对报价策略集合 b_{lb}^{h*} 进行初始化,选择精度 $\varepsilon \in (0,1]$;

(2) 根据各电站的报价策略集合计算优化问题式(2-26)中下式的最优解,得到各电站的出清电量 $(q_{1b}^h, \cdots, q_{Lb}^h)$;

(3) 根据各电站的出清电量计算对应的收益 π_{lb}^{h*};

(4) 计算优化问题式(2-26)中上式的最优解,得到新的策略集合 b_{lb}^h 及电站的收益 π_{lb}^h;

(5) 如果 $\pi_{lb}^{h*} < \pi_{lb}^h$,则 $b_{lb}^{h*} = b_{lb}^h$;

(6) 当 $|\pi_{lb}^{h*} - \pi_{lb}^h| < \varepsilon$ 时,输出 π_{lb}^{h*} 和 b_{lb}^{h*} 的值,否则返回步骤(2)。

2.2.3 算例分析

本节根据前文所述风光火跨区域消纳优化问题进行了几组仿真实验,系统参数参考文献[4]-[7],特高压线路额定容量为 8 000 MW,长度为 2 100 km,送端配套装机容量为火电 7 000 MW、风电 8 000 MW、光伏 1 250 MW,线损率 $\sigma = 8.4\%$,受端区域的碳排放价格 $p_{cr} = 200$ 元/t,送端区域的碳排放价格 $p_{ct} = 100$ 元/t,火电单位电能碳排放量转换因子取 $\mu = 1.3$ t/MWh,火电机组调节速率为 2%/min,惩罚成本的比例系数取 $k_f = 1.1$,送端上网电价 $p_{TG} = 288$ 元/MWh,受端上网电价 $p_{RG} = 439$ 元/MWh,特高压线路输配电价 $p_T = 104$ 元/MWh,每个交易时段间隔 15 min,即 $H = 96$。

考虑风电和光电均享有电价补贴,风电场的电价补贴取 $p_{ws} = 215$ 元/MWh,光伏电站的电价补贴取 $p_{ss} = 420$ 元/MWh。火电厂的参数取 $a_{th} = 0.003\,5$ 元/$(MWh)^2$,$b_{th} = 116.99$

元/MWh，$c_{th} = 1\,533.06$ 元，$a_{Lthb} = 0.007$ 元/(MWh)^2；风电场参数取 $b_w = 0.018$ 元/MWh，$c_w = 2\,490$ 元，$a_{Lwb} = -0.242\,7$ 元/(MWh)^2；光伏电站参数取 $b_s = 0.023$ 元/MWh，$c_s = 2\,187$ 元，$a_{Lsb} = -0.328$ 元/(MWh)^2，火电厂的报价下限为 $b_{th\,min} = 220$ 元/MWh，风电场和光伏电站的报价下限为 $b_{w\,min} = b_{s\,min} = 200$ 元/MWh。风电场及光伏电站冬季、夏季典型日出力曲线分别如图 2-2、图 2-3 所示，受端系统负荷需求如图 2-4 所示，火电厂的最大出力为 7\,000 MW，最小出力为 2\,800 MW。

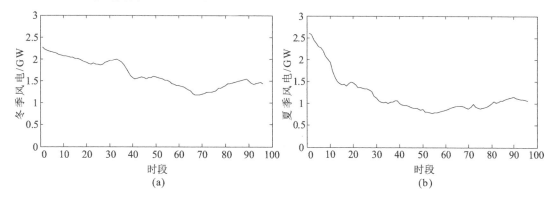

图 2-2　风电冬季、夏季典型出力曲线

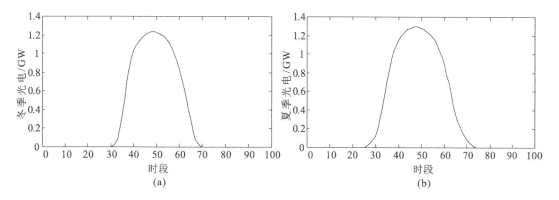

图 2-3　光伏发电冬季、夏季典型出力曲线

1）冬季

以图 2-2(a)、图 2-3(a) 中的冬季风电场和光伏电站的典型出力曲线作为日前市场的预测出力，风电场、光伏电站和火电厂构成非合作博弈，通过改变各自的报价参数来竞得发电量以使自身收益最大化。日前市场的仿真结果如图 2-5、图 2-6 所示，图 2-5 为各电站在日前市场中竞得的发电量，可看出风电场和光伏电站可将大部分电量输送出去，有效地进行跨区域消纳，图

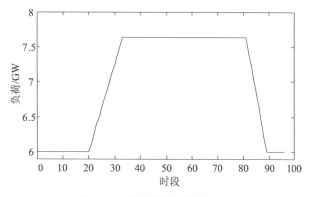

图 2-4　受端系统负荷需求

2-6为各电站在日前市场中获得的利润,可看出风电场和火电厂的收益一直为正,光伏电站在发电量为零时会出现收益为负的情况,这是由于固定成本仍然存在。

风电场、光伏电站和火电厂在日前市场中获得的总利润如表2-1所示。由表可得,风电场和光伏电站的弃风率、弃光率为零,即全部的风电、光电都通过特高压线路跨区域输送到受端区域消纳。由于考虑了碳排放因素及电价补贴,对于发出单位电量所获得的利润,光伏电站的盈利效果最好,其次盈利效果较好的是风电场,可观的盈利可以促进新能源电站的进一步发展。此外,从表2-1中可看出火电厂也从中获取了较可观的收益。

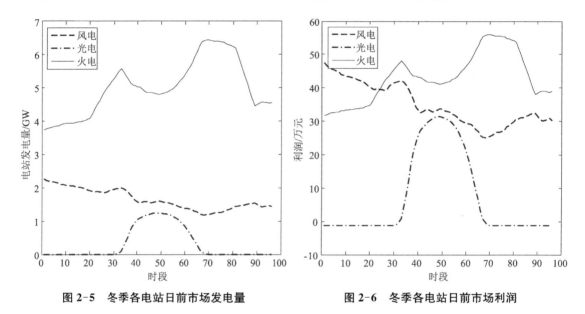

图 2-5　冬季各电站日前市场发电量　　　　图 2-6　冬季各电站日前市场利润

表 2-1　冬季各电站日前市场的总利润

电站	利润/万元	最高发电量总和/MWh	交易电量/MWh	单位电量利润/(万元·MWh⁻¹)
风电场	3 345.63	39 700	39 700	0.084 3
光伏电站	790.29	7 577.5	7 577.5	0.104 3
火电厂	4 145.86	168 000	120 702.5	0.034 3

由于火电厂出力较稳定,其实际上网电量与预测发电量的误差可忽略不计。假设冬季风电场和光伏电站的实际出力与日前预测出力的误差如图2-7所示。仿真结果如图2-8、图2-9和表2-2所示,从图2-8可看出火电厂在日内市场中获得的利润在各个时段都是非负的,因为火电厂发电较稳定,没有出现实际发电量小于日前市场的交易电量的情况,因此不需要支付罚款,且在其他电站实际发电量小于日前市场确定的交易电量时,火电厂可以通过参与日内市场的竞价获得额外的利润。风电场和光伏电站在日内市场均出现了利润为负的情况,这是由于预测不准确使得实际发电量低于日前市场确定的交易电量,从而需支付罚款造成的。但风电场及光伏电站在部分情况下依然在日内市场中盈利。由表2-2可知,虽然风电场及光伏电站在日内市场中一整天的总利润为负值,但加上在日前市场中所获得的利

润,风电场和光伏电站仍然可以通过跨区域消纳获得比较可观的总利润。

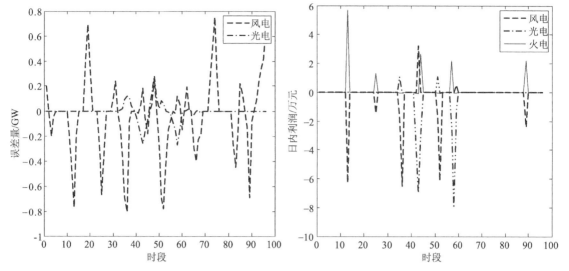

图 2-7　冬季各电站出力预测误差量　　　图 2-8　冬季各电站日内市场的利润

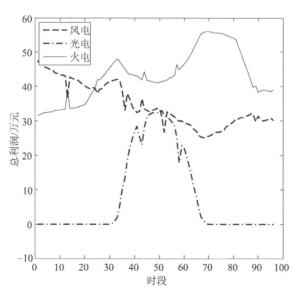

图 2-9　冬季各电站一天的总利润

表 2-2　冬季各电站的总利润

电站	日内市场利润/万元	总利润/万元	总交易电量/MWh
风电场	−22.77	3 322.86	28 850
光伏电站	−23.75	766.54	6 087.5
火电厂	13.64	4 159.50	121 012.5

2）夏季

通过仿真得到的结果如图 2-10 和图 2-11 所示，它们分别表示夏季时各电站在日前市场中确定的发电量及获得的利润，可以看出风电场和光伏电站可将大部分电量输送出去，即可有效地将新能源进行跨区域消纳。

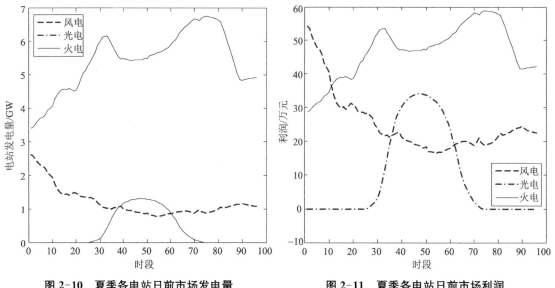

图 2-10　夏季各电站日前市场发电量　　　　图 2-11　夏季各电站日前市场利润

风电场、光伏电站和火电厂在日前市场中获得的利润如表 2-3 所示。比较表 2-1 和表 2-3 可看出，夏季风电场比冬季风电场的出力小，夏季时可以不弃风的跨区域消纳，而夏季光伏电站的出力比冬季时的大，但是仍可不弃光的全部通过特高压线路输送到受端系统消纳。此外，比较夏季与冬季时各电站的单位电量利润可看出，虽然变化不大，但夏季风电场、光伏电站和火电厂的单位电量利润都比冬季时的高，可见此时风光火打捆外送的电量比更适合。

表 2-3　夏季各电站日前市场的总利润

电站	利润/万元	最高发电量总和/MWh	交易电量/MWh	单位电量利润/(万元·MWh⁻¹)
风电场	2 408.44	28 537.5	28 537.5	0.084 4
光伏电站	924.56	8 820	8 820	0.104 8
火电厂	4 504.68	168 000	130 622.5	0.034 5

假设夏季风电场和光伏电站的实际出力与日前预测出力的误差如图 2-12 所示。仿真结果如图 2-13、图 2-14 和表 2-4 所示，从图 2-13 可看出火电在日内市场中获得的利润均为非负值，而风电场和光伏电站在日内市场的利润均出现了正、负、零三种情况，当风电场和光伏电站出力有盈余时，可在有电站不能按日前市场确定的交易电量发电时参与日内市场的竞价，以获得更多的发电量，进而赚取更多的利润。图 2-14 表明了各电站均可通过跨区域输电获得较高的总利润。由表 2-4 可知，夏季风电场的收益比冬季时的低，因为其夏季时

的出力较低,而夏季时的光伏电站和火电厂收益都比冬季时的高,也是因为它们在夏季时可发出更多的电量,从而获得更高的收益。

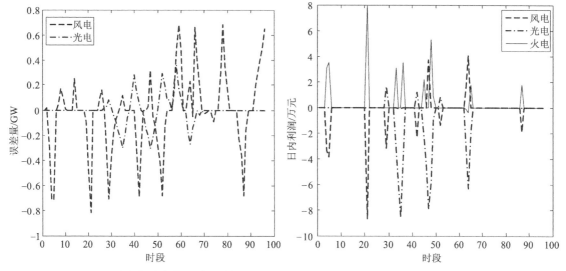

图 2-12　夏季各电站出力预测误差量　　　**图 2-13　夏季各电站日内市场的利润**

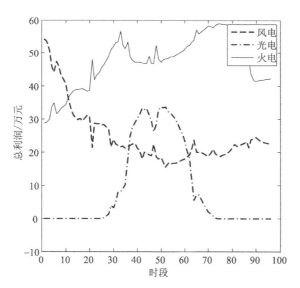

图 2-14　夏季各电站一天的总利润

表 2-4　各电站的总利润

电站	夏季日内市场利润/万元	夏季总利润/万元	冬季总利润/万元
风电场	−15.69	2 392.75	3 322.86
光伏电站	−51.52	873.04	766.54
火电厂	32.14	4 536.82	4 159.50

对于风电场和光伏电站来说,由于受到当地消纳能力的限制,可以将电量更多地卖出去就意味着多赚取了利润。由前文的算例分析可看出,风电场和光伏电站通过特高压线路进行跨区域消纳时,可以实现不弃风、不弃光的消纳新能源电力,因此风电场和光伏电站都愿意参与非合作博弈,即与火电打捆联合外送。

对于火电厂,由于送端系统往往为能源基地,上网电价较低,受端系统往往为负荷中心,且能源相对较少,上网电价较高。在上述算例中,冬季火电厂参与非合作博弈通过特高压线路跨区域输电时的实际总交易电量为 121 012.5 MWh,若火电厂没有参与博弈,而是在送端系统直接将电量在当地售卖,由于近距离售电可将输电费用忽略不计,且网损也可忽略,可得:

$$\pi_{\mathrm{Lth}} = \sum_{h=1}^{H} \pi_{\mathrm{Lth}}^h = \sum_{h=1}^{H} p_{\mathrm{TG}} q_{\mathrm{Lth}}^h - C_{\mathrm{thg0}}(q_{\mathrm{Lth}}^h) + S_{\mathrm{th}}(q_{\mathrm{Lth}}^h) \tag{2-28}$$

式中,π_{Lth} 为火电厂可获得的总利润,π_{Lth}^h 为火电厂在当地售出电量 q_{Lth}^h 时的利润,q_{Lth}^h 为火电厂参与非合作博弈时在时段 h 的实际发电量。

通过计算得到,冬季时火电厂在当地售电的利润为 1 843.52 万元,相比于参与非合作博弈跨区域消纳时的利润降低了 55.68%。类似地,夏季时火电厂将参与博弈时可交易的同等电量在当地售出的利润为 1 976.04 万元,相比于参与非合作博弈跨区域消纳时的利润降低了 56.44%。因此,相比于直接在当地售电,火电厂更愿意参与风光火联合外送的非合作博弈,既能抑平风电、光电出力的波动性和间歇性,又能使火电厂起到调峰、调频的作用,提高了特高压输电通道的安全性和稳定性。此外,通过跨区域外送电力,各电站都能获得较好的收益,提高了特高压输电通道的经济性。

当采用风光火一体化调度时,以总收益最大化为目标来优化各电站的发电量。以冬季和夏季的日前市场为例,采用与非合作博弈相同的系统参数,仿真结果如表 2-5 和表 2-6 所示。由表 2-5 可看出,各电站在一体化调度和非合作博弈时的冬季和夏季日前市场的交易电量均相等,且均无弃风、无弃光,从这方面来说,两种方法的效益相同,都可以促进新能源电站的发展。由表 2-6 可得,冬季时一体化调度下的总收益比非合作博弈时的高 0.40%,夏季时一体化调度下的总收益比非合作博弈时的高 0.45%。

表 2-5 各电站日前市场的交易电量 单位:MWh

电站	一体化调度冬季交易电量	非合作博弈冬季交易电量	一体化调度夏季交易电量	非合作博弈夏季交易电量
风电场	39 700	39 700	28 537.5	28 537.5
光伏电站	7 577.5	7 577.5	8 820	8 820
火电厂	120 702.5	120 702.5	130 622.5	130 622.5

表 2-6 电站在一体化调度和非合作博弈下的总利润 单位:万元

场景	一体化调度冬季	非合作博弈冬季	一体化调度夏季	非合作博弈夏季
总利润	8 281.77	8 248.90	7 837.68	7 802.61

一体化调度时的所有电站总收益略高一点,但各电站之间利益分配的处理较为复杂,风电、光电等清洁能源应得到较好的收益以促进其发展,但也要考虑到火电厂的收益问题,如果火电厂不能在参与合作博弈中获得较可观的利润,将没有火电厂愿意参加合作博弈来解决风光外送的稳定性问题,进而影响风电和光电的跨区域消纳。此外,一体化调度时需要有第三方机构来管理各电站并处理上述的利益分配问题,也需要制定额外的相关政策。而非合作博弈时只需原有的调度中心确保供需平衡和系统的安全稳定即可。因此,一体化调度的实现比非合作博弈复杂得多,且各电站都具有天然的逐利性,非合作博弈更能贴近实际情况。

2.3　新能源参与的区域"发电－售电"方案双层非合作博弈优化

2.3.1　发电侧竞价模型

1）系统模型

本节研究发电侧竞价模型,系统模型如图 2-15 所示,电站与售电公司均参与电力批发市场交易,电站之间通过竞价确定交易电量及交易价格,售电公司从市场购电再卖给电力用户。其中,电站可以是火电厂、风电场、光伏电站、水电站等,电力用户可以是居民用户、大工业用户、商业用户、农业生产用户等。

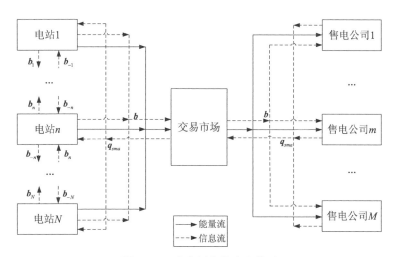

图 2-15　发电侧竞价交易模型

2）交易模型

电力市场的交易类型主要可以分为两种:中长期交易和现货交易。电力中长期交易指市场交易主体之间进行多年、月、周等日以上的电力交易,现阶段主要按年度和月度开展[8]。现货交易主要包括日前市场交易、日内市场交易以及实时平衡交易[9]。日前市场交易是指根据电力交易中心提前发布的售电公司次日所需的电力负荷需求量,电站之间通过竞价来进行电能交易,通常是集中竞价的交易方式。日内市场主要用来提供交易平台以便于市场主体在日前市场关闭后对其发电或用电计划进行较小规模的调整,可以解决如间歇性新能源发电实际电量与预测发电量间的误差及其他计划外情况的发生。日内市场的建立有利于新能源电站参与市场竞争。实时平衡交易用来保证实时的电能供需平衡,主要是为阻塞管理和辅助服务提供调节手段和经济信号。

目前电力市场中已有的结算方法主要包括统一市场出清、实际报价支付和撮合交易机制[10]。统一出清方式是指发电公司根据电量需求提交竞拍电量和上报电价,将发电公司的报价按照从低到高的顺序进行排序,最后满足负荷需求的机组为边际机组,其报价为市场出清电价,所有机组的交易电量按照市场出清价统一结算。实际报价支付与统一出清的过程类似,但中标的机组的交易电价是其实际报价。撮合交易机制中卖家和买家都要报出价格曲线,按照高低匹配的原则,优先撮合报价最高的买家和报价最低的卖家进行交易,然后依次撮合到满足全部负荷,买卖双方报价的平均值即为交易电价。

在图 2-15 所示的模型中,在包含风电场、光伏电站等间歇性新能源电站参与竞价市场的区域电网内,售电公司和发电公司通常采用现货交易,因为间歇性新能源的发电功率不稳定,需要在短期内对市场进行调节以保证电力系统的安全稳定运行。各电站的竞价流程如图2-16所示,市场竞价按交易日进行,每个交易日可以分为多个交易时段。首先,售电公司提前一个交易日提供用户信息给电力调度机构,由电力调度机构提供下一个交易日中各时段的系统负荷预测曲线等信息,并由电力交易中心发布,此处不考虑负荷的预测误差。售电公司根据用户负荷预测结果确定购电量并发布到交易平台上,交易平台由电力交易中心提供并负责监管。发电公司根据交易平台上的负荷曲线提交下一个运行日各时段的报价曲线。根据日前市场中售电公司和发电公司提交的信息,由电力调度机构负责安全校核以确保系统运行的安全稳定,并公布下一个运行日每个时段的出清电量和出清电价。

具体为售电公司提前一个交易日公布用户负荷曲线,每个电站根据电力用户负荷需求提供交易日中各个交易时段的报价和最高发电量,风电场和光伏电站需提前预测

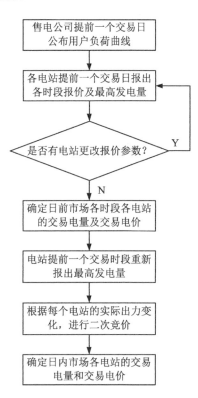

图 2-16　电站竞价流程

发电量。由于风能和太阳能是新能源,也是清洁能源,为促进新能源消纳,假设风电场和光伏电站在各个时段所报最高发电量都为预测的该时段的最大发电量。由电力调度机构代替售电公司根据用户负荷需求按报价从低到高排序确定各时段从各个电站购买的电量,对各电站采用统一出清电价进行结算,统一出清电价可以体现电能同质同价的原则,由此得到日前市场的发电计划。但风电、光电具有不确定性,提前一天的预测发电量与实际发电量存在一定误差,鉴于电力系统保持供需平衡的必要性,允许各电站在日内市场提前一小时再次报出各自的报价函数及最高发电量。若有电站不能按照日前市场确定的交易电量发电,其余

电站进行二次竞价以保证系统的供需平衡。对于日内市场确定的交易电量与实际发电量之间的误差,由电力调度机构通过在实时市场买卖电量来负责电力系统的实时平衡。

3)竞价模型

由于各电站参与市场竞价,竞得的发电量由市场决定,因此计算发电成本时不需要计及备用成本。此外,竞得的发电量在各个时段基本上是变动的,但火电机组启动较慢,为了保证一直都能够发出足够的电量,获得较多的收益,火电机组需要留有部分容量作为旋转备用,不需要额外临时启动机组,可以忽略阀点效应。所以,火电厂的发电成本函数可设为:

$$C_{th}(q_{th})=a_{th}q_{th}^2+b_{th}q_{th}+c_{th}+p_{ct}\mu q_{th}-p_{cr}\mu(1-\sigma)q_{th} \tag{2-29}$$

式中,$C_{th}(q_{th})$ 为火电厂的发电成本,q_{th} 为火电厂的交易电量。

风电场的发电成本也可不计备用成本,按下式计算:

$$C_w(q_w)=b_wq_w+c_w-p_{cr}\mu(1-\sigma)q_w \tag{2-30}$$

式中,$C_w(q_w)$ 为风电场的发电成本,q_w 为风电场的交易电量。

类似地,光伏电站的发电成本可按下式计算:

$$C_s(q_s)=b_sq_s+c_s-p_{cr}\mu(1-\sigma)q_s \tag{2-31}$$

式中,$C_s(q_s)$ 为光伏电站的发电成本,q_s 为光伏电站的交易电量。

火电厂的边际成本 $C_{thm}(q_{th})$ 为:

$$C_{thm}(q_{th})=2a_{th}q_{th}+b_{th}+p_{ct}\mu-p_{cr}\mu(1-\sigma) \tag{2-32}$$

由上式可知,火电厂的边际成本是电量 q_{th} 的线性函数,因此,火电厂的报价函数 p_{thb} 可表示为:

$$p_{thb}=a_{thb}q_{th}+b_{thb} \tag{2-33}$$

式中,$a_{thb}(>0)$ 为火电厂报价的增长系数,b_{thb} 为火电厂的初始报价。在报价时,可以假定 a_{thb} 为固定值,即发电公司只通过改变 b_{thb} 的值来改变报价[11]。在竞价上网时,各电站的报价应该控制在一个合理的价格区间内,以防止企业不合理报价,进行恶性竞争:

$$p_{thbmin}\leqslant p_{thb}\leqslant p_{thbmax} \tag{2-34}$$

式中,p_{thbmax}、p_{thbmin} 分别为火电厂报价的上下限。

根据文献[12]和文献[13]的研究分析,风电场的单位电量成本随着总发电量的增加而线性减少。当获得的发电量更多时,风电场愿意降低报价。因此,风电场的报价函数可设为单调递减的线性函数,如下式所示:

$$p_{wb}=a_{wb}q_w+b_{wb} \tag{2-35}$$

式中,p_{wb} 为风电场的报价函数,$a_{wb}(<0)$ 为风电场报价的增长系数,b_{wb} 为风电场的初始报价。同样地,风电场的报价应该控制在一个合理的价格区间内,可表示如下:

$$p_{wbmin}\leqslant p_{wb}\leqslant p_{wbmax} \tag{2-36}$$

式中，p_{wbmax}、p_{wbmin} 分别为风电场报价的上下限。

光伏电站与风电场类似，固定成本较高，发电时不需要燃料成本，发电量增加时可变成本增加得很少，而固定成本分摊到单位电量的平均成本会明显降低，即单位电量对应的成本降低。所以当获得的发电量越多时，光伏电站愿意降低报价，报价函数也可设定为单调递减的线性函数，如下式：

$$p_{sb} = a_{sb}q_s + b_{sb} \tag{2-37}$$

式中，p_{sb} 为光伏电站的报价函数，$a_{sb}(<0)$ 为光伏电站报价的增长系数，b_{sb} 为光伏电站的初始报价。光伏电站报价的价格区间为：

$$p_{sbmin} \leqslant p_{sb} \leqslant p_{sbmax} \tag{2-38}$$

式中，p_{sbmax}、p_{sbmin} 分别为光伏电站报价的上下限。在风电场和光伏电站报价时，与火电厂类似，可以假定 a_{wb} 和 a_{sb} 为固定值，即只通过改变 b_{wb} 和 b_{sb} 的值来改变报价曲线。

2.3.2 收益模型

1）日前市场

在日前市场中，火电厂通过售电获得的利润 π_{thD} 可按下式计算：

$$\pi_{thD} = p_{thD}q_{thD} - C_{th}(q_{thD}) \tag{2-39}$$

式中，p_{thD} 为日前市场中火电厂的交易电价，q_{thD} 为日前市场中火电厂的交易电量，$C_{th}(q_{thD})$ 为火电厂发出 q_{thD} 电量的成本。

对于可再生能源电站，采用溢价机制，即其收益对应电价为电力市场竞价与政府补贴电价之和[14]。所以，风电场和光伏电站可以享有政府补贴，而火电厂不能，由此可得以下公式：

$$S_{th} = 0 \tag{2-40}$$

$$S_w(q_{wD}) = p_{ws}q_{wD} \tag{2-41}$$

$$S_s(q_{sD}) = p_{ss}q_{sD} \tag{2-42}$$

式中，S_{th}、S_w、S_s 分别为火电厂、风电场、光伏电站得到的政府补贴，p_{ws} 为风电场的补贴电价。对于不同地方的不同风电项目，国家给予的补贴政策不同，如 2010 年财政部给内蒙古的风电厂每度电补贴为 0.28 元左右，p_{ss} 为光伏电站的补贴电价，根据 2013 年国家发改委价格司发布的《关于发挥价格杠杆作用促进光伏产业健康发展的通知》，全国范围内分布式光伏补贴是 0.42 元/kWh，部分省市有额外补贴，各省市补贴形式不同，所补贴的电价也各不相同。

风电场在日前市场的收益 π_{wD} 可表示为，

$$\pi_{wD} = p_{wD}q_{wD} + S_w(q_{wD}) - C_w(q_{wD}) \tag{2-43}$$

式中，p_{wD}、q_{wD} 分别为日前市场中风电场的交易电价和交易电量，$S_w(q_{wD})$ 为风电场发出 q_{wD} 电量获得的补贴，$C_w(q_{wD})$ 为风电场发出 q_{wD} 电量的成本。

类似地,光伏电站在日前市场的收益模型为:

$$\pi_{sD} = p_{sD}q_{sD} + S_s(q_{sD}) - C_s(q_{sD}) \tag{2-44}$$

式中,π_{sD} 为光伏电站日前市场的收益,p_{sD} 为日前市场中光伏电站的交易电价,q_{sD} 为日前市场中光伏电站的交易电量,$S_s(q_{sD})$ 为光伏电站发出 q_{sD} 电量获得的补贴,$C_s(q_{sD})$ 为光伏电站发出 q_{sD} 电量的成本。采用统一出清电价,q_{wD}、q_{sD}、q_{thD} 的值均等于各电站交易电价的最大值。

2)日内市场

由于风电和光电具有较强的不确定性,因此准确预测发电量的难度较大,预测发电量可能大于或小于实际发电量。风电和光电的性质相近,同样具有波动性和随机性,因此以风电为例提出方法解决预测误差造成的影响。在风电与火电联合发电的系统中,如果对风电进行强制性的全额收购,虽然促进了新能源消纳,但在风电出力波动较大的情况下,会严重影响火电机组的经济性,从而导致火电厂不愿意与风电联合发电[15]。因此,目前许多国家对风电不会盲目地全额收购,而是采取优先收购的政策。西班牙要求各电网企业必须提前一天报出各时段的上网电价和预测上网电量,对于火电厂等传统能源发电公司,当实际的发电量与预测的发电量相差超过 5% 时,需要支付比上网电价更高的罚款;对于风电企业,考虑其预测的难度较强,当实际发电量与预测发电量的差额高于 20% 时需支付罚款[16]。

风电参与市场竞争时,可考虑当日内预测电量大于交易电量时,不做任何处罚;当其日内预测电量小于交易电量时,日内预测电量与交易电量相差超过 8% 的部分需支付超过上网电价数额的罚款给售电公司[1]。常规能源发电公司的实际发电量与预测发电量误差的处罚可参照西班牙的政策。当某一电站日内预测电量小于日前市场竞价确定的交易电量时,其余电站在日内市场针对这部分电量进行二次竞价。

记风电场的实际发电量 q_{wp} 与日前市场确定的交易电量之间的预测误差为 Δq_w,则:

$$\Delta q_w = q_{wp} - q_{wD} \tag{2-45}$$

所以风电场需支付的罚款也可以理解为一种惩罚成本,可按下式计算:

$$F_w = \begin{cases} 0 & \Delta q_w > 0 \\ 0 & \Delta q_w < 0, \ |\Delta q_w| \leqslant 8\% q_{CQw} \\ k_f p_I \Delta q_w & \Delta q_w < 0, \ |\Delta q_w| > 8\% q_{CQw} \end{cases} \tag{2-46}$$

式中,F_w 为风电场的惩罚成本,k_f 为惩罚成本的比例系数,p_I 为日内市场的交易电价,q_{CQw} 为风电场的装机容量。当风电场的实际发电量与交易电量相差不超过 8% 时,风电场需要支付罚款为零,但其会损失发电量 Δq_w 对应能够赚得的利润。此时,风电场在日内市场中的实际利润为:

$$\pi_{wr} = C_w(|\Delta q_w|) - p_{wD}|\Delta q_w| - S_w(|\Delta q_w|) \tag{2-47}$$

式中,$C_w(|\Delta q_w|)$、$S_w(|\Delta q_w|)$ 分别为风电场发出 $|\Delta q_w|$ 电量对应的成本和可获得的补贴,此时风电场在日内市场中获得的利润为负。

当 $\Delta q_w > 0$ 时,风电场仍有剩余发电量可以参与二次竞价。当有电站出现实际发电量小于日前市场确定的交易电量时,这部分电量差额由其余电站进行二次竞价,以风电场为例可按下式计算:

$$\pi_{wI} = p_{wI} q_{wI} + S_w(q_{wI}) - C_w(q_{wI}) \tag{2-48}$$

式中,π_{wI} 为风电场在日内市场中的利润,p_{wI} 为日内市场中风电场的交易电价,q_{wI} 为日内市场中风电场竞得的交易电量,$S_w(q_{wI})$ 为风电场发出 q_{wI} 电量获得的补贴,$C_w(q_{wI})$ 为风电场发出 q_{wI} 电量的成本。综上,风电场在日内市场可获得的利润为:

$$\pi_{wI} = \begin{cases} p_{wI} q_{wI} + S_w(q_{wI}) - C_w(q_{wI}) & \Delta q_w > 0 \\ C_w(|\Delta q_w|) - p_{wD}|\Delta q_w| - S_w(|\Delta q_w|) & \Delta q_w < 0, |\Delta q_w| \leqslant 8\% q_{CQw} \\ k_f p_I \Delta q_w & \Delta q_w < 0, |\Delta q_w| > 8\% q_{CQw} \end{cases} \tag{2-49}$$

光伏电站的惩罚成本及考虑预测误差的收益与风电场的计算方法相同,记光伏电站的实际发电量 q_{sp} 与日前市场确定的交易电量之间的预测误差为 Δq_s,则:

$$\Delta q_s = q_{sp} - q_{sD} \tag{2-50}$$

光伏电站在日内市场的利润可按下式计算,

$$\pi_{sI} = \begin{cases} p_{sI} q_{sI} + S_s(q_{sI}) - C_s(q_{sI}) & \Delta q_s > 0 \\ C_s(|\Delta q_s|) - p_{sD}|\Delta q_s| - S_s(|\Delta q_s|) & \Delta q_s < 0, |\Delta q_s| \leqslant 8\% q_{CQs} \\ k_f p_I \Delta q_s & \Delta q_s < 0, |\Delta q_s| > 8\% q_{CQs} \end{cases} \tag{2-51}$$

式中,π_{sI} 为光伏电站在日内市场中的利润,p_{sI} 为日内市场中光伏电站的交易电价,q_{sI} 为日内市场中光伏电站竞得的交易电量,$S_s(q_{sI})$ 为光伏电站发出 q_{sI} 电量获得的补贴,$C_s(q_{sI})$ 为光伏电站发出 q_{sI} 电量的成本,$S_s(|\Delta q_s|)$ 为光伏电站发出 $|\Delta q_s|$ 电量获得的补贴,$C_s(|\Delta q_s|)$ 为光伏电站发出 $|\Delta q_s|$ 电量的成本,q_{CQs} 为光伏电站的装机容量。

对于火电厂,由于其具有较好的发电稳定性,可不考虑其实际发电量小于交易电量的情况,则火电厂在日内市场中的利润 π_{thI} 为:

$$\pi_{thI} = p_{thI} q_{thI} - C_{th}(q_{thI}) \tag{2-52}$$

式中,p_{thI} 为火电厂在日内市场中的交易电价,q_{thI} 为火电厂在日内市场中的交易电量,$C_{th}(q_{thI})$ 为发出 q_{thI} 电量的成本。

风电场、光伏电站和火电厂的总利润 π_w、π_s、π_{th} 可按下式计算:

$$\pi_w = \pi_{wD} + \pi_{wI} \tag{2-53}$$

$$\pi_s = \pi_{sD} + \pi_{sI} \tag{2-54}$$

$$\pi_{th} = \pi_{thD} + \pi_{thI} \tag{2-55}$$

2.3.3 基于非合作博弈的双层优化模型

1) 双层优化模型

假设有 N 个电站向 M 个售电公司供电。每个交易日可分为 H 个交易时段,则每个交易时段的持续时间为 $24/H$ 小时。售电公司 $m \in \boldsymbol{M} = \{1, \cdots, M\}$ 提前一天公布次日交易时段 $h \in \boldsymbol{H} = \{1, \cdots, H\}$ 的购电量 $q_{sm}^h \in \boldsymbol{q}_{sm} = \{q_{sm}^1, \cdots, q_{sm}^h, \cdots, q_{sm}^H\}$,$M$ 个售电公司的购电量曲线相叠加形成次日用电计划 $q_{sma}^h \in \boldsymbol{q}_{sma} = \{q_{sma}^1, \cdots, q_{sma}^h, \cdots, q_{sma}^H\}$,其中,$q_{sma}^h = \sum_{m=1}^{M} q_{sm}^h$。电站 $n \in \boldsymbol{N} = \{1, \cdots, N\}$ 根据用电计划 $\boldsymbol{q}_{sma}$ 提供交易日中在每个交易时段中的报价参数 $b_{nb}^h \in \boldsymbol{b}_{nb} = \{b_{nb}^1, \cdots, b_{nb}^h, \cdots, b_{nb}^H\}$ 和最高发电量 $q_{nbmax}^h \in \boldsymbol{q}_{nbmax} = \{q_{nbmax}^1, \cdots, q_{nbmax}^H\}$,$N$ 个电站的报价曲线形成发电计划 $\boldsymbol{b} = \{b_{1b}, \cdots, b_{Nb}\}$。其中,电站的报价函数为:

$$p_{nb}^h = a_{nb}^h q_{nb}^h + b_{nb}^h \tag{2-56}$$

式中,p_{nb}^h 为电站 n 在 h 时段的报价,q_{nb}^h 为电站 n 在 h 时段竞得的电量,a_{nb}^h 和 b_{nb}^h 为电站 n 在 h 时段的报价参数。假定电站只通过改变参数 b_{nb}^h 来改变报价,即 a_{nb}^h 为常数,因此电站所选择的策略转化为改变 b_{nb}^h 的值,报价应该限制在合理的区间内:

$$b_{nbmin} \leqslant b_{nb}^h \leqslant b_{nbmax}, \quad \forall h \in \boldsymbol{H} \tag{2-57}$$

式中,b_{nbmin} 为电站 n 初始报价的下限,b_{nbmax} 为电站 n 初始报价的上限。

售电公司位于双层优化模型的下层,由电力调度中心代替售电公司决策。在电站提交报价曲线以后,电力调度中心以所有售电公司购电总成本最低为目标,确定在每个时段从每个电站所购买的电量,如下式所示:

$$\underset{q_{nb}^h}{\text{minimize}} \, U_{all} = U_{all}(b_{1b}^h, \cdots, b_{Nb}^h, q_{1b}^h, \cdots, q_{Nb}^h)$$
$$= \sum_{h=1}^{H} \sum_{n=1}^{N} (a_{nb}^h q_{nb}^h + b_{nb}^h) q_{nb}^h \tag{2-58}$$

式中,U_{all} 为所有电站购电总成本,与各电站的报价参数和电量有关。在上式中,b_{nb}^h 是常数,q_{nb}^h 是该优化问题的唯一变量。为保证供需平衡,上述优化问题需满足以下约束条件:

$$\sum_{n=1}^{N} q_{nb}^h = \sum_{m=1}^{M} q_{sm}^h \tag{2-59}$$

$$0 \leqslant q_{nb}^h \leqslant q_{nbmax}^h \tag{2-60}$$

当每个电站在每个时段的交易电量确定以后,市场出清电价 p_c^h 可以按下式确定:

$$p_c^h(b_{1b}^h, \cdots, b_{Nb}^h, q_{1b}^h, \cdots, q_{Nb}^h) = \max(p_{nb}^h, n \in \boldsymbol{N}) \tag{2-61}$$

电站位于双层优化模型的上层,可以通过改变报价参数 b_{nb}^h 来优化各自收益:

$$\underset{b_{nb}^h}{\text{maximize}} \, \pi_n = \sum_{h=1}^{H} \pi_n^h(b_{1b}^h, \cdots, b_{Nb}^h, q_{1b}^h, \cdots, q_{Nb}^h) \tag{2-62}$$

31

式中，π_n^h、π_n 分别为电站 n 在 h 时段及一整天中获得的收益，其值可以按式（2-39）、（2-43）、（2-44）、（2-49）、（2-51）、（2-52）计算。在上式中，q_{nb}^h 是常数，b_{nb}^h 是决策变量。日前市场及日内市场的竞价过程均按上述步骤计算。

综上，可以列出下式来解决双层优化问题：

$$
\begin{cases}
\underset{b_{nb}^h}{\text{maximize}} \; \pi_n = \sum_{h=1}^H \pi_n^h (b_{1b}^h, \cdots, b_{Nb}^h, q_{1b}^h, \cdots, q_{Nb}^h) \\
b_{nbmin}^h \leqslant b_{nb}^h \leqslant b_{nbmax}^h \\
\underset{q_{nb}^h}{\text{minimize}} \; U_{all} = U_{all}(b_{1b}^h, \cdots, b_{Nb}^h, q_{1b}^h, \cdots, q_{Nb}^h) \\
\qquad\qquad = \sum_{h=1}^H \sum_{n=1}^N (a_{nb}^h q_{nb}^h + b_{nb}^h) q_{nb}^h \\
\sum_{n=1}^N q_{nb}^h = q_{sma}^h \\
0 \leqslant q_{nb}^h \leqslant q_{nbmax}^h
\end{cases}
\tag{2-63}
$$

2）非合作博弈模型

博弈是指参与者遵守一定的规则，从各自的策略空间中选择策略，并取得相应收益的过程。参与者、策略集和收益是博弈的三要素。其中，参与者是在博弈中理性的并有决策权的个人或组织；策略集是参与者可以选择的全部策略的集合；收益是参与者所选择的策略对应的得失。博弈可分为合作博弈和非合作博弈。合作博弈以所有参与者总的收益最大化为目标，然后进行利润分配；非合作博弈是每个参与者以自己的收益最大化为目标来选择策略。在双层优化中的上层，电站由于具有天然的逐利性，会通过改变报价参数以尽可能地增大自身的收益，所以可以采用非合作博弈模型来构建电站间的竞价过程[17]，假设该博弈是完全信息下的非合作博弈，即所有的参与者都知道自己和其他参与者的策略集合和收益函数。每个电站根据各自的收益函数不停地改变策略即每个时段的报价，以最大化各自的收益。所有电站的策略构成策略组合，在某一策略组合下任何电站单独改变策略都不会得到好处，也就是说，如果在一个策略组合上，当所有其他发电公司都不改变策略时，没有发电公司会改变自己的策略，则该策略组合是一个纳什均衡。此外，电力调度中心所确定的出清电量和电价对上层电站间的博弈过程也有影响，需要采用广义纳什均衡解作为非合作博弈的均衡解。电站间的非合作博弈可以构造为一个具有平衡约束的广义纳什均衡问题[18]。当下式满足时可认为该非合作博弈达到广义纳什均衡解。

$$
\pi_n^h(b_{1b}^{h*}, \cdots, b_{Nb}^{h*}, q_{1b}^{h*}, \cdots, q_{Nb}^{h*}) \geqslant \pi_n^h(b_{1b}^{h*}, \cdots, b_{(n-1)b}^{h*}, b_{nb}^h, b_{(n+1)b}^{h*}, \cdots, b_{Nb}^{h*}, q_{1b}^{h*}, \cdots, q_{Nb}^{h*})
$$

$$
\tag{2-64}
$$

但是，广义纳什均衡点并不是一定存在的，且即便存在也不一定具有唯一性。当存在多个纳什均衡点时，如果报价参数的初值给定得较适合，可能可以找到全局最优解。当达到某一个点，此时所有电站选择的策略都足够接近它们相应的理性反应时，可以认为博弈到达纳什均衡点。电站 n 在 h 时段寻找广义纳什均衡点的算法如下：

（1）取随机值对报价策略集合 $b_{n\mathrm{b}}^{h*}$ 进行初始化,选择精度 $\varepsilon \in (0,1]$;

（2）计算优化问题式(2-58)的最优解,得到出清电量 $(q_{1\mathrm{b}}^h, \cdots, q_{N\mathrm{b}}^h)$;

（3）根据电站的出清电量计算对应的收益 $\pi_{n\mathrm{b}}^{h*}$;

（4）计算优化问题式(2-62)的最优解,得到新的策略 $b_{n\mathrm{b}}^h$ 及电站的收益 $\pi_{n\mathrm{b}}^h$;

（5）如果 $\pi_{n\mathrm{b}}^{h*} < \pi_{n\mathrm{b}}^h$,则 $b_{n\mathrm{b}}^{h*} = b_{n\mathrm{b}}^h$;

（6）当 $|\pi_{n\mathrm{b}}^{h*} - \pi_{n\mathrm{b}}^h| < \varepsilon$ 时,输出 $\pi_{n\mathrm{b}}^{h*}$ 的值,否则 $\pi_{n\mathrm{b}}^{h*} = \pi_{n\mathrm{b}}^h$,并返回步骤(2)。

2.3.4　算例分析

本节对前文所述优化问题进行了仿真实验,部分系统参数根据文献[19]进行修正,假设火电厂、风电场和光伏电站各 1 个,电站的装机容量分别为火电装机 100 MW,风电装机 49.5 MW,光伏装机 20 MW。对于发电侧竞价来说,售电公司的个数并不对其产生影响,只需得到所有售电公司的总用电负荷信息,故假设售电公司只有一个。一个交易日分为 96 个交易时段,即 $H = 96$。假定火电厂、风电场和光伏电站的报价上下限分别为 $b_{\mathrm{thmin}} = 130$ 元 /MWh, $b_{\mathrm{thmax}} = 390$ 元 /MWh, $b_{\mathrm{wmin}} = 130$ 元 /MWh, $b_{\mathrm{wmax}} = 460$ 元 /MWh, $b_{\mathrm{smin}} = 130$ 元 /MWh, $b_{\mathrm{smax}} = 510$ 元 /MWh。考虑风电和光电均享有电价补贴,风电场的电价补贴取 $p_{\mathrm{ws}} = 215$ 元 /MWh,光伏电站的电价补贴取 $p_{\mathrm{ss}} = 420$ 元 /MWh。由于是区域电网,送端与受端的距离较近,两端的碳排放价格可考虑相同,可取为 $p_{\mathrm{cr}} = p_{\mathrm{ct}} = 190$ 元 /t,网损也可忽略不计,即 $\sigma = 0$。火电单位电能碳排放量转换因子取 $\mu = 1.3$ t/MWh,惩罚成本的比例系数取 $k_{\mathrm{f}} = 1.1$。火电厂的参数取 $a_{\mathrm{th}} = 0.063$ 元 /(MWh)^2, $b_{\mathrm{th}} = 125.3$ 元 /MWh, $c_{\mathrm{th}} = 0$ 元, $a_{\mathrm{thb}} = 0.126$ 元 /(MWh)^2;风电场参数取 $b_{\mathrm{w}} = 0.018$ 元 /MWh, $c_{\mathrm{w}} = 2\,490$ 元, $a_{\mathrm{wb}} = -1.694\,5$ 元 /(MWh)^2;光伏电站参数取 $b_{\mathrm{s}} = 0.023$ 元 /MWh, $c_{\mathrm{s}} = 1\,187$ 元, $a_{\mathrm{sb}} = -1.354\,68$ 元 /(MWh)^2。假定风电场及光伏电站在各时段的预测出力如图 2-17 所示,用户总负荷如图 2-18 所示,火电厂的最大出力为 100 MW,最小出力为 20 MW。

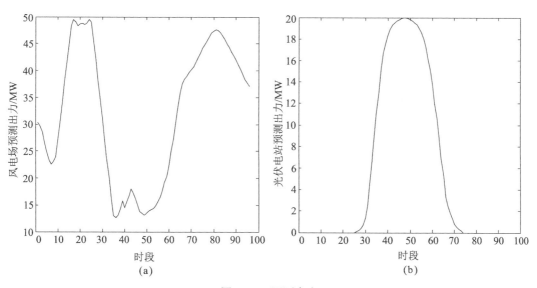

(a)　　　　　　　　　　　　　　(b)

图 2-17　预测出力

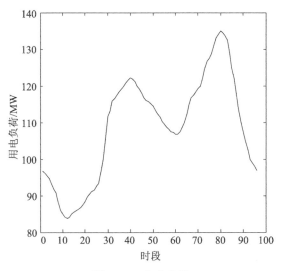

图 2-18　负荷曲线

　　风电场、光伏电站和火电厂通过改变自身报价来争取发电量,博弈后各电站在各时段的利润和发电量如图 2-19 和图 2-20 所示。由图 2-19 可看出,风电场和光伏电站的利润在某些时段出现了负数,因为这些时段的发电量为零,即无法获取收入,但此时仍有固定成本,如工人的工资福利及初期投资的折合成本等。由图 2-20 可看出,参与市场竞争时风电场和光伏电站虽然不能保证将电量全部发出去,但仍可以发出大部分电量。风电场、光伏电站和火电厂一天中的总利润如表 2-7 所示。光伏电站的容量最小,且发电小时数也是三个电站中最小的,所以光伏电站的总利润最小。由于考虑了碳排放因素以及电价补贴,从单位电量利润来看,风电场的盈利效果最好,其次盈利效果较好的是光伏电站,会吸引更多投资方加大对风电、光电的投资,进一步促进新能源发电的大力发展,适合于新能源发电发展初期。

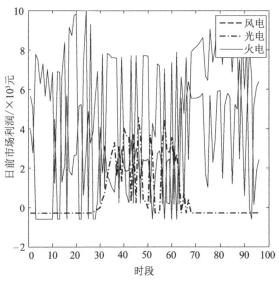

图 2-19　电站在日前市场的利润

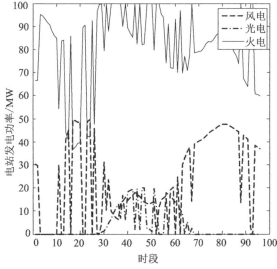

图 2-20　电站在各时段的发电功率

表 2-7　电站日前市场交易结果

电站	利润/万元	最高发电量总和/MWh	交易电量/MWh	单位电量利润/(万元·MWh⁻¹)
风电场	37.91	773.37	563.73	0.065 6
光伏电站	5.35	136.1	88.83	0.060 2
火电厂	42.09	2400	1 956.93	0.021 5

火电厂的实际上网电量与预测发电量误差较小,可忽略不计。假设风电场和光伏电站的实际出力与日前预测出力的误差如图 2-21 所示。仿真结果如图 2-22 和表 2-8 所示,从表 2-8 可看出火电在日内市场中的各个时段利润都是非负的,因为火电厂发电较稳定,没有出现实际发电量小于日前市场交易电量的情况。而风电场和光伏电站在日内市场中的利润均出现了正、负和零三种情况,其中利润为负代表该电站的实际发电量小于交易电量,并超过了 8%,该电站此时需支付罚款;当利润为正时,与火电厂类似,它们参与了日内市场的二次竞价,获得了更多的发电量,进而赚取更多的利润。

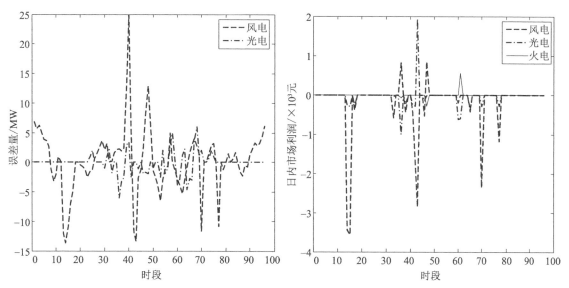

图 2-21　实际出力与日前预测出力的误差　　　图 2-22　电站在日内市场的利润

表 2-8　电站一天的总利润

电站	日内市场利润/万元	总利润/万元
风电场	−2.65	35.26
光伏电站	−0.61	4.74
火电厂	0.14	42.23

由以上两节内容可出看出,虽然风电场和光伏电站的出力具有不确定性,但仍能赚取可观的利润,有利于这种新能源电站的大力发展,更好地解决能源和环境问题。此外,由于火电厂在参与博弈的过程中,不仅可以通过日前市场竞价赚取利润,而且在日内市场中,由于

风电和光电具有预测误差,火电厂可以从中获得一笔额外的收入,进而促使其更加乐意参与同风电场和光伏电站的发电博弈。

2.4　计及过网费的电站输电方案非合作博弈优化

2.4.1　过网费定价模型

1) 系统模型

发电侧和用电侧的市场全部放开时,电站可与用户直接进行电力交易,两侧市场放开的同时电力公司所扮演的角色随之转变,即从之前的向电站买电、向用户卖电转变为只向电站和用户提供转运服务,这也就意味着独立的输配电网的形成,而独立的输配电网则需要独立的输配电价。《关于深圳市开展输配电价改革试点的通知》中规定,以电网企业的有效资产为基础,对电网企业的总收入进行监管,以准许成本加上准许收益为原则核定独立的输配电价。电网企业依据政府所制定的独立输配电价向电站或电力用户收取过网费。

如图 2-23 所示,假设共有 N 个电站,K 条输电线路以及一些用户,每条线路分别属于不同的电网企业管理。每个电站 $n \in \boldsymbol{N} = \{1, 2, \cdots, N\}$ 可以通过线路 $k \in \boldsymbol{K} = \{1, 2, \cdots, K\}$ 向某区域用户供电,其中,电站可以利用其中一条或多条线路给自己的电力用户输电,并向线路所属的电网企业支付过网费。不同的电网企业对过网费的收费标准可能不一致,电站可以通过优化输电计划选择支付过网费最低的输电方案。其中,电站可以是传统的火电厂,或是光伏电站、风电场等新能源电站,用户可以是售电公司也可以直接是各类终端电力用户。

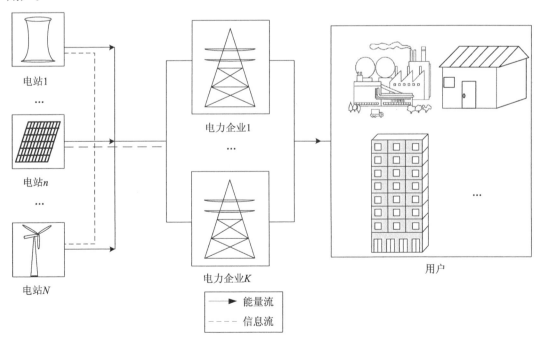

图 2-23　系统拓扑结构

2）过网费定价方法

过网费主要用于回收电网企业对电力设备的投资以及承担为保证系统正常运行的管理维护费用。过网费的合理与否不但会影响到电网企业的良好运行和发展，也影响着发电公司的效益和终端用户的利益，进而影响电站或用户调整发电或用电计划，影响电力系统潮流分布，电力系统的安全稳定性也会受到影响。如果定价模型能够给予电站或用户有效的经济信号，指导电站安排输电计划或用户用电计划，一方面可以降低发电侧和用户侧的费用，另一方面也有利于电力系统的安全稳定。因此，合理的过网费模型是电力市场能够公平、可靠运营的基础。

国外的实践经验中大多数电网的过网费都采用两部制方法，即包括两个部分：投资建设成本和运行成本。其中，投资建设成本反映建设线路、变电站等设备的投资，这部分成本不随运行状况改变，是固定成本；运行成本反映电网的运行维护成本，是随着系统的运行状况而改变的，是可变成本。固定成本通常在各使用者间平均分摊或按照使用率分摊，邮票法由于具有计算简单的特点，所以是常用的方法。当输电线路上传输的电量超过了线路的容量上限时，输电线路会发生阻塞。在电力系统实际运行时，由于输电系统容量的限制以及负荷的增加，系统发生阻塞的机会也会增加。在开放的电力市场环境下，各市场主体可以公开、公平地使用电网设备，也会增加输电系统发生阻塞的可能性。线路阻塞会影响电力系统供电的可靠性和稳定性，因此在计算过网费时应计及线路阻塞成本。基于参与定价法[20]，可将过网费分为三部分，包括电网容量费用、网损费用和阻塞费用，即：

$$G(q) = R + W(q) + Z(q) \tag{2-65}$$

式中，q 为线路传输的电量，$G(q)$ 为线路过网费，R 为电网容量费用，$W(q)$ 为网损费用，$Z(q)$ 为阻塞费用。

电网容量成本中包括了电网的投资和维护成本，在过网费中占据很大的比重，由于电网企业只能通过收取过网费来获得收益，电网容量成本的大小直接关系到电网企业的投资能否收回。使用邮票法即按功率大小分摊过网费，则发电公司需要支付的容量成本 R 可以表述为：

$$R = \frac{1}{K} \sum_{k=1}^{K} \left(\frac{T_k \cdot \dfrac{r}{(1+r)^{t_r} - 1}}{Q_{k,\,\text{year}}} \right) \tag{2-66}$$

式中，T_k 为第 k 条线路的总投资费用，t_r 为回收年限，r 为贴现率，$Q_{k,\,\text{year}}$ 为第 k 条线路预测的年输电量。

对于线路损耗，利用网损率来计算网损成本：

$$W(q) = C(q) \times \sigma \tag{2-67}$$

式中，$C(q)$ 为发电成本。

如果用户负荷较稳定，对电价灵敏度不高，可以将负荷曲线修正成梯形，每一阶梯代表一个时段，在每个时段内负荷都是恒定的。阻塞成本可按下式计算[20]：

$$Z(q) = R \left[\ln \frac{\alpha(q)}{\beta(q)} \right] e^{\beta(q)} \tag{2-68}$$

式中,

$$\alpha(q) = \frac{q_{k,\,\text{all}}}{q_{k,\,\text{max}}}, \quad \beta(q) = \frac{q_{n,\,k}}{q_{k,\,\text{max}}} \tag{2-69}$$

$q_{k,\,\text{max}}$ 为线路 k 的最大传输容量,$q_{k,\,\text{all}}$ 为线路 k 上流过的所有潮流之和,$q_{n,\,k}$ 为线路 k 中与电站 n 相关的潮流。由此可看出,$q_{k,\,\text{all}} = \sum_{n=1}^{N} q_{n,\,k}$。式(2-68)中的对数模型代表电站 n 通过线路 k 传输电量时所在线路上的阻塞程度,指数模型可以反映电站 n 通过线路 k 传输的电量占线路总电量的比例。当线路上负荷较重时,对数部分为正值,意味着阻塞费用为正,此时的阻塞成本等效于为提高输电线路容量而对其进行扩建所产生的成本;当线路上负荷较轻时,对数部分的值较少甚至为负,从而使得阻塞成本较低甚至为负,以此鼓励电站使用线路。当过网费中计及阻塞成本时,发电公司会希望在某条线路重负荷时尽量少从该线路传输电能。换句话说,考虑阻塞成本时可以利用经济效益作用在一定程度上减轻甚至消除线路阻塞。此外,在实际运行时,阻塞成本不可能为负,所以需满足下式约束条件:

$$Z(q) \geqslant 0 \tag{2-70}$$

3) 过网费模型

发电公司的发电方案已讨论过,在发电计划确定后,电站 n 在 h 时段的发电量为已知,记为 q_n^h。过网费的定价也以 15 min 为一个时段,将一天分为 96 个时段,即 $H = 96$。电站 n 在一天中的发电方案记为 $\boldsymbol{q}_n = [q_n^1, \cdots, q_n^h, \cdots, q_n^H]$。电站可以自行决定各个时刻从每条输电线路输送的电量:

$$\boldsymbol{x}_{n,\,k}^h = [x_{n,\,1}^h, \cdots, x_{n,\,k}^h, \cdots, x_{n,\,K}^h] \tag{2-71}$$

式中,$x_{n,\,k}^h$ 为电站 n 在线路 k 上的输电比例系数,$x_{n,\,k}^h \in [0, 1]$。输电比例系数是指电站 n 在 h 时段从线路 k 输送的电量占电站 n 总输电量的比例,因此,下式约束条件必须满足:

$$\sum_{k=1}^{K} x_{n,\,k}^h = 1, \ \forall h \in \boldsymbol{H} \tag{2-72}$$

电站 n 从线路 k 上传输电量的比例也应被约束:

$$\lambda_{n,\,m}^{\min} \leqslant x_{n,\,k}^h \leqslant \lambda_{n,\,m}^{\max}, \ \forall h \in \boldsymbol{H} \tag{2-73}$$

式中,$\lambda_{n,\,m}^{\max}$ 为输电比例系数的最大值,$\lambda_{n,\,m}^{\min}$ 为输电比例系数的最小值。此外,电力系统的实时功率平衡应被严格保证:

$$\sum_{n=1}^{N} q_n^h = q_u^h \tag{2-74}$$

式中,q_u^h 为所有用户在 h 时段的总用电量。

综上,可得出电站 n 输电方案的策略空间为:

$$\boldsymbol{X}_n = \left\{ \boldsymbol{x}_n \ \middle| \ \sum_{n=1}^{N} q_n^h = q_u^h, \ \lambda_{n,m}^{\min} \leqslant x_{n,k}^h \leqslant \lambda_{n,m}^{\max}, \ \forall h \in \boldsymbol{H} \right\} \tag{2-75}$$

式中，$\boldsymbol{x}_n$ 为电站 n 的输电方案，$\boldsymbol{X}_n$ 为电站 n 输电方案的策略空间。

当电站 n 的输电策略选定为 $\boldsymbol{x}_{n,k}$ 时，从线路 k 上传输的电量可按下式计算：

$$\boldsymbol{q}_{n,k} = \boldsymbol{x}_{n,k} \boldsymbol{q}_n^{\mathrm{T}} \tag{2-76}$$

式中，$\boldsymbol{q}_{n,k}$ 为电站 n 在一天中各时段从线路 k 上传输的电量的矩阵向量。进而，可得到线路 k 上传输的总电量 $\boldsymbol{q}_{k,\mathrm{all}}$，

$$\boldsymbol{q}_{k,\mathrm{all}} = \sum_{n=1}^{N} \boldsymbol{x}_{n,k} \boldsymbol{q}_n^{\mathrm{T}} \tag{2-77}$$

为计算方便，记向量 $\boldsymbol{c}_{n,k}$ 为除电站 n 外其余电站从线路 k 传输的电量之和。

$$\boldsymbol{c}_{n,k} = \sum_{i=1, i \neq n}^{N} \boldsymbol{x}_{i,k} \boldsymbol{q}_n^{\mathrm{T}} \tag{2-78}$$

由以上可得，式中的线路损耗和阻塞成本可改写为 $\boldsymbol{x}_{n,k} \boldsymbol{q}_n^{\mathrm{T}}$ 的函数，由于本书中只考虑输电计划的优化，所以优化过网费时只有 $\boldsymbol{x}_{n,k}$ 是变量，发电量 $\boldsymbol{q}_n$ 是确定值：

$$W(\boldsymbol{x}_{n,k}) = C(\boldsymbol{x}_{n,k} \boldsymbol{q}_n^{\mathrm{T}}) \times \sigma \tag{2-79}$$

$$Z(\boldsymbol{x}_{n,k}) = R \left(\ln \frac{\boldsymbol{x}_{n,k} \boldsymbol{q}_n^{\mathrm{T}} + \boldsymbol{c}_{n,k}}{\boldsymbol{x}_{n,k} \boldsymbol{q}_n^{\mathrm{T}}} \mathrm{e}^{\frac{\boldsymbol{x}_{n,k} \boldsymbol{q}_n^{\mathrm{T}}}{q_{k,\max}}} \right) \tag{2-80}$$

上式需满足约束条件 $\boldsymbol{x}_{n,k} \neq 0$，$\boldsymbol{q}_n \neq 0$。在实际运行时，电量不可能为负值，即 $\boldsymbol{x}_{n,k} \geqslant 0$，$\boldsymbol{q}_n \geqslant 0$，$\boldsymbol{c}_{n,k} \geqslant 0$，当发电量为零时相当于退出系统，在优化各电站输电方案时无须考虑不参与发电的电站，所以 $\boldsymbol{q}_n \neq 0$ 自动满足。通常情况下，最佳输电方案是电站利用所有线路传输电量以降低某一条线路发生阻塞的可能性，添加约束条件 $\boldsymbol{x}_{n,k} \neq 0$ 对所提的过网费模型有效性的影响可忽略不计。

综上，电站 n 利用线路 k 传输电量产生的过网费 $G(\boldsymbol{x}_{n,k})$ 可按下式计算：

$$G(\boldsymbol{x}_{n,k}) = R + W(\boldsymbol{x}_{n,k}) + Z(\boldsymbol{x}_{n,k}) \tag{2-81}$$

电站 n 所需支付的全部过网费 G_n 为：

$$G_n = \sum_{k=1}^{K} G(\boldsymbol{x}_{n,k}) \tag{2-82}$$

2.4.2　电站输电方案的非合作博弈模型

1）非合作博弈模型

对于每个电站，都希望在各个时段选择较不堵塞的那条线路运输电能，尽可能地降低过网费，进而可降低自己的报价以在开放的电力市场中获得更大的竞争力。因此，优化问题可描述为：

$$\underset{x_n}{\text{minimize}} \sum_{h=1}^{H} G_n \left(\sum_{k=1}^{K} x_{n,k}^h \right) \tag{2-83}$$

式中的最优解即为电站的最优输电方案。每个电站都会尽可能地将自己的过网费降到最低,当各电站达到最优解时,过网费最低,也就意味着阻塞成本最低,所以线路阻塞状况会得到相应的缓解甚至消除。通常情况下,每个电站在选择策略时都具有天然的自私性和逐利性,都会以自己的费用最低为目标,故可以建立相应的非合作博弈模型。记 $\Xi = \{ N, \{ X_n \}_{n \in N}, \{ S_n \}_{n \in N} \}$ 为电站之间的非合作博弈模型,有三个要素:①参与者,即参与博弈的所有电站;②策略,即电站 n 所选择的发电方案;③收益,即电站通过选择不同策略所得到的利润。而此处研究的是电站需交付的费用,所以做以下处理:

$$S_n(\boldsymbol{x}_n, \boldsymbol{x}_{-n}) = -G_n = -\sum_{k=1}^{K} G(\boldsymbol{x}_{n,k}) \tag{2-84}$$

式中,S_n 为电站 n 的收益,$\boldsymbol{x}_{-n}$ 为除电站 n 以外的其余所有电站的策略。

基于上述非合作博弈模型中对策略和收益的定义,各电站会调整各自策略以使自己的过网费降到最低,直到达到纳什均衡解。当满足下式时,可认为各电站已达到纳什均衡解:

$$S_n(\boldsymbol{x}_n^*, \boldsymbol{x}_{-n}^*) \geqslant S_n(\boldsymbol{x}_n, \boldsymbol{x}_{-n}^*) \tag{2-85}$$

式中,$(\boldsymbol{x}_n^*, \boldsymbol{x}_{-n}^*)$ 为优化问题的纳什均衡解,当达到纳什均衡解时,各电站都不会再改变自己的策略,因为此时任一电站改变策略都会使至少一个参与者的收益减少。

2) 优化算法

通常情况下,非合作博弈的纳什均衡解不一定会收敛,下面对非合作博弈具有唯一纳什均衡解进行证明。

假定每个电站的策略集合 $\boldsymbol{X}_n \subseteq R^a (n \in N)$ 是欧氏空间的非空紧凸集,根据文献[21],如果 $\forall n$,$S_n: \boldsymbol{X} \rightarrow R^1$ 是图连续(graph-continuous)的,且收益函数 S_n 关于 x 上半连续,关于 x_n 拟凹,则 $\Xi = \{ N, \{ X_n \}_{n \in N}, \{ S_n \}_{n \in N} \}$ 拥有唯一一个纯策略纳什均衡点。发电成本、容量成本及网损费用易知为凹函数,因此,要证明 S_n 为凹函数,只需证明 $Z(\boldsymbol{x}_{n,k})$ 为凹函数。在证明时,与用矩阵 $\boldsymbol{x}_{n,k}$ 或变量 $x_{n,k}$ 所证过程一致,为简化证明,用变量 $x_{n,k}$ 代替矩阵 $\boldsymbol{x}_{n,k}$。类似地,用 $c_{n,k}$ 代替 $\boldsymbol{c}_{n,k}$,用 q_k 代替 $\boldsymbol{q}_k$。记:

$$f(x_{n,k}) = \ln \frac{x_{n,k} q_n + c_{n,k}}{x_{n,k} q_n} e^{\kappa_{n,k} x_{n,k}} \tag{2-86}$$

其中,

$$\kappa_{n,k} = \frac{q_n}{q_{k,\max}} \tag{2-87}$$

因此,只需证明 $f(x_{n,k})$ 为凹函数。求函数 f 对 $x_{n,k}$ 的偏微分,得:

$$\frac{\partial f}{\partial x_{n,k}} = e^{\kappa_{n,k} x_{n,k}} \left[\frac{-c_{n,k}}{x_{n,k}(x_{n,k} q_n + c_{n,k})} + \kappa_{n,k} \ln \frac{x_{n,k} q_n + c_{n,k}}{x_{n,k} q_n} \right] \tag{2-88}$$

定义函数：

$$g(x_{n,k}) = \frac{-c_{n,k}}{x_{n,k}(x_{n,k}q_n + c_{n,k})} + \kappa_{n,k}\ln\frac{x_{n,k}q_n + c_{n,k}}{x_{n,k}q_n} \tag{2-89}$$

则式(2-88)可改写为：

$$\frac{\partial f}{\partial x_{n,k}} = e^{\kappa_{n,k}x_{n,k}}g(x_{n,k}) \tag{2-90}$$

求函数 g 对 $x_{n,k}$ 的偏微分得：

$$\begin{aligned}\frac{\partial g}{\partial x_{n,k}} &= \frac{c_{n,k}(2x_{n,k}q_n + c_{n,k})}{x_{n,k}^2(x_{n,k}q_n + c_{n,k})^2} - \frac{c_{n,k}\kappa_{n,k}}{x_{n,k}(x_{n,k}q_n + c_{n,k})}\\ &= \frac{c_{n,k}[2x_{n,k}q_n + c_{n,k} - \kappa_{n,k}x_{n,k}(x_{n,k}q_n + c_{n,k})]}{x_{n,k}^2(x_{n,k}q_n + c_{n,k})^2}\end{aligned} \tag{2-91}$$

线路上传输的电量不能大于线路的最大传输电量，因此，$\kappa_{n,k}x_{n,k} < 1$。此外，由于 $x_{n,k} \geqslant 0$，$q_n \geqslant 0$，$c_{n,k} \geqslant 0$，所以：

$$2x_{n,k}q_n + c_{n,k} - \kappa_{n,k}x_{n,k}(x_{n,k}q_n + c_{n,k}) \geqslant x_{n,k}q_n + c_{n,k} - \kappa_{n,k}x_{n,k}(x_{n,k}q_n + c_{n,k}) \tag{2-92}$$

由于 $x_{n,k}q_n + c_{n,k} - \kappa_{n,k}x_{n,k}(x_{n,k}q_n + c_{n,k}) = (1 - \kappa_{n,k}x_{n,k})(x_{n,k}q_n + c_{n,k})$
且 $(1 - \kappa_{n,k}x_{n,k})(x_{n,k}q_n + c_{n,k}) > 0$
所以：$2x_{n,k}q_n + c_{n,k} - \kappa_{n,k}x_{n,k}(x_{n,k}q_n + c_{n,k}) > 0$

由此可得 $\frac{\partial g}{\partial x_{n,k}} > 0$。函数 f 对 $x_{n,k}$ 的二次偏微分为：

$$\frac{\partial^2 f}{\partial x_{n,k}^2} = \kappa_{n,k}e^{\kappa_{n,k}x_{n,k}}g(x_{n,k}) + e^{\kappa_{n,k}x_{n,k}}\frac{\partial g}{\partial x_{n,k}} \tag{2-93}$$

若要满足 $f(x_{n,k})$ 为凹函数，则：

$$\kappa_{n,k}g(x_{n,k}) + \frac{\partial g}{\partial x_{n,k}} > 0 \tag{2-94}$$

因此，式(2-94)为非合作博弈的另一约束条件。当 $\Xi = \{N, \{X_n\}_{n \in N}, \{S_n\}_{n \in N}\}$ 满足所有约束条件时，电站间的非合作博弈拥有唯一的纳什均衡点。

定义优化问题的最优解为 $(x_1^*, \cdots, x_N^*)$，记：

$$G^* = \sum_{h=1}^{H}G\left(\sum_{k=1}^{K}\sum_{n=1}^{N}x_{n,k}^{h*}\right) \tag{2-95}$$

基于最优解的定义，对每个电站都有：

$$G^* \leqslant \sum_{h=1}^{H}G\left(\sum_{k=1}^{K}\sum_{i=1,i\neq n}^{N}x_{i,k}^{h*} + \sum_{k=1}^{K}x_{n,k}^h\right) \tag{2-96}$$

结合式(2-83)中博弈收益的定义,将上式左右两边各乘一1便可得到式(2-84)中纳什均衡的充要条件。

由以上证明可知,非合作博弈 Ξ 拥有唯一的纳什均衡解,且该均衡解为最优解。

对于电站 $n \in \mathbf{N}$,优化算法的步骤如下:

(1) 对 $x_{n,k}^{h*}$ 和 g_n 取随机值,选择精度 $\varepsilon \in (0, 1]$;

(2) 按式(2-77)计算每条线路上所需传输的总电量;

(3) 根据线路的传输电量计算电站的过网费 G_n;

(4) 比较过网费 G_n 和 g_n 的大小,若 $g_n > G_n$,则 $x_{n,k}^{h*} = x_{n,k}^h$;

(5) 若 $|g_n - G_n| < \varepsilon$,则输出 g_n 的值,否则返回步骤(2)。

2.4.3 算例分析

本节对前述过网费模型及非合作博弈模型进行了算例仿真,电站及线路参数参考文献[22]。假设图 2-24 中的电站总共有 8 个,分别为 1 个火电厂、2 个风电场和 5 个光伏电站。为简化计算,将 2 个风电场和 5 个光伏电站分别看作一个整体。其中,火电厂的装机容量为 5 000 MW,2 个风电场的总装机容量为 1 500 MW,5 个光伏电站的总装机容量为 1 500 MW。8 个电站通过两条输电线路向用户供电,两条输电线路分别属于两个电网企业,假设线路 1 的输电容量为 9 000 MW,线路 2 的输电容量为 5 000 MW。为提倡新能源发电,并简化计算,本章中风电场、太阳能电站每时刻所发出的电能全部输送给用户。火电厂的成本参数取 $a_{th} = 0.018$ 元 $/(\text{MWh})^2$, $b_{th} = 1.7$ 元 $/\text{MWh}$, $c_{th} = 0$;风电场成本参数取 $b_w = 0.022$ 元 $/\text{MWh}$, $c_w = 1.7$;光伏电站成本参数取 $b_s = 0.021$ 元 $/\text{MWh}$, $c_s = 2.1$ 元。用户的日负荷曲线如图 2-24 所示,风电场和光伏电站的发电量如图 2-25 所示,8 个电站各时段发出的电量之和应与用户日负荷曲线相符。线路 1 总投资费用 $T_1 = 2 \times 10^6$ 元,线路 2 总投资费用 $T_2 = 1.8 \times 10^6$ 元,贴现率 $r = 12\%$,线损率取 $\sigma = 5\%$。优化前,每个电站在每个时刻发出的电量直接在两条线路上平分,即 $x_{n,m}^h = 0.5$。

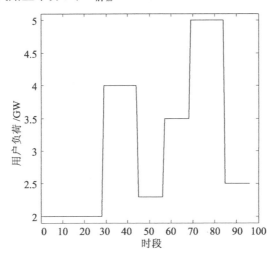

图 2-24 用户负荷曲线

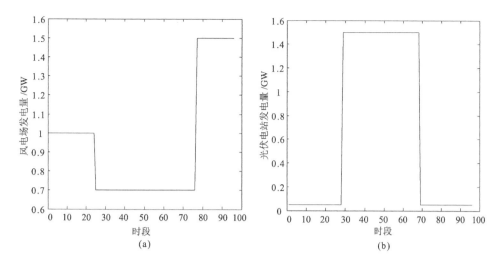

图 2-25　风电场及光伏电站发电量曲线

采用前文所述的优化方法,得到仿真结果如图 2-26 所示,为各电站在各时段从两条线路输送的电量。从图中可看出,从线路 1 传输的电量比线路 2 多,因为线路 1 的输电容量较

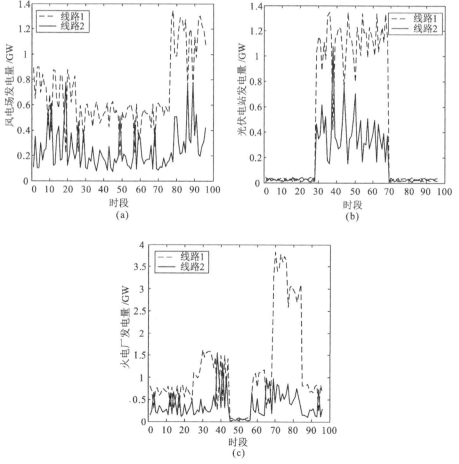

图 2-26　风电场、光伏电站及火电厂从两条线路传输的电量

大。各电站优化前及优化后一整天的过网费见表 2-9，其中 ΔG_n 为优化前后过网费的差值。由表 2-9 可看出，电站的过网费均有所降低，验证了本章所提优化方法的可行性和有效性。因此，所有电站都能在博弈中获利并愿意参与非合作博弈。图 2-27 分别展示了风电场、光伏电站和火电厂在参与及不参与非合作博弈情况下的过网费曲线。

表 2-9　各电站一天的总过网费　　　　　　　　　　　　单位：万元

电站	参与博弈	不参与博弈	ΔG_n
风电场	54.61	60.68	6.07
光伏电站	44.5	47.18	2.68
火电厂	96.29	104.98	8.69

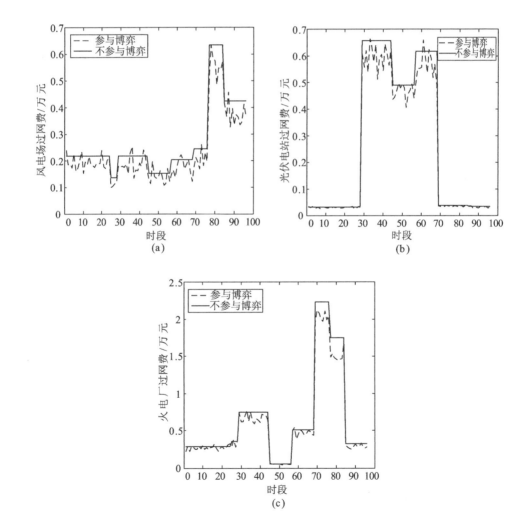

图 2-27　风电场、光伏电站及火电厂的过网费

可以看出,当传输电量增大时,过网费明显增加,同时,当传输电量减小时,过网费也相应减少。不同时刻选择不同的输电线路造成的阻塞成本不一样,过网费用也不同,这给了电站有效的经济信号,通过选择线路降低自身的总成本,也能降低总的电价,电源侧与用户侧均受益,具有很好的经济性、实用性。也正由于可以降低电站的总成本,给了电站有效的经济信号,才有利于消除阻塞,保持电力系统的实时功率平衡和系统的安全稳定。另一方面,疏通阻塞可以延长输电线路的寿命,对于电力公司来说是有益的,从某种程度上降低了固定成本。

2.5　基于完全信息的居民负荷非合作博弈优化

2.5.1　典型场景及基本模型构建

本节所构建的典型场景主要由大电网和 N 个居民社区构成。每个社区安装有光伏(Photovoltaic,PV)、风力(Wind Turbine,WT)发电装置以及储能系统,且用户负荷中存在部分柔性负荷。其中,储能可在用电低谷时段存储 PV-WT 发电系统剩余发电量,并在用电高峰时段为用户提供电能;而 PV-WT 发电系统一方面可为居民用户提供电能,另一方面在产能过剩时还可反向售电给电网以赚取一定收益。此外,各居民社区之间可利用通信网络进行信息交互,调控中心主要负责电价、需求等信息的发布,各社区承担能量管理、日常协调运行等职责。

1)购电成本模型

令集合 $N=\{1,2,\cdots,N\}$ 表示所有居民社区,一天被均分为 H 个时段,用 $H=\{1,2,\cdots,H\}$ 表示。假设居民社区 $n\in N$ 在 $h\in H$ 时段从大电网购买的电量为 x_n^h。因此,居民社区 n 的日购电量可表示为:

$$\boldsymbol{x}_n=\left[x_n^1,x_n^2,\cdots,x_n^H\right] \tag{2-97}$$

进一步,所有居民社区在 h 时段内从大电网总购电量可表示为:

$$X_h=\sum_{n=1}^N x_n^h \tag{2-98}$$

大电网为了促使居民用户主动参与 DR,所采用的购电成本模型需满足一定的条件。一般而言,购电成本模型必定是关于购电量的增函数,且用户在高峰时段购买电能的费用要高于在其他时段购买相同电量的费用。此外,为了便于后续模型的求解,本文对成本模型再做如下两点假设[23]:

假设 1:购电成本模型为光滑曲线或者至少为分段光滑曲线。

假设 2:购电成本模型关于用户总负荷需求为严格凹函数。

基于以上分析,通过设置二次函数各系数可以使得二次函数满足上述一般条件以及本文所做的两点假设。即所有居民社区在 h 时段内的购电成本模型为[23-25]:

$$C_h(X_h)=a_h X_h^2+b_h X_h \tag{2-99}$$

式中，$a_h > 0$，$b_h \geqslant 0$ 为固定参数，其值与 h 时段内负荷需求水平相关，需求越大值就越大，反之，其值越小。由式(2-99)可知，居民社区购买电能的单位电价为：

$$p_h(X_h) = a_h X_h + b_h \tag{2-100}$$

由此，居民社区 n 日购电费用为：

$$C_n^e = \sum_{h=1}^{H} p_h(X_h) x_n^h \tag{2-101}$$

而所有居民社区日购电费用为：

$$C^e = \sum_{n=1}^{N} C_n^e \tag{2-102}$$

式(2-101)和(2-102)分别为后续非合作博弈模型和合作博弈模型的重要组成部分。

2) PV-WT 模型

PV-WT 发电系统作为居民社区重要的能量来源，一般需要匹配一定容量的储能来提高 PV-WT 能源利用率。虽然 PV 只在有光照条件下才能为社区提供电能，但 WT 发电则不受时间限制，因此，PV-WT 发电系统可全天候为社区提供电能供应。在本章节中，我们假设 PV-WT 发电系统所发电量首先用来满足用户负荷需求，其次可将剩余电量存储至储能系统，若仍有剩余则反向售卖给电网。

假设居民社区 n 所安装的 PV 和 WT 在 h 时段内的发电量分别为 $e_{\mathrm{PV}n}^h$ 和 $e_{\mathrm{WT}n}^h$，为负荷提供的电量为 $e_{\mathrm{L}n}^h \geqslant 0$，为储能提供的电量为 $e_{\mathrm{B}n}^{ch} \geqslant 0$。因此，居民社区 n 日反向售电收益以及 PV-WT 发电系统投资运维费用可分别表示为：

（1）当 PV-WT 发电系统在满足用户负荷和储能系统电能需求后仍有剩余时，也就是 $e_{\mathrm{PV}n}^h + e_{\mathrm{WT}n}^h - e_{\mathrm{L}n}^h - e_{\mathrm{B}n}^{ch} > 0$ 时，居民社区 n 反向售电给电网可获利：

$$C_n^s = \sum_{h=1}^{H} k_s(e_{\mathrm{PV}n}^h + e_{\mathrm{WT}n}^h - e_{\mathrm{L}n}^h - e_{\mathrm{B}n}^{ch}) \tag{2-103}$$

式中，k_s 为反向售电价格，单位为美元/MWh。

（2）PV-WT 发电系统可为居民节省从大电网购电的费用，但社区也需要承担发电系统的初始投资费用以及日常运行维护费用。此处，对 PV-WT 投资运维费用做了简化，即假设其费用与发电量成正相关关系。具体来说，居民社区 n 需要为 PV-WT 发电系统支付的日费用为[26-27]：

$$C_n^g = \sum_{h=1}^{H} (k_{\mathrm{PV}} e_{\mathrm{PV}n}^h + k_{\mathrm{WT}} e_{\mathrm{WT}n}^h) \tag{2-104}$$

式中，k_{PV} 为 PV 发单位电量的投资运维费用，k_{WT} 为 WT 发单位电量的投资运维费用，单位为美元/MWh。

3) 储能系统模型

本章所述场景中，储能系统的主要职责是在用电低谷时段存储 PV-WT 发电系统过剩电能，并在用电高峰时段为用户负荷提供电能。储能系统的存在可以有效降低社区费用，但社区需要支付储能投资运维费用。现阶段,储能投资运维费用与储能种类有关,不同种类储能费用不同。通常,储能投资费用主要与储能容量有关,运维费用主要与储能充放电量有关。另外,由于储能在日常运行中需要进行频繁的充放电,对储能寿命影响较大,因此储能运维费用在储能费用中占据了一定比例。鉴于此,居民社区 n 安装的储能系统投资费用和运行维护费用可分别表示为:

(1) 由于本章主要侧重于居民社区负荷日能量优化管理,因此储能的投资费用需要折算至每一天。考虑储能系统的折现率和使用年限,居民社区 n 每日需要支付储能的投资费用为[28]:

$$C_n^{\mathrm{B,\ in}} = \frac{1}{365} k_{\mathrm{B}}^{\mathrm{in}} \frac{r(1+r)^y}{r(1+r)^y - 1} S_n \tag{2-105}$$

式中,S_n 为社区 n 配置的储能容量;r 为基准折现率;$k_{\mathrm{B}}^{\mathrm{in}}$ 为储能系统单位容量的投资费用,单位为美元/MWh;y 为储能的使用寿命。

(2) 假设社区 n 在时段 h 内为用户负荷提供的电量为 $e_{\mathrm{B}n}^{dh}$,则居民社区 n 每日需要支付储能的运维费用为[29]:

$$C_n^{\mathrm{B,\ om}} = \sum_{h=1}^{H} k_{\mathrm{B}}^{\mathrm{om}} (e_{\mathrm{B}n}^{ch} + e_{\mathrm{B}n}^{dh}) \tag{2-106}$$

式中,$k_{\mathrm{B}}^{\mathrm{om}}$ 为储能充放单位电量需要支付的运维费用,单位为美元/MWh。根据式(2-105)和(2-106)可知,储能系统的容量优化以及充放电的能量管理对于居民社区的日运转费用的降低具有重要意义。

2.5.2　基于非合作博弈的能量管理优化模型

1) 居民社区非合作博弈模型

对于单个居民社区而言,其日运行费用包括从大电网购电费用、PV-WT 发电系统费用、储能系统的投资和运维费用。此外,居民社区可通过向大电网反向售卖 PV-WT 过剩发电量获取一定的收益。因此,居民社区 n 为保证用户日常生活在一天内所需要支付的总费用为:

$$\psi_n(\boldsymbol{x}_n, \boldsymbol{x}_{-n}, S_n) = C_n^{\mathrm{e}} + C_n^{\mathrm{g}} + C_n^{\mathrm{B,\ in}} + C_n^{\mathrm{B,\ om}} - C_n^{\mathrm{s}} \tag{2-107}$$

式中,$\boldsymbol{x}_{-n} = [\boldsymbol{x}_1, \cdots, \boldsymbol{x}_{n-1}, \boldsymbol{x}_{n+1}, \cdots, \boldsymbol{x}_N]$ 表示除了居民社区 n 以外所有社区的购电策略集合。本节内容旨在通过非合作博弈理论去解决居民社区储能容量配置以及负荷优化管理问题。即每个居民社区以个体利益最大化作为优化目标,同时,在制定策略时充分考虑其他居民社区购电策略对市场以及自身产生的影响,并制定相应的优化策略。基于目标函数式(2-107),居民社区之间的非合作博弈可构建为如下形式:

- 参与者:所有居民社区;
- 策略:居民社区 $n \in \boldsymbol{N}$ 储能容量配置 S_n 以及购电策略 $\boldsymbol{x}_n$;
- 收益函数:居民社区 n 的日费用最小

$$\min_{x_n, S_n} \psi_n(\boldsymbol{x}_n, \boldsymbol{x}_{-n}, S_n) \tag{2-108}$$

各居民社区会根据其他社区策略不断调节 $\boldsymbol{x}_n$ 和 S_n 以使日总费用 $\psi_n(\boldsymbol{x}_n, \boldsymbol{x}_{-n}, S_n)$ 最小。当所有社区不再改变自身策略时,该状态即为纳什均衡状态,即:

$$\psi_n(\boldsymbol{x}_n^*, \boldsymbol{x}_{-n}^*, S_n) \leqslant \psi_n(\boldsymbol{x}_n, \boldsymbol{x}_{-n}^*, S_n) \tag{2-109}$$

式中,$(\boldsymbol{x}_n^*, \boldsymbol{x}_{-n}^*, S_n)$ 为社区配置容量为 S_n 储能系统条件下的纳什均衡。需要说明的是,此处 S_n 并非为储能系统的最优容量配置,只是储能容量范围内的任一容量。而当储能容量为最优配置时,则必须满足以下不等式:

$$\psi_n(\boldsymbol{x}_n'^*, \boldsymbol{x}_{-n}'^*, S_n^*) \leqslant \psi_n(\boldsymbol{x}_n^*, \boldsymbol{x}_{-n}^*, S_n) \tag{2-110}$$

式中,$(\boldsymbol{x}_n'^*, \boldsymbol{x}_{-n}'^*, S_n^*)$ 表示储能系统为最优配置 S_n^* 时的纳什均衡。通过(2-109)和(2-110)可知,对于任一储能容量 S_n 均有其对应的纳什均衡,但只有当容量配置为 S_n^* 状态下的纳什均衡才能使居民社区日总费用达到最小。

为了使得最优化问题式(2-107)的解集具有实际意义,式(2-107)的解集必须要满足以下几方面的约束条件:

（1）能量守恒约束

用户负荷主要由 PV-WT 发电系统、大电网以及储能系统供能,即:

$$l_n^h = x_n^h + e_{\mathrm{L}n}^h + e_{\mathrm{B}n}^{dh} \tag{2-111}$$

式中,l_n^h 表示居民社区 n 在时段 h 内的负荷需求量。

（2）柔性负荷约束

居民用户负荷中有一部分负荷属于柔性负荷,用户使用该类负荷的时间段可适当调节,从而避开用电高峰时段,但该类负荷的需求量不会改变。即:

$$\sum_{h=\alpha_n}^{\beta_n} l_{\mathrm{s}n}^h = Q_n \tag{2-112}$$

式中,$l_{\mathrm{s}n}^h$ 表示居民社区 n 在时段 h 内的柔性负荷量;$[\alpha_n, \beta_n]$ 表示社区 n 用户柔性负荷可调度时段,其中 α_n 为负荷可以工作的起始时段,β_n 为结束时段。

（3）储能运行状态约束

假设社区 n 储能系统在 h 时段的储能状态为 Soc_n^h,考虑充放电能量损耗,则储能运行过程中必须要满足:

$$Soc_n^{h+1} = Soc_n^h + \eta_{\mathrm{ch}} e_{\mathrm{B}n}^{ch} - 1/\eta_{\mathrm{dis}} e_{\mathrm{B}n}^{dh} \tag{2-113}$$

式中,$0 < \eta_{\mathrm{ch}} < 1$ 和 $0 < \eta_{\mathrm{dis}} < 1$ 分别表示储能系统的充电和放电效率。

（4）储能容量约束

考虑到储能系统容量限制,以及储能系统充放电功率限制,储能系统还需满足以下约束条件:

$$\begin{cases} S_n^{\min} \leqslant S_n \leqslant S_n^{\max} \\ Soc_n^h \leqslant S_n \\ e_{Bn}^{ch} e_{Bn}^{dh} = 0 \\ e_{Bn}^{ch} \leqslant e_{Bn}^{c,\,\max}, \ e_{Bn}^{dh} \leqslant e_{Bn}^{d,\,\max} \end{cases} \tag{2-114}$$

式中，$S_n^{\min}$ 和 $S_n^{\max}$ 分别表示社区 n 储能容量的上下限；$e_{Bn}^{c,\,\max}$ 和 $e_{Bn}^{d,\,\max}$ 分别表示储能在时段 h 内充放电量的上限。

2）纳什均衡及最优容量存在性证明

定理 2-1： 对于 $\forall n \in \boldsymbol{N}$ 以及 $\forall S_n \in [S_n^{\min}, S_n^{\max}]$，居民社区之间的非合作博弈存在纳什均衡，且均衡解唯一。

证明： 首先证明在 S_n 和 $\boldsymbol{x}_{-n}$ 视为定值时，社区支付函数 $\psi_n(\boldsymbol{x}_n, \boldsymbol{x}_{-n}, S_n)$ 关于 $\boldsymbol{x}_n$ 为严格凹函数。由文献[30]可知，即需证明 $\psi_n(\boldsymbol{x}_n, \boldsymbol{x}_{-n}, S_n)$ 的 Hessian 矩阵为正定矩阵，其中 Hessian 矩阵指由多元函数二阶偏导数构成的方阵，其计算公式如下所示：

$$\nabla_{x_n}^2(\psi_n) = \begin{bmatrix} \dfrac{\partial^2 \psi_n}{\partial x_n^1 \partial x_n^1} & \dfrac{\partial^2 \psi_n}{\partial x_n^1 \partial x_n^2} & \cdots & \dfrac{\partial^2 \psi_n}{\partial x_n^1 \partial x_n^H} \\ \dfrac{\partial^2 \psi_n}{\partial x_n^2 \partial x_n^1} & \dfrac{\partial^2 \psi_n}{\partial x_n^2 \partial x_n^2} & \cdots & \dfrac{\partial^2 \psi_n}{\partial x_n^2 \partial x_n^H} \\ \vdots & \vdots & \ddots & \vdots \\ \dfrac{\partial^2 \psi_n}{\partial x_n^H \partial x_n^1} & \dfrac{\partial^2 \psi_n}{\partial x_n^H \partial x_n^2} & \cdots & \dfrac{\partial^2 \psi_n}{\partial x_n^H \partial x_n^H} \end{bmatrix} \tag{2-115}$$

经计算可得，$\psi_n(\boldsymbol{x}_n, \boldsymbol{x}_{-n}, S_n)$ 的 Hessian 矩阵为：

$$\nabla_{x_n}^2(\psi_n) = \mathrm{diag}\left[2\dot{p}_h\right]_{h=1}^H = \mathrm{diag}\left[2a_h\right]_{h=1}^H \tag{2-116}$$

因为 $a_h > 0$，所以 $\nabla_{x_n}^2(\psi_n)$ 为正定矩阵，即，居民社区 n 的收益函数 $\psi_n(\boldsymbol{x}_n, \boldsymbol{x}_{-n}, S_n)$ 关于 $\boldsymbol{x}_n$ 为凹函数。接下来证明均衡解存在且唯一。设 $g(\boldsymbol{x}_h)$ 为 $\psi_n(\boldsymbol{x}_n, \boldsymbol{x}_{-n}, S_n)$ 的梯度函数，即：

$$g(\boldsymbol{x}_h) = \begin{bmatrix} \nabla_{x_h^1} \psi_n \\ \nabla_{x_h^2} \psi_n \\ \vdots \\ \nabla_{x_h^N} \psi_n \end{bmatrix} \tag{2-117}$$

式中，$\boldsymbol{x}_h = [x_h^1, x_h^2, \cdots, x_h^N]$ 为所有居民社区在时段 h 内的用能安排。设 $G(\boldsymbol{x}_h)$ 为 $g(\boldsymbol{x}_h)$ 的 Jacobian 矩阵，则 $G(\boldsymbol{x}_h)$ 第 j 列为：

$$\frac{\partial g(\boldsymbol{x}_h)}{\partial x_h^j} \quad (j = 1, 2, \cdots, N) \tag{2-118}$$

根据文献[31]中的定理 6 可知,当 $G(\boldsymbol{x}_h)+G^{\mathrm{T}}(\boldsymbol{x}_h)$ 为正定矩阵时,非合作博弈的纳什均衡解存在且唯一。经计算可得

$$G(\boldsymbol{x}_h)+G^{\mathrm{T}}(\boldsymbol{x}_h)=2a_h(\boldsymbol{1}\boldsymbol{1}^{\mathrm{T}}+\boldsymbol{I}) \tag{2-119}$$

式中:$\boldsymbol{I}$ 为 $N\times N$ 单位矩阵;$\boldsymbol{1}$ 为 $N\times 1$ 矩阵且元素均为 1。由于 $\boldsymbol{1}\boldsymbol{1}^{\mathrm{T}}+\boldsymbol{I}$ 矩阵的特征值为 1 和 $N+1$,所以矩阵 $G(\boldsymbol{L}_{sh})+G^{\mathrm{T}}(\boldsymbol{L}_{sh})$ 的特征值为 $2a_h$ 和 $2(N+1)a_h$。鉴于 $a_h>0$,所以 $G(\boldsymbol{x}_h)+G^{\mathrm{T}}(\boldsymbol{x}_h)$ 为正定矩阵。即,对于 $\forall n\in\boldsymbol{N}$ 以及 $\forall S_n\in[S_n^{\min},S_n^{\max}]$,上述非合作博弈存在纳什均衡,并且均衡解唯一。

定理 2-2: 对于居民社区 n 储能容量 $S_n\in[S_n^{\min},S_n^{\max}]$,存在且唯一存在容量为 S_n^*,可使得:

$$\psi_n(\boldsymbol{x}'^*_n,\boldsymbol{x}'^*_{-n},S_n^*)\leqslant\psi_n(\boldsymbol{x}^*_n,\boldsymbol{x}^*_{-n},S_n) \tag{2-120}$$

证明: 式(2-107)可简化为

$$\psi_n=\sum_{h=1}^{H}\left[a_h\ (x_n^h)^2+(a_hx_{-n}^h+b_h)x_n^h\right]+\lambda S_n+\gamma \tag{2-121}$$

式中,

$$x_{-n}^h=X_h-x_n^h \tag{2-122}$$

$$\lambda=\frac{1}{365}k_{\mathrm{B}}^{\mathrm{in}}\frac{r(1+r)^y}{r(1+r)^y-1}+(k_{\mathrm{B}}^{\mathrm{om}}-k_{\mathrm{s}})\eta_{\mathrm{dis}}+(k_{\mathrm{B}}^{\mathrm{om}}+k_{\mathrm{s}})/\eta_{\mathrm{ch}} \tag{2-123}$$

$$\gamma=k_{\mathrm{s}}\sum_{h=1}^{H}l_n^h+(k_{\mathrm{PV}}-k_{\mathrm{s}})\sum_{h=1}^{H}e_{\mathrm{PV}n}^h+(k_{\mathrm{WT}}-k_{\mathrm{s}})\sum_{h=1}^{H}e_{\mathrm{WT}n}^h \tag{2-124}$$

居民社区为了降低从大电网购电费用,会在用电高峰期释放储能系统存储的电能为用户负荷供电,因为高峰时段的电价要高于其他时段。假设 $\boldsymbol{H}'$ 为一天内的高峰时段,式(2-121)可进一步简化为:

$$\psi_n=\sum_{\boldsymbol{H}'}\left[a_h\ (x_n^h)^2+(a_hx_{-n}^h+b_h)x_n^h\right]+\lambda S_n+\gamma' \tag{2-125}$$

式中,

$$\gamma'=\sum_{\boldsymbol{H}\backslash\boldsymbol{H}'}\left[a_h\ (x_n^h)^2+(a_hx_{-n}^h+b_h)x_n^h\right]+\gamma \tag{2-126}$$

假设储能系统在时段 $h\in\boldsymbol{H}'$ 为负荷提供的电能为 $e_{\mathrm{B}n}^{dh}=\mu_hS_n$,其中,$\mu_h$ 表示储能在时段 h 内释放的电量占储能容量的比例。由此,式(2-125)可简化为:

$$\psi_n=(\sum_{\boldsymbol{H}'}a_h\mu_h^2)S_n^2-\lambda'S_n+\gamma'' \tag{2-127}$$

式中,

$$\lambda'=\sum_{\boldsymbol{H}'}\{[2a_h(l_n^h-e_{\mathrm{L}n}^h)+x_{-n}^h]\mu_h+(b_h-k_{\mathrm{s}})\mu_h-\lambda\} \tag{2-128}$$

$$\gamma'' = \sum_{H'} \left[a_h (l_n^h - e_{Ln}^h + x_{-n}^h)^2 + (b_h - k_s)(l_n^h - e_{Ln}^h + x_{-n}^h) \right] + \gamma' \quad (2\text{-}129)$$

由于

$$A = \sum_{H'} a_h \mu_h^2 > 0 \quad (2\text{-}130)$$

所以，函数 ψ_n 为储能容量 S_n 的严格凹函数，即存在 S_n^* 可使社区总费用 ψ_n 取得最小值。当 $\lambda'/2A \notin [S_n^{\min}, S_n^{\max}]$ 时，$S_n^* = S_n^{\min}$ 或者 $S_n^* = S_n^{\max}$；而当 $\lambda'/2A \in [S_n^{\min}, S_n^{\max}]$ 时，$S_n^* = \lambda'/2A$。

3）分布式算法

上述所建立的居民社区非合作博弈纳什均衡以及最优容量配置实质上可归属为双层优化问题，外层优化是以储能容量为决策变量，内层优化则是以用户用能策略为决策变量，优化目标为居民社区日费用最小。鉴于此，本节内容提出基于粒子群算法（Particle Swarm Optimization，PSO）和内点法（Interior Point Method，IPM）相结合的分布式算法来求解纳什均衡和储能容量最优配置。其中，PSO 具有搜索速度快、调节参数少、效率高等优点[32]，而内点法是一种求解线性规划或非线性凸优化问题的算法，在求解多项式优化问题方面具有较大的优势[33]。在本节内容所提出的 PSO-IPM 分布式算法中，PSO 用于搜寻最优储能容量 S_n^*，IPM 则用于求解非合作博弈纳什均衡 (x_n^*, x_{-n}^*)，分布式算法流程如图 2-28 所示。

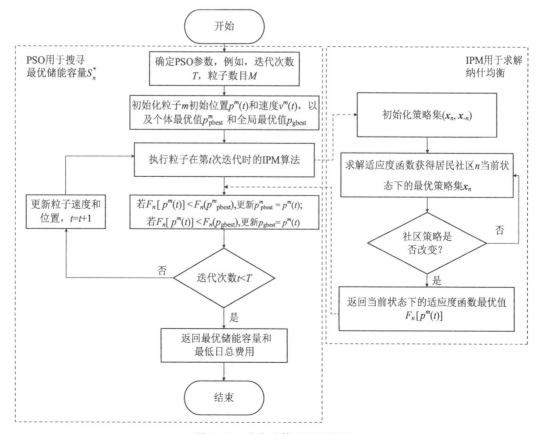

图 2-28　分布式算法流程框图

基于分布式算法流程框图,居民社区储能最优配置以及非合作博弈纳什均衡求解的具体流程如下所示:

(1) 确定 PSO 参数,例如,迭代次数 T,粒子数目 M。

(2) 初始化每个粒子 $m \in \{1, 2, \cdots, M\}$ 的初始位置 $p^m(t)$ 和速度 $v^m(t)$,其中 t 为当前迭代次数,此处 $t=1$;同时,初始化 p_{pbest}^m 和 p_{gbest},其中,p_{pbest}^m 表示粒子 m 在已迭代过程中搜索到的最优解,即个体极值,p_{gbest} 表示所有粒子在已迭代过程中搜索到的最优解,即全局极值。

(3) 执行粒子在第 t 次迭代时的 IPM 算法:

(a) 初始化策略集 $[\boldsymbol{x}_n, \boldsymbol{x}_{\neg n}]$;

(b) 通过求解式(2-108)获得居民社区 n 当前状态下的最优策略集 $\boldsymbol{x}_n$;

(c) 重复步骤(b),直到所有社区策略集不再改变为止;

(d) 返回当前状态下的适应度函数最优值 $F_n[p^m(t)] = \psi_n$。

(4) 若 $F_n[p^m(t)] < F_n(p_{pbest}^m)$,则更新 $p_{pbest}^m = p^m(t)$;若 $F_n[p^m(t)] < F_n(p_{gbest})$,则更新 $p_{gbest} = p^m(t)$;若当前迭代次数 $t < T$,则通过式(2-131)和(2-132)更新粒子速度和位置;否则,转至步骤(5)。

$$v^m(t+1) = \omega v^m(t) + \rho_1 r_1[p_{pbest}^m - p^m(t)] + \rho_2 r_2[p_{gbest} - p^m(t)] \quad (2\text{-}131)$$

$$p^m(t+1) = p^m(t) + v^m(t+1) \quad (2\text{-}132)$$

式中,ω 为惯性权重;ρ_1 和 ρ_2 分别为学习因子;r_1 和 r_2 分别为$(0, 1)$ 上的随机数。令 $t = t+1$,返回步骤(3)。

(5) 返回最优储能容量和最低日总费用,即:

$$\begin{cases} S_n^* = p_{gbest} \\ \min \psi_n = F_n(p_{gbest}) \end{cases} \quad (2\text{-}133)$$

基于以上 PSO-IPM 分布式算法,即可求得居民社区储能系统容量最优配置 S_n^*,以及相应的非合作博弈纳什均衡 $[\boldsymbol{x}_n'^*, \boldsymbol{x}_{\neg n}'^*]$。

2.5.3 算例分析

1) 算例数据及假设

假设所构建场景中共有 $N=3$ 个居民社区,以典型日 $H=24$ h 进行分析。根据社区用电负荷水平可将用电分为三个时段:谷时段(0:00—6:00 和 22:00—24:00)、平时段(6:00—17:00)、峰时段(17:00—22:00)。为此,电价参数 a_h 在谷时段设置为 0.2 美元/MWh^2,在平时段设置为0.3 美元/MWh^2,在峰时段设置为 0.4 美元/MWh^2;电价参数 b_h 在谷时段设置为 53 美元/MWh,在平时段设置为 111 美元/MWh,在峰时段设置为 179 美元/MWh;电价参数 c_h 在任意时段均设置为 0;反向售电电价 k_s 设置为 37 美元/MWh。至于社区内安装的光伏和风电分布式电源以及储能系统,假设光伏和风电参数 $k_{PV} = 26$ 美元/MWh 和 $k_{WT} = 21$ 美元/MWh;储能系统使用寿命 $y = 20$ 年,折现率 $r = 8\%$,运维费用 $k_B^{om} = 1.35$ 美元/MWh,投资费用 $k_B^{in} = 49.7$ 美元/MWh,储能系统充放电效率为 $\eta_{ch} = \eta_{dis} = 92\%$,最大充放电功率为

$e_{\mathrm{B}n}^{\mathrm{c,max}} = 0.7$ MWh 和 $e_{\mathrm{B}n}^{\mathrm{d,max}} = 0.9$ WMh。 为了求解所构建的优化模型,粒子群参数设置为:迭代次数 $T = 100$,粒子数目 $M = 20$,惯性权重 $\omega = 0.792$,学习因子 $\rho_1 = \rho_2 = 1.494$。

居民社区为了降低日费用会选择参与 DR 项目,本章所构建的场景中用能管理不仅涉及储能系统的容量配置优化,还涉及用户柔性负荷用能安排。如上文所述,用户负荷可分为柔性负荷和刚性负荷,其中,柔性负荷使用时段可在相对较长时段内转移,刚性负荷使用时段较为固定。本算例仿真将会根据柔性负荷占总负荷百分比的不同来设置不同场景,并对不同场景下的优化策略展开分析。

场景一:居民社区柔性负荷占总负荷比例为 0%。

场景二:居民社区柔性负荷占总负荷比例为 10%。

场景三:居民社区柔性负荷占总负荷比例为 20%。

其中,场景一居民社区负荷不参与 DR,即可视为无柔性负荷,社区只对储能系统的容量配置和用能策略进行优化。此外,假设 3 个居民社区负荷需求(包括柔性负荷和刚性负荷)和 PV-WT 发电系统出力如图 2-29 所示。此处需要说明的是,由于 PV-WT 出力必定会对储能系统容量配置优化产生很大影响,如果根据每天出力数据优化储能容量,则储能容量每天都会变化。而在实际系统中,居民社区不可能为了保证社区经济运行而每天更换储能容量。因此,本案例中使用的 PV-WT 发电系统出力数据并不是某一天内的出力,而是一年内典型日出力均值。

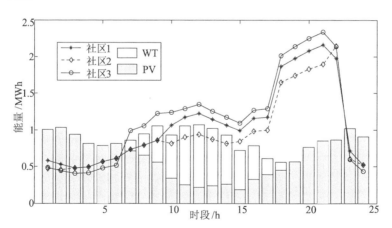

图 2-29 居民社区负荷需求和 PV-WT 系统出力图

2.5.4 优化结果分析

图 2-30 所示为三个场景下居民社区合作博弈用能安排结果,其中,图 2-30(a)、(b)、(c)分别表示场景一、二、三的优化结果。非合作博弈方式下的居民社区用能结果与图 2-30 类似,此处不再赘述。比较图 2-30(a)~(c)可以看出,随着柔性负荷占比增加,居民社区在低谷时段(0:00—6:00 和 22:00—24:00)负荷需求逐步增加。经统计,三个场景下社区在低谷时段内从大电网购电量分别为 0 MWh、4.02 MWh 和 9.72 MWh,而在峰时段购电量分别为 9.95 MWh、8.20 MWh 和 4.35 MWh。从该结果可以看出,由于柔性负荷逐步增加,柔性负

荷不断从高电价峰时段转移至低电价谷时段,从而可以大幅度降低社区购能费用。表 2-10 所示为非合作博弈与合作博弈方式下,电网、储能系统和 PV＋WT 为社区供能情况。从表中可以看出,非合作博弈与合作博弈在电网、储能系统和 PV＋WT 供能方面结果有微弱区别,但将其分配至 24 小时后,两个方式下的用能安排差异性会进一步变小。

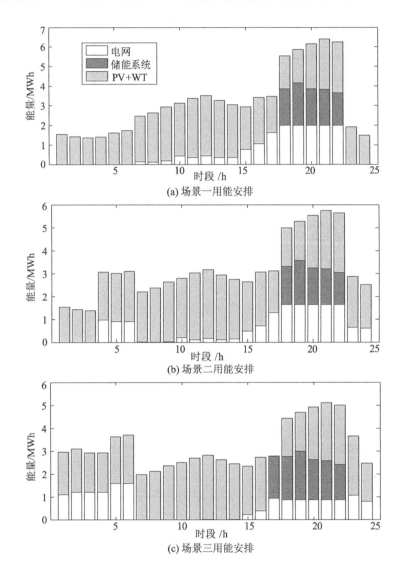

图 2-30 不同场景居民社区合作博弈用能安排图

图 2-31 所示为分布式算法在迭代过程中,非合作博弈与合作博弈方式下所有社区用能费用的变化情况,其中,图 2-31(a)、(b)、(c)分别表示场景一、二、三的优化结果。需要指出的是,PSO 每次迭代均会更新出一个新的储能容量,所以每次迭代下的社区用能费用为当前储能容量和最优用能安排条件下的费用。此外,由于非合作博弈方式下,每个社区是以个体利益为目标进行优化,所以所得结果为每个社区的日运行费用。例如,场景一 3 个社区参与非合作博弈后日费用分别为 1 555.8 美元、1 380.4 美元和 1 672.5 美元。因此,为了便于

对比,图 2-31 非合作博弈下的用能费用为所有社区用能费用求和之后的结果。从图中曲线的变化趋势可以看出,储能系统容量优化有助于社区用能费用的降低,且通过比较图 2-31 (a)、(b)、(c)可以看出,无论是在非合作博弈还是合作博弈方式下,随着柔性负荷占比增加,社区用能费用急剧下降。因此,社区柔性负荷占比对于社区用能费用的降低起到了关键性的作用。具体而言,各社区在非合作博弈与合作博弈方式下储能容量配置及用能费用如表 2-11 所示。从表中可以看出,社区参与合作博弈后的费用在三个场景中分别下降了 5.4 美元、6.5 美元和 7.2 美元,该下降费用即为社区参与合作后产生的合作剩余。当 3 个社区参与合作博弈获得联盟收益后,需要将该收益通过一定的分配机制分配至各社区,利益分配问题将在下一节中进行探讨。虽然在本案例仿真参数下,社区合作后产生的合作剩余较为有限,但对于各社区而言只要参与合作后有利可图,合作联盟就能保持稳定。

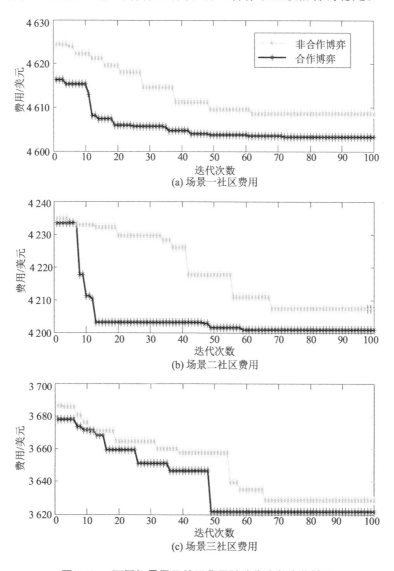

图 2-31 不同场景居民社区费用随迭代次数变化情况

表 2-10　电网、储能系统和分布式电源电能供应量　　　　　　　　　单位：MWh

场景	社区	电网		储能系统		PV＋WT	
		非合作	合作	非合作	合作	非合作	合作
场景一	1	4.97	5.52	3.15	2.81	17.83	17.61
	2	3.09	2.74	3.42	3.62	16.51	16.65
	3	7.37	7.5	3.05	3.01	17.46	17.37
场景二	1	5.54	5.43	2.56	2.61	17.85	17.91
	2	2.56	2.73	3.61	3.55	16.84	16.74
	3	7.49	7.33	2.01	2.06	18.39	18.50
场景三	1	5.83	5.56	2.91	3.03	17.21	17.36
	2	2.68	2.67	3.12	3.22	17.22	17.13
	3	7.26	7.45	2.81	2.74	17.81	17.69

表 2-11　储能容量配置(MWh)及居民社区用能费用

社区	场景一		场景二		场景三	
	非合作	合作	非合作	合作	非合作	合作
1	3.42	3.05	2.78	2.84	3.17	3.29
2	3.72	3.93	3.92	3.86	3.39	3.50
3	3.31	3.27	2.18	2.24	3.05	3.01
费用/美元	4 608.7	4 603.3	4 207.2	4 200.7	3 628.7	3 621.5

　　为了进一步分析用户柔性负荷对社区和电网的影响,需要分析不同柔性负荷占比下社区和电网有功功率交互波动情况。首先,引入有功功率交互波动系数概念,其计算公式可表示为:

$$\gamma = \frac{\max\limits_{h \in \boldsymbol{H}} \mid X_h - X_{h-1} \mid}{\sum\limits_{h=1}^{H} \mid X_h - X_{h-1} \mid / H} \qquad (2\text{-}134)$$

式中, $\mid X_h - X_{h-1} \mid$ 表示两个相邻时段有功功率的波动水平。为了方便,假设 $X_0 = X_H$ 且若社区在 h 时段向电网反向售电时,则取 $X_h < 0$。通过计算 γ 的值即可以衡量社区和电网有功功率交互波动情况。如图 2-32 所示为社区柔性负荷占总负荷比例为 0%～50% 时,有功功率交互波动系数 γ 的值。图中 $\gamma_0 = 8.69$ 表示当社区未配置储能系统且用户柔性负荷占比为 0% 时的波动系数。从图中可以看出,当社区对储能系统和用能进行优化管理后,随着柔性负荷占比逐渐增加至 30%,有功功率交互波动系数 γ 会逐步下降,但是当柔性负荷占比增加至 40% 以后,波动系数 γ 会有一个微弱的增长。产生该现象的主要原因是,随着柔性负荷比例的增长,大量负荷转移至拥有低电价的谷时段,从而造成谷时段购电量增加,即出现了新的用电高峰。因此,有功功率交互波动系数 γ 会出现变大的情形。

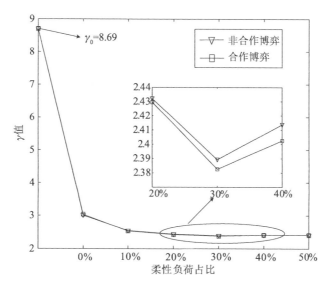

图 2-32　不同柔性负荷占比下有功功率交互系数

2.6　多园区冷热电联供非合作博弈优化运行策略

此处研究的是含 CCHP(Combined Cooling Heating and Power,冷热电联产)系统的多园区博弈。假设某区域电网中共有 N 个园区,其中园区 $n \in N(N=\{1, 2, \cdots, N\})$,各园区可通过大电网和燃气管道获得持续的能量供应,园区内部配有 CCHP 系统、储能以及分布式电源等设备。由于园区购电费用和电网总负荷有关,所以其在制定购电策略时,不仅需要合理安排自身用电,还要考虑其他园区购电策略对电价产生的影响。也就是说,在制定购电和购气策略时,各园区为了使日运行成本最小化,会和其他园区在制定购电量策略上进行博弈,直至所有园区的购电量达到均衡状态。因此,为了在博弈中最大限度地降低运行成本,园区会通过优化协调 CCHP 系统、储能以及分布式电源运行模式来制定最优策略。另外,本文仅假设园区购电价格与电网负荷相关,而购气价格不受燃气量的影响,视为定值。

用户负荷分为电、热、冷负荷。为增加系统用能灵活性,园区还配有电制冷和电制热设备,可利用电能为热、冷负荷提供能量。当用电高峰电价较高时,园区通过增加燃气轮机出力为电负荷提供电能,同时燃烧产生的余热可提供给热、冷负荷,余热不足时可向燃气锅炉补充燃气提供额外热量用于供热和供冷。当用电低谷电价较低时,园区主要以从电网购电的方式来满足园区各类负荷,还可通过电制热设备将电能转化为热能并由储热设备进行存储。同时,园区配备的分布式电源也可作为园区电能来源的重要途径之一,既可为电负荷供电,亦可由电储能设备进行存储,进而可为其他时段提供能量。

2.6.1　园区系统出力和成本分析

园区内涉及能量生产和转换的设备主要有燃气轮机、燃气锅炉、分布式电源、吸收式制冷机和电制热(冷)设备[34]。

1) CCHP 系统出力模型

（1）燃气轮机

燃气轮机是 CCHP 系统重要的能量输出设备,燃料燃烧释放的高温热能经燃气轮机发电后,余热由余热锅炉进行回收再利用[33]。该设备输出的电功率以及回收的热功率可以表示为[34]:

$$\begin{cases} p_{gt}^{ne} = \eta_g^e \lambda_{gas} \gamma_{gt}^{ne} \\ p_{gt}^{nh} = \eta_g^h (1 - \eta_g^e) \lambda_{gas} \gamma_{gt}^{ne} \end{cases} \tag{2-135}$$

式中,p_{gt}^{ne}、p_{gt}^{nh} 为园区 n 在 t 时段的电功率和回收的热功率,η_g^e、η_g^h 为燃气轮机的发电效率和余热回收效率,λ_{gas}、γ_{gt}^{ne} 为天然气热值和燃气消耗速率。

（2）燃气锅炉

当用户热负荷需求较大时,燃气轮机提供的回收热量无法满足用户需求,此时需向燃气锅炉添加额外燃气提供热能,其热功率输出可以表示为[35]:

$$p_{bt}^{nh} = \eta_b^h \lambda_{gas} \gamma_{bt}^{nh} \tag{2-136}$$

式中,p_{bt}^{nh}、γ_{bt}^{nh} 为燃气锅炉 t 时段的热功率和燃气消耗速率,η_b^h 为燃气锅炉的产热效率。

（3）能量转换设备

园区 CCHP 系统涉及电、热和冷三种能量转换的设备,包括吸收式制冷机、电制热(冷)设备。上述设备用于不同能量转换时可认为只与转换效率有关,即:

$$\begin{cases} p_{et}^{nh} = \eta_h^e p_{ht}^{ne} \\ p_{et}^{nc} = \eta_c^e p_{ct}^{ne} \\ p_{ht}^{nc} = \eta_c^h p_{ct}^{nh} \end{cases} \tag{2-137}$$

式中,p_{ht}^{ne}、p_{ct}^{ne}、p_{ct}^{nh} 分别为 t 时段电制热设备输入电功率、电制冷设备输入电功率、吸收式制冷机输入热功率,p_{et}^{nh}、p_{et}^{nc}、p_{ht}^{nc} 分别为各设备对应的输出热功率、冷功率,η_h^e、η_c^e、η_c^h 分别为电制热、电制冷设备和吸收式制冷机的转换效率。

2) 园区运转成本模型

本文所考虑的园区运转成本仅涉及各类设备的运行维护成本,并不考虑园区新建各类设备的固定投资成本。

（1）分布式电源成本

园区配有光伏和风力发电设备,其运行维护成本由发电出力决定[36]。即光伏和风力发电设备 t 时段的成本为:

$$C_{ren}^n(t) = K_{PV} p_{PVt}^{ne} \Delta t + K_{WT} p_{WTt}^{ne} \Delta t \tag{2-138}$$

式中,p_{PVt}^{ne}、p_{WTt}^{ne} 分别为 t 时段光伏和风力输出电功率,K_{PV}、K_{WT} 分别为光伏和风力单位电量的运行维护成本,Δt 为 t 时段的时间间隔。

（2）储能成本

园区配有电、热储能设备，由于热储能多以水作为储热介质，其运行维护成本相对于电储能较小，因此本文不予考虑。电储能在 t 时段的运行维护成本为

$$C_{\mathrm{sto}}^{n}(t)=K_{\mathrm{EES}}(p_{\mathrm{EES}t}^{n\mathrm{ch}}+p_{\mathrm{EES}t}^{n\mathrm{dis}})\Delta t \tag{2-139}$$

式中，K_{EES} 为电储能装置单位电量的运行维护成本，$p_{\mathrm{EES}t}^{n\mathrm{ch}}$、$p_{\mathrm{EES}t}^{n\mathrm{dis}}$ 为设备充、放电功率。

（3）CCHP 设备成本

CCHP 系统涉及燃气轮机、燃气锅炉、吸收式制冷机、电制热设备、电制冷设备，假设该类设备运行维护成本均与其能量出力呈线性关系[37]，即：

$$C_{\mathrm{cchp}}^{n}(t)=\sum_{i=1}^{5}K_{i}p_{it}^{n}\Delta t \tag{2-140}$$

式中，$i=1\sim5$ 分别表示上述 5 种设备，K_{i} 为第 i 种设备的单位运行维护成本，p_{it}^{n} 为 t 时段设备输出功率。

（4）燃气成本

燃气成本主要来源于燃气轮机和燃气锅炉，其成本可表示为：

$$C_{\mathrm{gas}}^{n}(t)=c_{\mathrm{gas}}(\gamma_{gt}^{ne}+\gamma_{bt}^{nh})\Delta t \tag{2-141}$$

式中，c_{gas} 为天然气价格。

（5）电能成本

园区购电主要用来满足用户电负荷，也可以给热负荷和冷负荷提供能量来源。本文规定各园区从大电网购电采用动态电价机制[38]，即：

$$c_{\mathrm{ele}}(t)=a_{t}P_{\mathrm{grid}t}^{\mathrm{e}}+b_{t} \tag{2-142}$$

因此，园区 n 的购电费用为：

$$C_{\mathrm{ele}}^{n}(t)=c_{\mathrm{ele}}(t)p_{\mathrm{grid}t}^{ne}\Delta t \tag{2-143}$$

式中，a_{t}、b_{t} 为 t 时段的电价参数，$p_{\mathrm{grid}t}^{ne}$ 为 t 时段园区 n 的购电功率，$P_{\mathrm{grid}t}^{\mathrm{e}}=\sum_{n=1}^{N}p_{\mathrm{grid}t}^{ne}$ 为所有园区总的购电功率。

2.6.2　多园区非合作博弈策略分析

1）园区经济调度模型

结合各单元成本模型，含 CCHP 系统的园区协调优化的目标是在满足系统运行约束条件下使得园区日运转成本最小。即目标函数可表示为：

$$\min C_{\mathrm{ost}}^{n}=\sum_{t=1}^{T}\left[C_{\mathrm{ren}}^{n}(t)+C_{\mathrm{sto}}^{n}(t)+C_{\mathrm{cchp}}^{n}(t)+C_{\mathrm{ele}}^{n}(t)+C_{\mathrm{gas}}^{n}(t)\right] \tag{2-144}$$

式中，T 表示一天调度总时段数。

目标函数式（2-144）的约束条件主要为能量守恒约束、各单元出力约束和储能设备

约束。

（1）能量守恒约束

电负荷功率守恒：

$$p^{ne}_{\text{grid}t} + p^{ne}_{gt} + p^{ne}_{\text{PV}t} + p^{ne}_{\text{WT}t} + p^{ndis}_{\text{EES}t} = p^{nch}_{\text{EES}t} + p^{ne}_{lt} + p^{ne}_{ht} + p^{ne}_{ct} \tag{2-145}$$

热负荷功率守恒：

$$p^{nh}_{et} + p^{nh}_{gt} + p^{nh}_{bt} + p^{ndis}_{\text{TES}t} = p^{nch}_{\text{TES}t} + p^{nh}_{lt} + p^{nh}_{ct} \tag{2-146}$$

冷负荷功率守恒：

$$p^{nc}_{et} + p^{nc}_{ht} = p^{nc}_{lt} \tag{2-147}$$

式中，p^{ne}_{lt}、p^{nh}_{lt} 和 p^{nc}_{lt} 分别为园区电、热和冷负荷，$p^{nch}_{\text{TES}t}$ 和 $p^{ndis}_{\text{TES}t}$ 为热储能充热功率和放热功率。

（2）出力约束

$$0 \leqslant p^{n}_{jt} \leqslant p^{n}_{j,\,\text{max}} \tag{2-148}$$

其中，j 表示除各类用户负荷以外的任意一类设备，p^{n}_{jt} 表示第 j 类设备的输出功率，$p^{n}_{j,\,\text{max}}$ 为 j 类设备的最大输出功率。

（3）储能设备约束

$$
\begin{cases}
S^{n}_{\text{EES}}(t) = S^{n}_{\text{EES}}(t-1) + \eta^{ch}_{\text{EES}} p^{nch}_{\text{EES}t} \Delta t - p^{ndis}_{\text{EES}t} \Delta t / \eta^{dis}_{\text{EES}} \\
S^{n}_{\text{TES}}(t) = \eta_{\text{TES}} S^{n}_{\text{TES}}(t-1) + \eta^{ch}_{\text{TES}} p^{nch}_{\text{TES}t} \Delta t - p^{ndis}_{\text{TES}t} \Delta t / \eta^{dis}_{\text{TES}} \\
S^{n}_{\text{EES,\,min}} \leqslant S^{n}_{\text{EES}}(t) \leqslant S^{n}_{\text{EES,\,max}} \\
0 \leqslant S^{n}_{\text{TES}}(t) \leqslant S^{n}_{\text{TES,\,max}} \\
p^{nch}_{\text{EES}t} p^{ndis}_{\text{EES}t} = 0 \\
p^{nch}_{\text{TES}t} p^{ndis}_{\text{TES}t} = 0
\end{cases}
\tag{2-149}
$$

式中，$S^{n}_{\text{EES}}(t)$ 和 $S^{n}_{\text{TES}}(t)$ 为电储能和热储能在 t 时段的储能量；$S^{n}_{\text{EES,\,min}}$、$S^{n}_{\text{EES,\,max}}$、$S^{n}_{\text{TES,\,max}}$ 分别为电储能容量最小值、最大值，热储能容量最大值；η^{ch}_{EES} 和 η^{dis}_{EES} 表示电储能的充电和放电效率；$1-\eta_{\text{TES}}$、η^{ch}_{TES}、η^{dis}_{TES} 分别表示热储能 Δt 时段的损耗率，以及热储能的充热和放热效率。

2）园区非合作博弈模型

鉴于园区购电价格 $c_{\text{ele}}(t)$ 是由区域电网所有园区购电量决定的，所以园区 n 的日运转成本不仅取决于自身对购电量和购气量策略的安排，还与其他参与者的策略有关。即园区决策会受其他园区决策行为的影响，因此各园区参与的能源购置策略优化过程属于典型的非合作博弈。在上文所述非合作博弈中，园区参与博弈的决策变量为各时段购电量，但由于各时段购气量、储能设备充放电量等决策变量均和购电策略紧密相关，一旦购电策略发生变化，其他决策均会发生变化。因此，本文所建立的博弈模型将园区购气量等决策变量也视为博弈决策变量，共同参与到非合作博弈中。基于目标函数（2-144），园区之间的非合作博弈可以建立为如下形式[39]：

● 参与者：所有园区 $n \in \boldsymbol{N}$；

● 策略集：园区所有决策变量；

● 收益函数：园区 n 的收益函数定义为

$$R^n(\boldsymbol{x}_t^n, \boldsymbol{x}_t^{-n}) = -C_{\text{ost}}^n \tag{2-150}$$

式中，$\boldsymbol{x}_t^n = [p_{\text{grid}t}^{ne}, \gamma_{gt}^{ne}, \gamma_{bt}^{nh}, p_{\text{EES}t}^{nch}, p_{\text{EES}t}^{ndis}, p_{\text{TES}t}^{nch}, p_{\text{TES}t}^{ndis}, p_{ht}^{ne}, p_{ct}^{ne}, p_{ct}^{nh}]$ 表示园区 n 在 t 时段的策略优化集，$\boldsymbol{x}_t^{-n} = [\boldsymbol{x}_t^1, \cdots, \boldsymbol{x}_t^{n-1}, \boldsymbol{x}_t^{n+1}, \cdots, \boldsymbol{x}_t^N]$ 表示除园区 n 以外的 $N-1$ 个园区的策略。

任一园区参与博弈的目的都是希望通过优化策略集以实现自身利益最大化。一旦所有园区利益都达到最大后，并且没有园区再会改变自身策略，则该均衡状态就是纳什均衡，即：

$$R^n(\boldsymbol{x}_t^{n*}, \boldsymbol{x}_t^{-n*}) \geqslant R^n(\boldsymbol{x}_t^n, \boldsymbol{x}_t^{-n*}) \quad \forall n \in \boldsymbol{N} \tag{2-151}$$

式中，$(\boldsymbol{x}_t^{n*}, \boldsymbol{x}_t^{-n*})$ 表示纳什均衡解。纳什均衡解的存在性证明可参见文献[30]中的定理 1；进一步，纳什均衡解的唯一性证明可参见文献[30]中的定理 3。

对于上述 N 个园区之间的非合作博弈，其纳什均衡的求解步骤如下所示：

步骤 1：初始化参数；

步骤 2：在可行域内随机赋予园区 $n \in \boldsymbol{N}$ 策略集 $\boldsymbol{x}_t^n$ 的初始值；

步骤 3：针对优化对象园区 n，将其他 $N-1$ 个园区策略视为定值，利用内点法在可行域内求解式（2-150）最大值下的最优策略 $\boldsymbol{x}_t^n$，并令园区 n 最大收益 $R^n(\boldsymbol{x}_t^{n*}, \boldsymbol{x}_t^{-n*}) = R^n(\boldsymbol{x}_t^n, \boldsymbol{x}_t^{-n*})$，$\boldsymbol{x}_t^{n*} = \boldsymbol{x}_t^n$；

步骤 4：与步骤 3 类似，将优化对象以外的园区策略视为定值，依次求解其他 $N-1$ 个园区在可行域内的最优策略，更新 $\boldsymbol{x}_t^{-n*} = \boldsymbol{x}_t^{-n}$；

步骤 5：重复步骤 4，直到所有园区策略集 $(\boldsymbol{x}_t^{n*}, \boldsymbol{x}_t^{-n*})$ 不再发生改变。此时，$(\boldsymbol{x}_t^{n*}, \boldsymbol{x}_t^{-n*})$ 即为纳什均衡解下各园区的策略集。

2.6.3　算例分析

1）算例数据及假设

假设某区域电网共有 3 个园区，每个园区配有 CCHP 系统，风、光伏发电设备，以及电、热储能。其中，CCHP 系统各设备参数设置如下[35]：燃气轮机发电效率 $\eta_g^e = 0.3$，余热回收效率 $\eta_g^h = 0.8$；热泵、电制冷、吸收式制冷机的转换效率分别为 $\eta_h^e = 4.5$，$\eta_c^e = 4$，$\eta_c^h = 0.7$；电热储能容量上下限为 $S_{\text{EES, min}} = 0.5$ MWh，$S_{\text{EES, max}} = 2.5$ MWh，$S_{\text{TES, max}} = 2$ MWh；电热储能充、放电效率为 $\eta_{\text{EES}}^{ch} = \eta_{\text{EES}}^{dis} = 0.95$，$\eta_{\text{TES}}^{ch} = \eta_{\text{TES}}^{dis} = 0.9$。由于用电负荷具有峰谷特性，为了能够实现削峰填谷，一般峰时电价要高于谷时电价，具体为：谷时段（$t = 1:00—6:00$、$t = 23:00—24:00$），$a_t = 14$ 元 /(MWh)^2，$b_t = 371$ 元 /MWh；平时段（$t = 7:00—11:00$、$t = 14:00—19:00$），$a_t = 21$ 元 /(MWh)^2，$b_t = 728$ 元 /MWh；峰时段（$t = 12:00—13:00$、$t = 20:00—22:00$），$a_t = 28$ 元 /(MWh)^2，$b_t = 1183$ 元 /MWh。另外，天然气价格为 $c_{\text{gas}} =$

2.7 元 $/m^3$，热值为 $\lambda_{gas}=9.7\times10^{-3}$ MWh/m³。园区负荷分为电、热、冷负荷，其中,园区 1 的电负荷、园区 2 的冷负荷和园区 3 的热负荷高于其他园区同类负荷。由于篇幅所限,该处只给出园区 1 的负荷分布情况,以及风、光发电出力,如图 2-33 所示。基于以上数据,本文所提方法在 Intel(R) Core(TM) i7-7700 CPU @ 3.60 GHz、8 GB 内存的计算机上对算例进行了仿真。

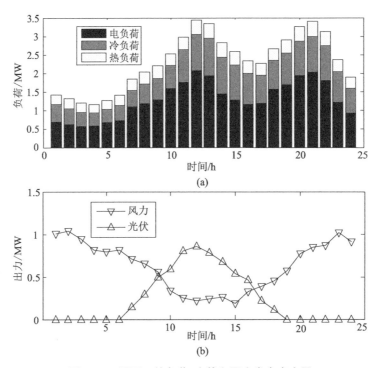

图 2-33　园区 1 的负荷、光伏和风力发电出力图

2) 算例结果分析

如图 2-34(a)、(b)、(c)所示分别为园区 1、2、3 的热系统优化结果,其中,"锅炉＋余热"表示向燃气锅炉添加额外燃气提供的热能和余热锅炉提供的热能两者之和,"总热负荷"包括园区自身热负荷以及热制冷所需的热负荷,热储设备中的负值表示处于充热状态,正值表示处于放热状态。从图中可以看出,在峰时段和平时段,园区的热负荷基本由 CCHP 系统和储能提供;而在谷时段,热负荷基本由电能提供。这是因为峰、平时段电价较高,园区为了降低购电费用选择利用 CCHP 系统向园区供电,并利用余热提供热能,余热不足时再利用燃气提供热能;而谷时段电价较低、分布式电源发电过剩,通过分布式发电以及电网购电再由电制热的供热方式比 CCHP 系统直接供热方式的费用更低。另外,对比 3 个园区优化结果可以看出,由于园区 3 热负荷需求量较大,因此储热设备在谷时段通过电热转换存储了较多能量,以便在晚高峰时段为园区提供热能,从而可以减少供热费用,也可以促进分布式发电的消纳。

如图 2-35(a)、(b)、(c)所示分别为园区 1、2、3 的电系统优化结果,其中,"总电负荷"包括园区自身电负荷以及电制冷、电制热所需的电负荷。从图中可以看出,各园区在谷时段通过分布式电源和大电网对储电设备进行充电,并在峰时段为园区提供电能,从而既可以降低

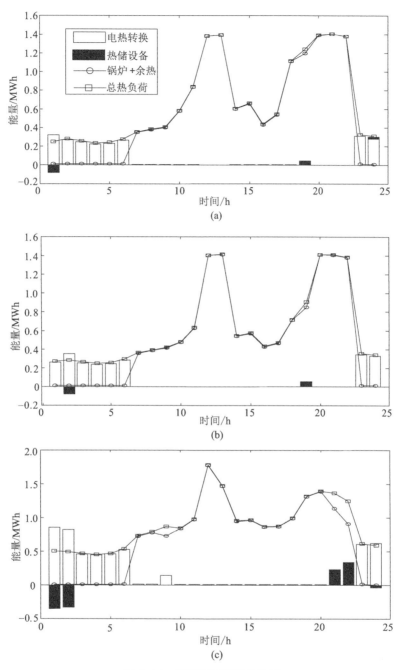

图 2-34 园区热系统优化结果

园区能源费用,又可以进一步消纳分布式发电所发电能。CCHP系统在平时段9:00—10:00开始启用,随后在时段10:00—22:00系统电出力跟随总电负荷和分布式电源出力波动,其间在时段11:00—12:00以及19:00出力达到峰值,因此CCHP系统可以有效降低峰平时段购电量从而达到降低能源费用的目的。另外,从各园区各时段购电量可以看出,经过园区博弈优化后,峰时段负荷需求被大大削减,负荷需求峰谷差减小,从而有利于大电网的安全稳定运行。

同理可得园区冷系统优化结果,由于冷系统供能方式较为简单,在此不再赘述。

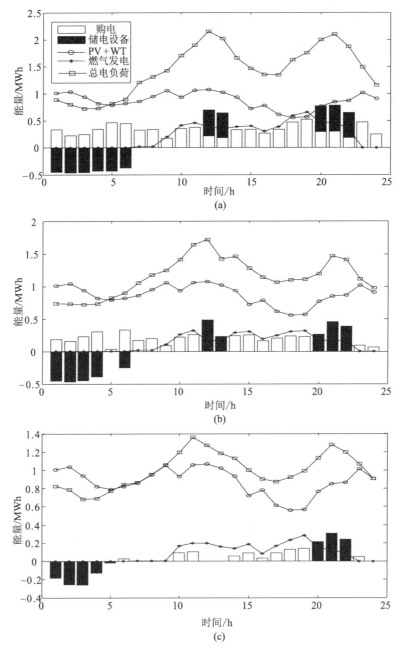

图 2-35　园区电系统优化结果图

3) 讨论分析

本节首先针对园区在冷热电联合供能方式和冷热电独立供能方式下的日运转成本进行了讨论分析。然后,针对本文开展的多园区非合作博弈优化和单园区优化进行了对比分析。

假设冷热电独立供能方式下的园区配有分布式电源、电储能设备,各类负荷仅由电能提供能量,并且独立供能方式下也采用多园区非合作博弈优化机制。表 2-12 所示为园区冷热电联合供能和冷热电独立供能下的日运转成本对比结果。从表中可以看出,和冷热电独立供能方式相比,在本文所提优化模型下,冷热电三种能流紧密联系在一起,根据不同园区负荷特性合理调节 CCHP 系统的冷热电功率出力,实现了能源的阶梯利用,从而使得园区日运转成本显著降低,其中,园区 1 成本下降了 27.3%,园区 2 成本下降了 20.9%,园区 3 成本下降了 14.2%。从各园区成本下降趋势可以看出,由于联供方式下园区在用电高峰时段可以减少从大电网购电需求,所以对于电负荷需求较大的园区而言,采用联供方式可以获益更多。

在本文所开展的多园区非合作博弈优化模型中,园区在优化分配冷热电能量来源时需要考虑其他园区策略安排对自身的影响,需要根据对手策略不断调节自己的策略。在对比算例中,我们假设园区采用冷热电联供方式供能,但园区之间不进行博弈,各园区独立优化,每个园区在做决策时不考虑其他园区的影响。表 2-13 所示为冷热电联供方式下,园区在未优化、单园区优化以及多园区博弈优化时的日运转成本。从表中可以看出,未优化时各园区日运转成本高于有优化时的成本,并且当园区采用本文所提博弈优化模型时,园区的成本会进一步降低。因此,园区为了降低日运转成本愿意参与到博弈优化中。

表 2-12　CCHP 系统和冷热电独立优化下的日运转成本表

功能方式	成本组成	园区 1/元	园区 2/元	园区 3/元
冷热电独立供能	购电＋储能	15 365.6	7 348.2	4 109.7
	分布式	564.9	564.9	564.9
冷热电联供	购电	4 554.0	1 804.2	572.3
	CCHP	6 463.1	3 887.3	2 875.1
	分布式	564.9	564.9	564.9
总成本	独立	15 930.5	7 913.1	4 674.6
	联供	11 582.0	6 256.4	4 012.3

表 2-13　CCHP 方式下各算例日运行成本表

优化方式	园区 1/元	园区 2/元	园区 3/元
未优化	13 939.4	7 418.9	4 557.3
单园区优化	11 778.6	6 389.9	4 117.4
多园区博弈	11 582.0	6 256.4	4 012.3

参考文献

[1] Nash J. Non-cooperative games[J]. Annals of Mathematics,1951,54(2):286-295.

[2] 康重庆,杜尔顺,张宁.可再生能源参与电力市场:综述与展望[J].南方电网技术,2016,10(3):16-23.

［3］马婷婷.基于非合作博弈的电站发输电方案优化技术研究［D］.南京：东南大学,2017.

［4］刘振亚,张启平,董存,等.通过特高压直流实现大型能源基地风-光-火电力大规模高效率安全外送研究［J］.中国电机工程学报,2014,34(16)：2513-2522.

［5］王智冬,刘连光,刘自发,等.基于量子粒子群算法的风火打捆容量及直流落点优化配置［J］.中国电机工程学报,2014,34(13)：2055-2062.

［6］Wei Q, Guo W, Tang Y. A new approach to decrease reserve demand when bulky wind power or UHV is connected［C］//2012 IEEE International Conference on Power System Technology (POWERCON), Auckland, 2012：1-5.

［7］Wang J, Shahidehpour M, Li Z. Contingency-constrained reserve requirements in joint energy and ancillary services auction［J］. IEEE Transactions on Power Systems, 2009, 24(3)：1457-1468.

［8］黄永皓,尚金成,康重庆,等.电力中长期合约交易市场的运作机制及模型［J］.电力系统自动化,2003, 27(4)：24-28.

［9］邹鹏,陈启鑫,夏清,等.国外电力现货市场建设的逻辑分析及对中国的启示与建议［J］.电力系统自动化,2014,38(13)：18-27.

［10］尚金成,张兆峰,韩刚.区域电力市场竞价交易模型与交易机制的研究(一)竞价交易模型及其机理、水电参与市场竞价的模式及电网安全校核机制［J］.电力系统自动化,2005,29(12)：7-14.

［11］谭忠富,李莉,王成文.迭代竞价机制下发电商的贝叶斯学习模型［J］.中国电机工程学报,2008,28 (25)：118-124.

［12］Karki R, Hu P, Billiton R. A simplified wind power generation model for reliability evaluation［J］. IEEE Transactions on Energy Conversion, 2006, 21(2)：533-540.

［13］张正敏,谢宏文,王白羽.风电电价分析与政策建议［J］.中国电力,2001,34(9)：47-51.

［14］Gan L, Eskeland G S, Kolshus H H. Green electricity market development：Lessons from Europe and the US［J］. Energy Policy, 2007, 35(1)：144-155.

［15］王彩霞,乔颖,鲁宗相.考虑风电效益的风火互济系统旋转备用确定方式［J］.电力系统自动化,2012,36 (4)：16-21.

［16］刘瑞丰,尹莉,张浩,等.国际典型电力市场风能交易规则研究［J］.华东电力,2012,40(1)：10-12.

［17］Frihauf P, Krstic M, Basar T. Nash equilibrium seeking in noncooperative games［J］. IEEE Transactions on Automatic Control, 2012, 57(5)：1192-1207.

［18］Fampa M, Barroso L A, Candal D, et al. Bilevel optimization applied to strategic pricing in competitive electricity markets［J］. Computational Optimization and Applications, 2008, 39(2)：121-142.

［19］黄大为,韩学山,郭志忠.计及机组爬坡速率约束的发电商竞价策略［J］.电网技术,2008,32(11)： 79-83.

［20］罗绮,吕林.大用户直购电电价中过网费的计算方式［J］.电力科学与工程,2008,24(4)：38-41.

［21］Dasgupta P, Maskin E. The existence of equilibrium in discontinuous economic games, I：Theory［J］. The Review of economic studies, 1986, 53(1)：1-26.

［22］Erli G, Takahasi K, Chen L, et al. Transmission expansion cost allocation based on cooperative game theory for congestion relief［J］. International Journal of Electrical Power & Energy Systems, 2005, 27 (1)：61-67.

［23］Mohsenian-Rad A H, Wong V W S, Jatskevich J. Autonomous demandside management based on game-theoretic energy consumption scheduling for the future smart grid［J］. IEEE Transactions on

Smart Grid，2010，1(3)：320-331.

[24] Baharlouei Z, Hashemi M. Efficiency-fairness trade-off in privacypreserving autonomous demand side management[J]. IEEE Transactions on Smart Grid, 2014, 5(2)：799-808.

[25] Gao B T, Zhang W H, and Tang Y. Game-theoretic energy management for residential users with dischargeable plug-in electric vehicles[J]. Energies, 2014, 7(11)：7499-7518.

[26] Kahrobaee S, Asgarpoor S, and Qiao W. Optimum sizing of distributed generation and storage capacity in smart households[J]. IEEE Transactions on Smart Grid, 2013, 4(4)：1791-1801.

[27] 苏剑,周莉梅,李蕊.分布式光伏发电并网的成本/效益分析[J].中国电机工程学报,2013,33(34)：50-56+11.

[28] 张明锐,谢青青,李路遥,等.考虑电动汽车能量管理的微网储能容量优化[J].中国电机工程学报,2015,35(18)：4663-4673.

[29] 丁明,王波,赵波,等.独立风光柴储微网系统容量优化配置[J].电网技术,2013,37(3)：575-581.

[30] Chen H, Li Y H, Raymond H, et al. Autonomous demand side management based on energy consumption scheduling and instantaneous load billing：an aggregative game approach[J]. IEEE Transactions on Smart Grid, 2014, 5(4)：1744-1754.

[31] ROSEN J B. Existence and uniqueness of equilibrium points for concave n-person games[J]. Econometrica：Journal of the Econometric Society, 1965, 33(3)：520-534.

[32] Hossain M A, Pota H R, Squartini S, et al. Modified PSO algorithm for real-time energy management in grid-connected microgrids[J]. Renewable Energy, 2019, 136：746-757.

[33] Fazlyab M, Paternain S, Preciado V M, et al. Prediction-correction interior-point method for time-varying convex optimization[J]. IEEE Transactions on Automatic Control, 2018, 63(7)：1973-1986.

[34] 金红光,隋军,徐聪,等.多能源互补的分布式冷热电联产系统理论与方法研究[J].中国电机工程学报,2016,36(12)：3150-3161.

[35] WANG Jiangjiang, JING Youyin, ZHANG Chunfa. Optimization of capacity and operation for CCHP system by genetic algorithm[J]. Applied Energy, 2010, 87(4)：1325-1335.

[36] 崔鹏程,史俊祎,文福拴,等.计及综合需求侧响应的能量枢纽优化配置[J].电力自动化设备,2017,37(06)：101-109.

[37] CUI Pengcheng, SHI Junyi, WEN Fushuan, et al. Optimal energy hub configuration considering integrated demand response[J]. Electric Power Automation Equipment, 2017, 37(06)：101-109.

[38] ZHANG Mingrui, XIE Qingqing, LI Luyao, et al. Optimal sizing of energy storage for microgrids considering energy management of electric vehicles[J]. Proceedings of the CSEE, 2015, 35(18)：4663-4673.

[39] 李正茂,张峰,梁军,等.含电热联合系统的微电网运行优化[J].中国电机工程学报,2015,35(14)：3569-3576.

[40] GAO Bingtuan, LIU Xiaofeng, ZHANG Wenhu, et al. Autonomous household energy management based on a double cooperative game approach in the smart grid[J]. Energies, 2015, 8(7)：7326-7343.

[41] SOLIMAN H M, LEON_GARCIA A. Game-theoretic demand-side management with storage devices for the future smart grid[J]. IEEE Transactions on Smart Grid, 2014, 5(3)：1475-1485.

[42] 吴福保,刘晓峰,孙谊媊,等.基于冷热电联供的多园区博弈优化策略[J].电力系统自动化,2018,42(13)：68-75.

第三章　电力合作博弈优化

本章首先阐述合作博弈基本理论知识;然后基于用户负荷用电安排、可再生能源跨区电力交易、分布式供能系统经济优化等典型场景,提出合作电力博弈优化的对象建模、博弈优化设计和优化问题的求解方法。

3.1　合作博弈理论知识

3.1.1　合作博弈问题的特点

由于实际电网运行管理中往往存在较复杂的决策问题,例如风电上网电价问题,近几年来,合作博弈理论已经成为解决这类复杂决策问题以及多目标优化问题的一种科学的研究方法[1-2]。合作博弈侧重于研究如何合作以使得集体的利益最大化,以及在合作完成后集体利益如何进行有效分配[3],因而它强调参与者集体都需要理性地协商以确定合作的策略[4]。当博弈中的各参与者采取合作的方式形成合作博弈时,各参与者的利益都至少不会减少,即或者都有所增加,或者部分参与者的收益与原来保持不变。

在参与者形成合作博弈时,需要具备两个基本条件[5]:

(1) 整体合理性: 对合作后的整个联盟而言,其总体收益应该大于所有参与者单独决策时的收益之和。

(2) 个体合理性: 对于任意一个参与者来说,参与合作博弈后整个联盟应获得比不结盟时更多的收益,这样参与者才会对合作有兴趣,从而愿意结成联盟形成合作博弈。

3.1.2　合作博弈的描述

1) 特征函数

合作博弈的特征函数是指在联盟集 $\boldsymbol{H}$ 上的一个实函数 V,联盟 h 通过协调其成员的策略所能保证得到的最大合作收益称为 $V(h)$。特征函数的意义表示对任意一个联盟 h,不管 h 之外的局中人采取什么样的策略,联盟 h 总能通过协调其内部成员的策略而达到的最大合作收益值,记为 $V(h)$。 按照这个定义,显然空集联盟的特征函数值为 0:

$$V(\varnothing) = 0 \tag{3-1}$$

合作博弈的特征函数 $V(h)$ 具有超加性。其具体解释为,当任意两个联盟交集为空集的时候,这两个联盟中的所有参与人组成的新联盟的总利润总是不小于原先的两个联盟的利润之和。用公式表示：

$$v(S) + v(T) \leqslant v(S \bigcup T)$$
$$任意\ S,\ T \in 2^N,\ S \bigcap T = \varnothing \tag{3-2}$$

从直观上来看，如果这个博弈是超可加的，就意味着"整体大于部分之和"，也就是说，如果两个不相交的联盟能够实现某种剩余，那么这两个联盟联合起来也至少可以实现这种剩余。

进一步而言，合作博弈的特征函数还满足一个更强的性质：凸性。其具体解释为，如果两个联盟（交集不一定为空集）联合起来，那么这两个联盟中的所有参与人组成的联盟所获得的总利润加上其交集的联盟所获得的利润，不小于原先两个联盟的利润之和。用公式表示：

$$v(S) + v(T) \leqslant v(S \bigcup T) + v(S \bigcap T)$$
$$任意\ S,\ T \in 2^N \tag{3-3}$$

凸博弈的直观含义是，参与者对某个联盟的边际贡献随着联盟的规模扩大而增加。在这种博弈中，合作是规模报酬递增的。

2）分配向量

对于 n 个局中人的合作博弈问题，前面介绍了各个局中人形成联盟及多少个联盟的问题。如果各合作博弈的所有参与者都决定进行合作，那么需要对总收益在参与者之间进行分配。如果联盟中的一个或多个参与者认为既定的分配方案对自己不利，他会选择离开联盟。因此，合作博弈的最重要部分是参与者预先协商以确定联盟的形式后，所得合作收益（需要经过计算）的分配问题，不解决参与者之间如何分配这些联盟的合作收益，就无法形成相应的合作联盟。

分配向量是描述合作博弈参与者分得报酬的函数值。设向量 $x \in R^n$ 表示当参与者为 $H = \{1, 2, \cdots, h\}$ 时博弈 $x(H)$ 的支付向量，x_i 表示分配给参与者 $i \in H$ 的数值。成本分配问题的分配向量应满足下列两个条件：

整体合理性：分配的整体合理性与有效性等价。

$$x(H) = \sum_{i \in H} x_i = v(H) \tag{3-4}$$

个体合理性：

$$x_i \geqslant v(i),\ \forall\, i \in H \tag{3-5}$$

作为一个理性的参与者，在评估分配方案时，都会把留在该联盟中所能分配到的收益与离开联盟单干所能获得的好处相比较，如果后者更多，他就宁愿离开联盟。反之如果前者更大，则会留在该联盟中，此时称该联盟中的分配向量是满足个体理性化的。

3.2　基于合作博弈的用户负荷用电安排

需求侧管理（Demand Side Management，DSM）通过采取有效的引导与激励措施，改善用户的用电方式,并在满足相同用电功能的情况下降低电力需求和耗电量,提高用户用电的效率[6-8]。DSM能够提高用户参与管理负荷用电方式的积极性,从而达到与用户共同管理负荷用电的目的[9]。DSM不仅可以平衡电力供需,减少用户的电力成本,还能有效降低负荷曲线的峰值平均值比PAR(Peak to Average Ratio)。为了应对能源危机,实现清洁、低碳、高效的能源发展趋势,智能电网的概念应运而生[10]。随着经济技术的发展,以及世界各国对于节约能源、低碳排放和降低损耗的不断关注,各国在智能电网建设方面已取得卓有成效的进展[11]。智能电网的建立依靠双向、集成的通信网络,凭借先进的测量技术、设备控制和决策系统,使得电网运行时安全可靠、经济高效且环境友好[12]。智能电网技术可以很有效地解决需求侧管理在传统电网中面临的一些难题,从而提升需求侧管理水平,因此研究智能电网环境下的需求侧管理是非常有意义的[13]。

在智能DSM中,合作博弈可以用来协调居民用户之间的经济利益关系。在本节中,由于各用户家庭中都安装有智能电表及ECS(Energy Consumption Scheduling)单元,且各用户的负荷需求信息可以通过信息互联网相互传达,这就促使了各用户为了最大限度地降低其用电费用而结为联盟,从而形成了合作博弈。各居民用户关于优化各自负荷用电安排形成合作博弈,在获得合作收益后,用户之间按照每个用户的负荷用电量在所有用户总负荷用电量中的占比进行分配,从而确保了用户之间形成合作博弈的原则性以及分配合作收益的合理性。

3.2.1　智能用电系统

本节的研究对象为智能用电系统,该系统面向的对象是装有智能电表的居民用户,支持电动汽车和分布式电源的接入,用于家庭能量管理及负荷调度。智能用电系统的概图如图3-1所示。我们假定其中有多个电力公司和诸多居民用户,对应的集合分别用 $M = \{1, 2, \cdots, M\}$ 和 $N = \{1, 2, \cdots, N\}$ 表示。在该系统中,所有的居民用户家庭中都装有智能电表,且每个智能电表中包含一个ECS单元,它能够自动地安排家庭负荷的电力消耗。智能电表与配电所的电力线相连,同时智能电表和电力公司都与信息网络线相连[14]。通过信息网络线和局域网,智能电表可以接收用户的负荷用电信息及电力公司发布的电价信息,从而实现双向的信息流交互。在信息互联网中,包含着一个控制中心,它能够处理、整合接收到的电力公司的电价信号和用户的电力需求信息,并将其传送到数据汇总器DAU(Data Aggregation Unit)中[15-16]。用户的总负荷需求经DAU计算、汇总后,告知电力公司,然后电力公司据此发布合适的智能电价,并售电给用户。居民用户在接收到电价信号后,积极主动地安排家庭负荷的用电时段。

此处需要说明的一点是,图3-1中的电力公司是一个泛指的概念,在不同的应用场景中,它既可以表示电力公司,也可以表示发电公司,甚至还可以表示独立的电力零售商。在本节所讨论的场景下,更适合"电力公司"这种表述。

在该智能用电系统中,用户的家庭负荷主要包含两类:可转移负荷和不可转移负荷。可转移负荷是指可以从某一时段转移到其他用电时段的负荷,即该类负荷的用电时段并不是一成不变的,可以随不同时段电价的不同或用户的用电喜好与舒适度进行调整,但其使用

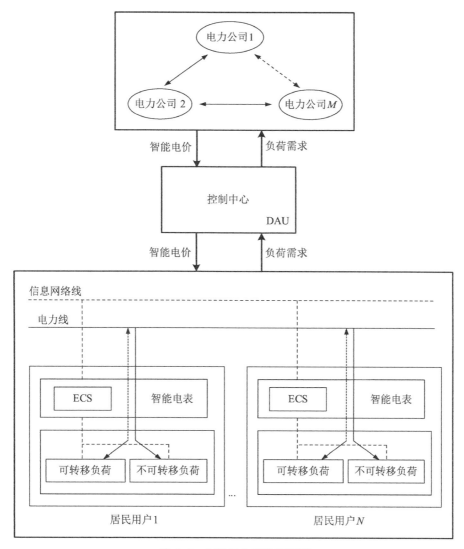

图3-1 智能用电系统的概图

有时段约束,如洗衣机、洗碗机、电动汽车等,其中电动汽车作为用户家庭中的可转移负荷时比较特殊,因为电力交通工具的电池具有更高的灵活性,不仅可以作为电力消耗设备,同时也能当作电力存储设备[17-18],所以它既可以使用用户从电网购买的电能,也可以在某些时段将储存在蓄电池中多余的电能回售给电网。可调控性是可转移负荷所具备的重要特征,合理安排可转移负荷的用电时段也是智能DSM的关键[19]。不可转移负荷则是指仅能在某个时段内工作的负荷,即其用电时段是固定不可变的,如电冰箱、电灯等。

每个电力公司根据用户一天的电能消耗情况以及其他电力公司发布的电价政策,合理分配用户总的电力需求量[20],并售电给相应的用户;用户则通过合理安排可转移负荷的用电方案,使其负荷用电安排趋于最优且用电费用最少,最终实现电力公司和居民用户双赢的智能用电安排计划。

3.2.2 建立系统基础模型

本节针对智能用电系统中涉及的一些基础模型进行必要介绍,包括电力公司的成本模型、居民用户的电力消耗模型以及用户的负荷模型,其中负荷模型除了包含用户的不可转移负荷和可转移负荷模型之外,还包括对电动汽车充放电模型、分布式电源及相应储能装置即插即用式接入的模型研究。

1) 电力公司的成本模型

首先,需要定义具有激励性质的智能电价,以促使用户更高效、合理地消费电力资源。我们将一天划分为 $H=24$ 个等长时段,并用 $\boldsymbol{H}=\{1,2,\cdots,H\}$ 表示一天各时间段的集合。定义 $C_{m,h}(L_h)$ 为第 $m\in M$ 个电力公司成本函数的基本形式,其包含了该电力公司每小时 $h\in\boldsymbol{H}$ 的输配电成本以及用户在 $h\in\boldsymbol{H}$ 小时内消耗电能所对应的成本,L_h 为所有用户在 $h\in\boldsymbol{H}$ 时段内总的负荷耗电量。该成本模型能够反映电力公司售电给用户的价格,而且它对于引导用户遵循特定的电力消费行为以及最小化个体用户的用电影响有着至关重要的作用。

对于上述成本函数,现做如下假设[15, 21]:

(1) 成本函数 $C_{m,h}(L_h)$ 对于 $h\in\boldsymbol{H}$ 时刻总的负荷耗电量 L_h 是严格单调递增的,即:

$$C_{m,h}(L_h)<C_{m,h}(L_h'),\quad \forall L_h<L_h' \tag{3-6}$$

(2) 成本函数 $C_{m,h}(L_h)$ 是严格凸函数,即对于任意的 $0<\alpha<1$,都满足:

$$C_{m,h}[\alpha L_h+(1-\alpha)L_h']<\alpha C_{m,h}(L_h)+(1-\alpha)C_{m,h}(L_h') \tag{3-7}$$

基于上述两条性质,本节选取如下的二次函数作为电力公司的成本函数形式[19]:

$$C_{m,h}(L_h)=a_{m,h}L_h^2+b_{m,h}L_h+c_{m,h} \tag{3-8}$$

其中:$a_{m,h}>0$, $b_{m,h}>0$,且 $a_{m,h}$、$b_{m,h}$ 和 $c_{m,h}$ 都为常数。

2) 用户的电力消耗模型

对于系统中每个居民用户 $n\in\boldsymbol{N}$,用 l_n^h 表示用户 n 在 $h\in\boldsymbol{H}$ 小时内的负荷耗电量。由此,可计算得到所有用户在 $h\in\boldsymbol{H}$ 时段内总的负荷用电量 L_h 为:

$$L_h=\sum_{n\in\boldsymbol{N}}l_n^h \tag{3-9}$$

然后,可计算得出所有用户一天之内的最大负荷用电量以及平均负荷用电量,分别由式(3-10)和式(3-11)表示如下:

$$L_{\text{peak}}=\max_{h\in\boldsymbol{H}}L_h \tag{3-10}$$

$$L_{\text{av}}=\frac{1}{H}\sum_{h\in\boldsymbol{H}}L_h \tag{3-11}$$

因此,需求侧负荷曲线的峰值平均值比 PAR 的计算式为:

$$PAR = \frac{L_{\text{peak}}}{L_{\text{av}}} = \frac{H \max\limits_{h \in H} L_h}{\sum\limits_{h \in H} L_h} \tag{3-12}$$

PAR 的值是大于 1 的,值越小就表明负荷曲线波动越小,负荷整体越平稳。同时,PAR 值的减小对于电力公司而言也是有利的,因为随着负荷曲线趋于相对平缓,有助于避峰、错峰等一系列节电措施更顺利地开展和实施,这样可使电力公司的成本显著降低。

3) 用户的负荷模型

本节针对用户家庭中的部分典型负荷的用电特性进行研究和分析,并建立相应的简化模型。典型的负荷模型主要包括不可转移负荷中的冰箱和电灯,可转移负荷中的洗衣机、洗碗机和电动汽车,以及分布式电源及相应储能装置即插即用式接入。

(1) 不可转移负荷模型

① 冰箱

冰箱在一天内始终保持间歇运行,其工作曲线每段的起始端都会出现一高峰,该瞬时功率的数值可达到约 1.3 倍的额定功率,之后降为额定功率运行。图 3-2 为冰箱在正常工作状态下功率随时间变化的简化模型[22]。

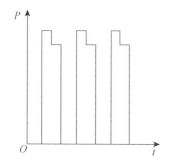 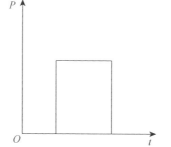 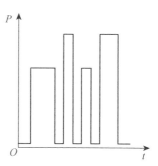

图 3-2　冰箱工作状态的简化模型　图 3-3　电灯工作状态的简化模型　图 3-4　洗衣机工作状态的简化模型

② 电灯

电灯作为用户家庭中最普遍的负荷,其特点是寿命长、启动快。目前市场上普通的节能灯随型号的不同,其功率在几瓦到几十瓦之间不等。图 3-3 为电灯在正常工作状态下功率随时间变化的简化模型。

(2) 可转移负荷模型

① 洗衣机

以波轮式洗衣机为例,它运行时的功率会随着洗涤和甩干的交替过程而发生相应的改变。在一个完整的洗涤过程中,洗涤功率约为 240 W,脱水功率约为 290 W。图 3-4 为洗衣机在正常工作状态下功率随时间变化的简化模型[22]。

② 洗碗机

家用洗碗机按外形上的不同可以分为柜式、台式及水槽一体式。由于柜式洗碗机外形尺寸标准化,且容量较大,因此常配套用于用户家庭中。洗碗机的工作过程分为洗涤、消毒、清洗和烘干四个阶段,其功率通常在 700～900 W 范围内。一般情况下,洗涤污渍少的普通餐具需费时大概 15 min,再加上消毒、烘干等过程,总的工作时间往往要在 1 h 左右。图 3-5 为洗碗机在正常工作状态下功率随时间变化的简化模型。

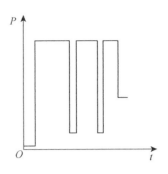

图 3-5　洗碗机工作状态的简化模型

③ 电动汽车

电动汽车的充放电主要与其动力电池特性、出行规律以及充电方式等因素有关[23]。对于家用电动汽车而言,因为其平均每天的出行时间大概为 1 h,即一天内大部分时间处于停驶状态,所以,可以把电动汽车的电池视作一种分散的储能设备[24]。由此,用户上班或到家后可以开始对电动汽车进行充放电,即电动汽车的充放电时间段可能有两个,分别为 9:00—17:00、19:00—7:00[25]。

用户对电动汽车的调控行为主要取决于电动汽车充放电的初始时间以及其日行驶里程[23]。电动汽车的充放电起始时间近似服从于正态分布 $N(\mu,\sigma)$,其概率密度函数为:

$$f_s(x)\frac{1}{\sqrt{2\pi}\sigma}e^{-\frac{(x-\mu)^2}{2\sigma^2}} \tag{3-13}$$

电动汽车的日行驶里程 d 近似服从于对数正态分布,其概率密度函数为:

$$f_D(x)=\frac{1}{\sqrt{2\pi}\sigma_D d}e^{-\frac{(\ln d-\mu_D)^2}{2\sigma_D^2}} \tag{3-14}$$

式中,d 为日行驶里程,μ_D 为日行驶里程的期望值,σ_D 为日行驶里程的标准差。

若将电动汽车的充放电方式选为慢充,则电动汽车充电的持续时间计算公式如下:

$$t_c=\frac{SOC_c-SOC_o}{r_{ci}} \tag{3-15}$$

其中,SOC_o 为电动汽车电池初始的荷电状态(State of Charge,SOC),它是用来反映电池可用容量的大小,其值介于 0 到 1 之间;SOC_c 为充电后电池的荷电状态,r_{ci} 为充电电流。

电动汽车放电的持续时间计算公式为:

$$t_d=\frac{SOC_c-SOC_d}{r_{di}} \tag{3-16}$$

式中,SOC_d 为最终放电后电池的 SOC,r_{di} 为放电电流。

(3) 分布式电源

由于太阳能清洁、分布广泛及储量大,且能够满足人类用电等生活需求,因此,本小节以户用光伏发电设备为例,简单介绍光伏发电的基本特性。

户用光伏发电装置通常包括光伏阵列、蓄电池、控制器和逆变器等设备,其中光伏电池板和储能蓄电池是电能的来源[26]。光伏电池板通常只在白天有光照时工作,因而光照强度和环境温度对其输出特性的影响较大。光伏电池板输出功率的计算公式如下[27]:

$$P = \eta SI[1 - 0.005(T_0 + 25)] \tag{3-17}$$

式中，η 为光电转换效率，S 为光伏电池板的面积，I 为光照强度，T_0 为环境温度。

正常情况下一天内光照强度的变化曲线如图 3-6 所示。

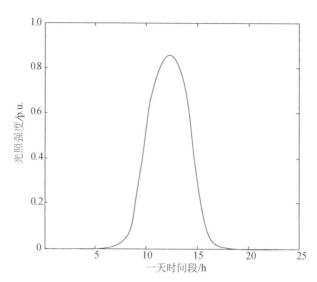

图 3-6　一天内光照强度的变化曲线

当户用光伏发电系统安装完毕后，由于光伏电池板的面积一定，在假设光电转换效率和环境温度均不变的情况下，由式(3-17)可知：光伏电池板的输出功率 P 与光照强度成正比，因此户用光伏电池板的输出功率曲线与图 3-6 中曲线形状相似。

3.2.3　用户的负荷控制模型

由于每个用户家庭中都装有智能电表，而智能电表中的 ECS 单元能够自动地安排用户负荷的用电情况，因此，用户通过参与 ECS 可以使得负荷的用电安排趋于最优化，并使得自身的能源消耗费用最小。本节仅考虑系统中有一个电力公司的情形，即 $M = 1$ 的情形。在 3.2.2 节介绍的电力公司成本模型、用户的电力消耗模型以及用户负荷模型的基础上，本节着重分析需求侧用户的这些典型负荷的用电方式，并建立相应的负荷控制模型。

1）考虑电动汽车充放电的负荷控制模型

由于电动汽车在环境效益方面具备巨大的优势，且存在较高的经济效益，因此世界各国都对其表现出了很高的关注度[28-29]。在我国，已经有较多省份和地市对于个体用户购买电动汽车给予一定的经济补贴，毋庸置疑，未来电动汽车将会越来越普及。目前，市场上的电动汽车总共有三种类别，分别是纯电动汽车、插电式混合动力汽车以及燃料电池电动汽车[12]。

本小节研究的是插电式混合动力汽车（Plug-in Electric Vehicle，PEV），它作为智能 DSM 中用户主要的可转移负荷之一，不仅可以在家中通过正常的有序充电消耗电能，以满足居民用户的出行需要，而且在闲置状态时能够通过反向放电将其储能蓄电池中剩余的部分电量回售给电网,既使用户成为智能 DSM 中更主动、积极的参与者,也可有效降低用户的用电成本。

包含 PEV 充放电的系统示意图如图 3-7 所示。

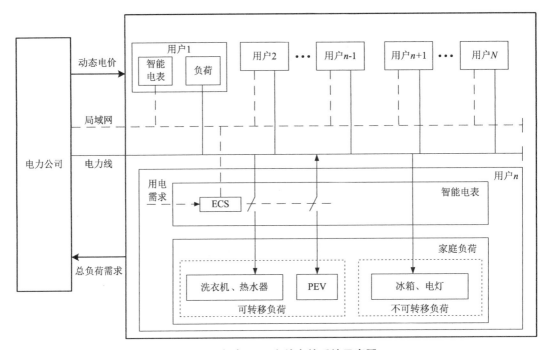

图 3-7　包含 PEV 充放电的系统示意图

对于系统中的用户 $n \in \boldsymbol{N}$,其所有家庭负荷用集合 $\boldsymbol{A}_n$ 来表示,其中包括所有的可转移负荷(洗衣机、洗碗机和 PEV)以及不可转移负荷(冰箱和电灯)。对于用户 n 的任意一种负荷 $a \in \boldsymbol{A}_n$,我们首先定义负荷一天内的用电向量如下:

$$\boldsymbol{x}_{n,a} = \left[x_{n,a}^1, \cdots, x_{n,a}^h, \cdots, x_{n,a}^H \right] \tag{3-18}$$

式中,$x_{n,a}^h$ 代表负荷 a 在第 h 小时的用电量。值得注意的是,当用户负荷消耗从电网购得的电能时,$x_{n,a}^h$ 的数值是非负的,而当用户的 PEV 反向放电给电网时,对应时间段内的 $x_{n,a}^h$ 值则有可能是负的。由此,可计算得到用户 n 在 h 小时的总负荷耗电量为:

$$l_n^h = \sum_{a \in A_n} x_{n,a}^h, \ \forall h \in \boldsymbol{H} \tag{3-19}$$

如果以 $\alpha_{n,a} \in \boldsymbol{H}$ 表示用户 n 的负荷 a 工作的起始时刻,用 $\beta_{n,a} \in \boldsymbol{H}$ 表示该负荷工作的结束时刻,且 $\alpha_{n,a} < \beta_{n,a}$,则该负荷在其工作时段内一天总的用电量 $E_{n,a}$ 可表示为:

$$E_{n,a} = \sum_{h=\alpha_{n,a}}^{\beta_{n,a}} x_{n,a}^h \tag{3-20}$$

当该负荷处于关闭状态时,有:

$$x_{n,a}^h = 0, \quad \forall h \in \boldsymbol{H} \backslash \boldsymbol{H}_{n,a} \tag{3-21}$$

式中，$\boldsymbol{H}_{n,a} \overset{\Delta}{=} \{\alpha_{n,a}, \cdots, \beta_{n,a}\}$ 为负荷 a 的工作时段。当负荷 a 处于待机状态时，其耗电量为 $\gamma_{n,a}^{\min}$，称为最低耗电量。因此，用户 n 的负荷 a 在 $h \in \boldsymbol{H}_{n,a}$ 时段内的用电量需满足式（3-22）的不等式约束：

$$\gamma_{n,a}^{\min} \leqslant x_{n,a}^h \leqslant \gamma_{n,a}^{\max}, \quad \forall h \in \boldsymbol{H}_{n,a} \tag{3-22}$$

式中，$\gamma_{n,a}^{\max}$ 为该负荷的最高耗电量。特别地，如果负荷 a 属于可转移负荷，则 $\boldsymbol{H}_{n,a}$ 应小于该负荷的可转移时段的区间长，以确保安排可转移负荷的用电时段时更具有灵活性。

由此，可计算得到系统内所有用户在一天时间内全部负荷总的用电量：

$$\sum_{h \in H} L_h = \sum_{h \in H} \sum_{n \in N} l_n^h = \sum_{n \in N} \sum_{a \in A_n} E_{n,a} \tag{3-23}$$

最后，引入向量 $\boldsymbol{x}_n \overset{\Delta}{=} \sum_{a \in A_n} x_{n,a}$ 来表示用户 n 所有负荷总的用电安排。因此，用户 n 对应的一个可行的能源消耗调度集合 χ_n 可表示为：

$$\chi_n = \left\{ x_n \mid \sum_{h=a_{n,a}}^{\beta_{n,a}} x_{n,a}^h = E_{n,a}, x_{n,a}^h = 0 \quad \forall h \in \boldsymbol{H} \backslash \boldsymbol{H}_{n,a}, \gamma_{n,a}^{\min} \leqslant x_{n,a}^h \leqslant \gamma_{n,a}^{\max} \quad \forall h \in \boldsymbol{H}_{n,a} \right\} \tag{3-24}$$

此外，需要说明的一点是，任意一个用户在参与 ECS 前后都不会改变其每种负荷一天总的用电量，仅通过改变可转移负荷的用电时段形成合作博弈，从而达到降低电费的目的。

2）考虑户用分布式电源接入电网的负荷控制模型

由于分布式发电具有清洁高效、安装灵活、供电可靠、投资少等优点，以及对于改善传统电网的性能有着相当大的潜力，导致分布式发电技术发展迅速[30]。作为传统电网发电方式的重要补充，分布式电源将成为智能电网建设的有力保障[31-32]。

常见的分布式电源包括燃料电池、太阳能光伏电池、燃气轮机和风机等，由于分布式电源的装机容量较小，因而可以就近直接发电供用户使用[30]。本小节中研究的是户用光伏发电设备，由于光伏发电产生的是直流电，因此太阳能光伏电池板需要经过 DC-DC 和 DC-AC 两级变换装置才能并入交流电网发电[33]。

假设系统中有部分居民用户家庭中配有户用光伏发电装置，包括太阳能光伏电池板、直流变换器、逆变器以及储能蓄电池。当白天阳光充足时，光伏电池板工作给用户负荷供电，同时剩余能量可以给蓄电池充电；当夜间阳光不足时，光伏电池板无法提供负荷充足的电能，此时蓄电池可以将储存的电能反向放电给电网供负荷使用[34]。因此，负荷既可以使用用户从电网购买的电量，也可以使用光伏电池板发出的电能，两种使用方式的优先权取决于用电时段对应的电价高低。

计及用户光伏发电设备并网的系统示意图如图 3-8 所示。

对于用户 n 的任意一种负荷 $a \in \boldsymbol{A}_n$，首先我们定义其一天各小时消耗从电网购得的外部电量[15]如下：

$$\boldsymbol{o}_{n,a} = [o_{n,a}^1, \cdots, o_{n,a}^h, \cdots, o_{n,a}^H] \tag{3-25}$$

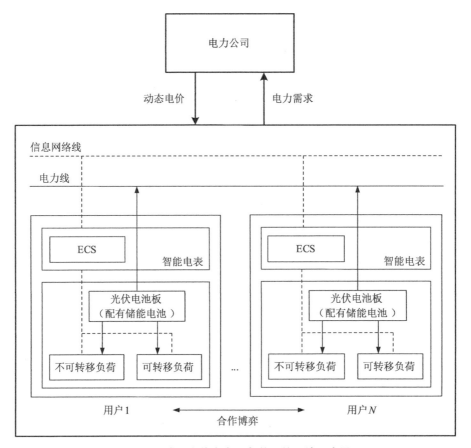

图 3-8 计及光伏发电设备并网的系统示意图

式中，$o_{n,a}^h$ 为该负荷在第 h 小时所用的外部电量。类似地，我们定义其一天各小时所用光伏电池板发出的内部电量[15]为：

$$\boldsymbol{i}_{n,a} = [i_{n,a}^1, \cdots, i_{n,a}^h, \cdots, i_{n,a}^H] \tag{3-26}$$

式中，$i_{n,a}^h$ 为该负荷在第 h 小时消耗的内部电量。对于光伏电池板产生的多余的电能，则储存在蓄电池中，相应的储存电量可表示为：

$$\boldsymbol{s}_n = [s_n^1, \cdots, s_n^h, \cdots, s_n^H] \tag{3-27}$$

式中，s_n^h 为用户 n 的光伏电池板在第 h 小时储存的电量。因此，计算得到用户 n 在 $h \in \boldsymbol{H}$ 小时所有负荷消耗的总电量的表达式如下：

$$z_n^h = \sum_{a \in A_n} (o_{n,a}^h + i_{n,a}^h), \quad \forall h \in \boldsymbol{H} \tag{3-28}$$

与上一小节相同，我们假设各用户每种负荷一天的用电量是恒定的，由于不可转移负荷只能在固定的时间段内工作，因此当用户在参与 ECS 时，同样只需 ECS 单元自动地管理其可转移负荷的用电时段。由此，可以得到负荷 $a \in \boldsymbol{A}_n$ 在一天时间内总的耗电量 $T_{n,a}$ 的表达式，以及相应的负荷用电的等式约束条件：

$$\begin{cases} \sum_{h=\alpha_{n,a}}^{\beta_{n,a}} (o_{n,a}^h + i_{n,a}^h) = T_{n,a} \\ o_{n,a}^h = i_{n,a}^h = 0 \quad \forall h \in \boldsymbol{H} \backslash \boldsymbol{H}_{n,a} \end{cases} \qquad (3\text{-}29)$$

记 $z_{n,a} = o_{n,a} + i_{n,a}$，则向量 $z_n \overset{\Delta}{=} \sum_{a \in A_n} z_{n,a}$ 表示用户 $n \in \boldsymbol{N}$ 全部负荷的用电时段安排，则对应的电能消耗调度集合 δ_n 可表示为：

$$\delta_n = \left\{ z_n \,\middle|\, \sum_{h=\alpha_{n,a}}^{\beta_{n,a}} (o_{n,a}^h + i_{n,a}^h) = T_{n,a}, o_{n,a}^h = i_{n,a}^h = 0 \right.$$
$$\left. \forall h \in \boldsymbol{H} \backslash \boldsymbol{H}_{n,a}, \gamma_{n,a}^{\min} \leqslant o_{n,a}^h + i_{n,a}^h \leqslant \gamma_{n,a}^{\max} \quad \forall h \in \boldsymbol{H}_{n,a} \right\} \qquad (3\text{-}30)$$

3.2.4 能源消费合作博弈模型

为了尽可能地使用户的用电费用降低，我们假定用户之间愿意共享各自家庭中负荷的用电信息。在电力公司公布动态电价政策后，各用户会根据智能电表采集的数据信号选择参与 ECS，转变其可转移负荷的用电时段。由于博弈论能够清楚地描述用户之间的利益交互关系，因此，在本节中，我们运用博弈论来分析用户在相互合作方式下，如何优化自身负荷的用电安排。在上一节建立的用户负荷控制模型的基础上，确立优化的目标函数，然后运算推导出用户收益函数的计算式，最终建立各用户之间关于能源消费合作博弈的数学模型。

1) 计及 PEV 充放电的用户之间的合作博弈

本小节研究当 PEV 接入电网进行充电和反向放电时，对用户负荷用电计划的影响。PEV 充电时与其他负荷一样，消耗用户从电力公司购买的电能；而 PEV 反向放电给电网时，则需要考虑其蓄电池因频繁充放电带来的损耗成本[35]。

（1）用户能源成本最小化

对于每个用户而言，参与 ECS 的直接目的在于减少消耗的电力能源成本。因此，我们的目标是找到一种最优的负荷用电方案，使得所有用户的能源成本均最小。于是，上述最优问题可以描述成式(3-31)的表示形式：

$$\min_{\substack{x_n \in \chi_n \\ \forall n \in N}} \sum_{h=1}^{H} C_h \left(\sum_{n \in \boldsymbol{N}} \sum_{a \in \boldsymbol{A}_n} x_{n,a}^h \right) \qquad (3\text{-}31)$$

通过求解此目标函数，可以得到所有用户最优的负荷用电安排以及对应各自最少的用电费用。需要说明的是，这些用户必须是理性的且相互之间已达成合作关系，否则一旦出现个别用户自私地仅优化自身的费用，可能造成此优化问题不存在全局最优解，这也是用户之间形成合作博弈的原因。

（2）用户电力消耗费用分析

用 b_n 表示用户 $n \in \boldsymbol{N}$ 一天所需支付的电力消耗费用，则所有用户一天支付的总电费计算如下：

$$\sum_{n \in \boldsymbol{N}} b_n = \sum_{h \in \boldsymbol{H}} C_h \left(\sum_{n \in \boldsymbol{N}} \sum_{a \in \boldsymbol{A}_n} x_{n, a}^h \right) \tag{3-32}$$

此外,我们假定用户所付的电费与其总的负荷用电量成正比,故对于任意两个用户 $n \in \boldsymbol{N}$ 和 $n' \in \boldsymbol{N}$, 这种比例关系可以表示为:

$$\frac{b_n}{b_{n'}} = \frac{\sum_{a \in \boldsymbol{A}_n} E_{n, a}}{\sum_{a \in \boldsymbol{A}_{n'}} E_{n', a}} \tag{3-33}$$

由式(3-32)和式(3-33)可得:

$$\sum_{n' \in \boldsymbol{N}} b_{n'} = \sum_{n' \in \boldsymbol{N}} \left(b_n \frac{\sum_{a \in \boldsymbol{A}_{n'}} E_{n', a}}{\sum_{a \in \boldsymbol{A}_n} E_{n, a}} \right) = b_n \frac{\sum_{n' \in \boldsymbol{N}} \sum_{a \in \boldsymbol{A}_{n'}} E_{n', a}}{\sum_{a \in \boldsymbol{A}_n} E_{n, a}} \tag{3-34}$$

再结合式(3-32),进一步化简得:

$$b_n = \frac{\sum_{a \in \boldsymbol{A}_n} E_{n, a}}{\sum_{n' \in \boldsymbol{N}} \sum_{a \in \boldsymbol{A}_{n'}} E_{n', a}} \left(\sum_{n' \in \boldsymbol{N}} b_{n'} \right) = \frac{\sum_{a \in \boldsymbol{A}_n} E_{n, a}}{\sum_{n' \in \boldsymbol{N}} \sum_{a \in \boldsymbol{A}_{n'}} E_{n', a}} \left[\sum_{h \in \boldsymbol{H}} C_h \left(\sum_{n' \in \boldsymbol{N}} \sum_{a \in \boldsymbol{A}_{n'}} x_{n', a}^h \right) \right] \tag{3-35}$$

记 $\Omega_n = \dfrac{\sum_{a \in \boldsymbol{A}_n} E_{n, a}}{\sum_{n' \in \boldsymbol{N}} \sum_{a \in \boldsymbol{A}_{n'}} E_{n', a}}$, 则式(3-35)可改写成:

$$b_n = \Omega_n \sum_{h \in \boldsymbol{H}} C_h \left(\sum_{n' \in \boldsymbol{N}} \sum_{a \in \boldsymbol{A}_{n'}} x_{n', a}^h \right) \tag{3-36}$$

其中, Ω_n 的含义是用户 n 全部负荷消耗的电量在所有用户总用电量中的占比。

对于家庭中配有 PEV 的用户 k, 定义 $\eta_k(\cdot)$ 为 PEV 蓄电池反向放电时的损耗成本。为了保持式(3-31)中的优化问题是凸的,我们选取如下形式的损耗成本函数:

$$\eta_k(l_{\text{v2g}}) = a_k l_{\text{v2g}}^2 \tag{3-37}$$

其中: a_k 是数值为正的参数, l_{v2g} 代表 PEV 反向放电给电网的电量(vehicle-to-grid, v2g)。由此,用户 n 的支出费用表达式(3-36)可进一步写成:

$$b_n = \Omega_n \sum_{h \in \boldsymbol{H}} C_h \left(\sum_{n' \in \boldsymbol{N}} \sum_{a \in \boldsymbol{A}_{n'}} x_{n', a}^h \right) + \Phi_n \sum_{h \in \boldsymbol{H}} \eta_k \left(\sum_{k \in \boldsymbol{N}} x_{k, \text{v2g}}^h \right) \tag{3-38}$$

其中: $x_{k, \text{v2g}}^h$ 表示用户在 h 小时回售的电量,可以看作负值。由于 $x_{k, \text{v2g}}^h$ 是 PEV 蓄电池中储存的电能在一定时刻经反向放电回售给电网的,因此这个变量并不会影响到用户 n 一天内消耗的总电量 $E_n = \sum_{a \in \boldsymbol{A}_n} E_{n, a}$。$\Phi_n$ 的定义与比例系数 Ω_n 相类似,其表达式如下:

$$\Phi_n = \frac{\sum_{h = a_{n, \text{v2g}}}^{\beta_{n, \text{v2g}}} x_{n, \text{v2g}}^h}{\sum_{n' \in \boldsymbol{N}} \sum_{h = a_{n', \text{v2g}}}^{\beta_{n', \text{v2g}}} x_{n', \text{v2g}}^h}, \quad \forall n, n' \in \boldsymbol{N} \tag{3-39}$$

其含义为用户 n 的 PEV 反向放电量与所有用户的 PEV 放电总量所成的比例,式(3-38)等式右边的第二项为用户 n 的 PEV 反向放电的损耗。

（3）用户合作博弈模型的构建

结合博弈论的三要素,建立用户之间的能源消费合作博弈模型:

① 参与者:集合 N 中的所有用户。

② 策略集:任意用户 $n \in N$ 通过选择能源消耗调度集合 χ_n 中负荷 $a \in A_n$ 的用电安排,使得自身的收益值最大。

③ 收益函数:用户 n 的收益函数 $P_n(x_n; x_{-n})$ 定义为其支出费用的负值,表达式为:

$$P_n(x_n; x_{-n}) = -b_n = -\Omega_n \sum_{h \in H} C_h \left(\sum_{n' \in N} \sum_{a \in A_{n'}} x_{n', a}^h \right) - \Phi_n \sum_{h \in H} \eta_k \left(\sum_{k \in N} x_{k, v2g}^h \right) \quad (3-40)$$

其中,$x_{-n} \overset{\Delta}{=} [x_1, \cdots, x_{n-1}, x_{n+1}, \cdots, x_N]$ 表示除用户 n 以外的所有其他用户的负荷用电安排。

当该合作博弈模型取得以下的纳什均衡解时,任意用户 $n \in N$ 在参与 ECS 后都将获得最大的收益,此时用户 $n \in N$ 对应的负荷用电安排 $x_n^* \in \chi_n$ 即为最优的:

$$P_n(x_n^*; x_{-n}^*) \geqslant P_n(x_n; x_{-n}^*), \ \forall n \in N \quad (3-41)$$

式(3-41)表明:一旦上述博弈取到该纳什均衡解,则当任意用户 $n \in N$ 再试图改变其负荷用电安排时,该用户都不会获得更大的收益值。

2) 配有户用光伏发电设备的用户之间的合作博弈

本小节沿用上一小节的总体研究思路,从用户能源成本最小角度出发,分析户用光伏发电设备接入电网给用户负荷供电时,用户的用电费用情况,以及当储能装置有剩余电量回售给电网时,用户的售电收益,由此建立相应合作博弈的数学模型。

首先,基于用户能源成本最小的目标函数为:

$$\underset{z_n \in \delta_n, \ \forall n \in N}{\text{minimize}} \sum_{h \in H} C_h \left[\sum_{n \in N} \sum_{a \in A_n} (o_{n, a}^h + i_{n, a}^h) \right] \quad (3-42)$$

类似地,我们计算得到用户 n 一天所需支付的用电费用为:

$$f_n = \frac{\sum_{a \in A_n} T_{n, a}}{\sum_{n \in N} \sum_{a \in A_n} T_{n, a}} \left\{ \sum_{h \in H} C_h \left[\sum_{n \in N} \sum_{a \in A_n} (o_{n, a}^h + i_{n, a}^h) \right] \right\} \quad (3-43)$$

$$= \Theta_n \sum_{h \in H} C_h \left[\sum_{n \in N} \sum_{a \in A_n} (o_{n, a}^h + i_{n, a}^h) \right]$$

其中:$\Theta_n = \dfrac{\sum_{a \in A_n} T_{n, a}}{\sum_{n \in N} \sum_{a \in A_n} T_{n, a}}$。

对于配有光伏电池板的用户 n,其储能蓄电池 H 小时存储的总电量为:

$$R_n = \begin{cases} \sum\limits_{h=1}^{H} s_n^h & R_n \leqslant R \\ R & R_n > R \end{cases} \tag{3-44}$$

其中，R 为光伏电池板储能电池的容量。设 $\alpha(t)$ 和 $\beta(t)$ 分别为光伏电池板开始工作的时间和光伏电池板停止工作的时间，记 $\boldsymbol{H}' = \{\alpha(t), \cdots, \beta(t)\}$，$E_{n,\mathrm{pv}} = \sum\limits_{h \in \boldsymbol{H}'} x_{n,\mathrm{pv}}^h$ 为用户 n 的光伏电池板在工作时间段内发出的电量。当用户 n 的光伏电池板发出的电能在储能蓄电池中存满后，再多发的电能将直接反售到电网中，则用户 n 的售电收益可表示为：

$$u_n = \Upsilon_n C_h \left(\sum_{h \in \boldsymbol{H}'} s_n^h - R \right) \tag{3-45}$$

式中，$\Upsilon_n = \dfrac{E_{n,\mathrm{pv}}}{\sum\limits_{n \in \boldsymbol{N}} E_{n,\mathrm{pv}}}$ 表示用户 n 的光伏电池板发出的电量占所有用户的光伏电池板发出总电量的比例。从而，用户 n 一天所需支付的费用变为：

$$f_n' = f_n - u_n = \Theta_n \sum_{h \in \boldsymbol{H}} C_h \left[\sum_{n \in \boldsymbol{N}} \sum_{a \in \boldsymbol{A}_n} (o_{n,a}^h + i_{n,a}^h) \right] - \Upsilon_n C_h \left(\sum_{h \in \boldsymbol{H}'} s_n^h - R \right) \tag{3-46}$$

由此，可以建立配有光伏发电设备的用户之间的合作博弈模型，博弈的参与者仍然是全体用户，策略集为电能消耗调度集合 $\boldsymbol{\delta}_n$，用户 n 的收益函数 $P_n(z_n; z_{-n})$ 计算式如下：

$$\begin{aligned} P_n(z_n; z_{-n}) &= -f_n' \\ &= -\Theta_n \sum_{h \in \boldsymbol{H}} C_h \left[\sum_{n \in \boldsymbol{N}} \sum_{a \in \boldsymbol{A}_n} (o_{n,a}^h + i_{n,a}^h) \right] + \Upsilon_n C_h \left(\sum_{h \in \boldsymbol{H}'} s_n^h - R \right) \end{aligned}$$
$$\tag{3-47}$$

式中，$z_{-n} = [z_1, \cdots, z_{n-1}, z_{n+1}, \cdots, z_N]$ 为用户 n 以外的所有其他用户的负荷用电安排。

类似地，我们定义该合作博弈的纳什均衡点 (z_n^*, z_{-n}^*) 为：

$$P_n(z_n^*; z_{-n}^*) \geqslant P_n(z_n; z_{-n}^*), \forall n \in \boldsymbol{N} \tag{3-48}$$

由上式可知：在纳什均衡点处，所有用户的策略将不会发生改变，否则其收益都将减少。

3.2.5 算例分析

本节运用 MATLAB 软件编写代码实现算例仿真，以证明上述提出的用户之间关于家庭负荷调控的合作博弈模型的可行性和有效性。仿真时设定系统中居民用户的数量为 $N = 5$。针对系统中用户的 PEV 充放电和户用光伏发电设备接入电网发电这两种情况，我们分别根据 3.2.3 节和 3.2.4 节中建立的两种相关模型进行仿真，并由此分析 PEV 充放电和光伏设备并网发电分别对用户家庭负荷用电安排的影响。

1) 计及 PEV 充放电的用户合作博弈仿真分析

对于系统中的 5 个用户，假设基本上每个用户家庭中都会有两种不可转移负荷——冰箱和电灯,还有三种可转移负荷——洗衣机、洗碗机和电动汽车。并且假设系统中每个用户都愿意参与 ECS。5 个用户所有负荷的日耗电量如表 3-1 所示。其中,除用户 5 之外其余 4 个用户家庭中都配有电动汽车,它们的储能电池的型号相同,电池的充放电功率相同且恒定,可充放电的时段也相同,因而一天的用电量也是一样的。

现规定用户负荷的用电时段如下:①对于不可转移负荷,冰箱一整天都在工作,电灯在 18:00—24:00 一直工作。②对于可转移负荷,洗衣机在 18:00—23:00 时段内均可工作,工作持续时间为 1 h;洗碗机在 8:00—10:00,20:00—22:00 这两个时段内都可工作,且每次都工作 1 h;PEV 可以在 22:00 至次日 7:00 时段内充电,在次日 7:00 之前必须充满电,以满足用户上班出行的需要,且在 20:00—24:00 时段内 PEV 都可以反向放电给电网。用户负荷(除 PEV)的工作时段及初始工作时间如表 3-2 所示,PEV 储能蓄电池的仿真参数如表 3-3 所示[36-37]。

表 3-1 用户负荷的日耗电量(kWh)

用户	冰箱	电灯	洗衣机	洗碗机	电动汽车
1	1.32	1.3	1.49	0	14.4
2	1.32	1.0	1.30	1.44	14.4
3	1.32	0.8	1.49	1.44	14.4
4	1.32	1.0	1.49	1.44	14.4
5	1.32	1.2	1.49	1.44	0

表 3-2 用户负荷(除 PEV)的工作时段及初始工作时间

负荷	冰箱	电灯	洗衣机	洗碗机
可工作时间段	0:00—24:00	18:00—24:00	18:00—23:00	8:00—10:00,20:00—22:00
初始工作时间	0:00	18:00	18:00	8:00 和 20:00
工作持续时间/h	24	6	1	1(每次)

表 3-3 PEV 储能蓄电池的仿真参数

参数	数值	参数	数值
蓄电池容量	20 kWh	最大充电功率	6 kW
最大放电功率	7 kW	充/放电效率	92%
放电深度	80%	电池损耗系数	0.000 32 美元/(kWh)^2
可工作时间段	22:00—7:00,20:00—24:00	初始工作时间	20:00

由表 3-3 中数据可知:$a_k = 0.000\ 32$ 美元/(kWh)^2,由此 PEV 储能蓄电池的损耗成本函数可表示为:

$$\eta_k(l_{v2g}) = 0.000\ 32 l_{v2g}^2 \tag{3-49}$$

另外,对于成本函数 $C_{m,h}(L_h)$,由于 $m \in \boldsymbol{M} = \{1\}$,故可将其记为 $C_h(L_h) = a_h L_h^2 + b_h L_h + c_h$ 的形式。根据本节中采用的分时电价政策,我们将成本函数中参数的数值设定为:

在 0:00—7:00 时段内，$a_h=0.0004$ 美元/$(kWh)^2$，$b_h=0.045$ 美元/kWh，$c_h=0$；在 8:00—24:00 时段内，$a_h=0.00084$ 美元/$(kWh)^2$，$b_h=0.064$ 美元/kWh，$c_h=0$。从而，成本函数可以分段表示如下：

$$C_{h,1}(L_h)=0.0004L_h^2+0.045L_h \tag{3-50}$$

$$C_{h,2}(L_h)=0.00084L_h^2+0.064L_h \tag{3-51}$$

仿真结果如图 3-9～图 3-13 所示。图 3-9、图 3-10 和图 3-11 分别表示用户负荷在初始状态时(无 ECS)、用户参与 ECS 但 PEV 未反向放电时、用户参与 ECS 且 PEV 反向放电时全部负荷一天的耗电量及用电费用。

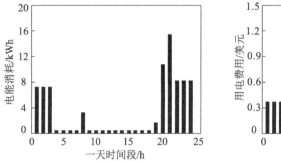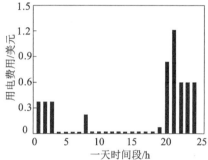

图 3-9　无 ECS 时所有用户全部负荷一天耗电量及用电费用图

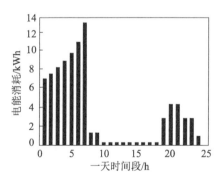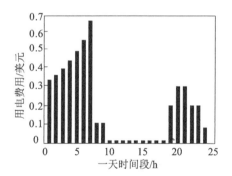

图 3-10　用户参与 ECS 但 PEV 未反向放电时一天耗电量及用电费用图

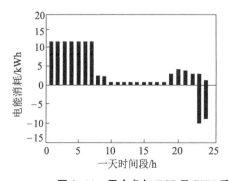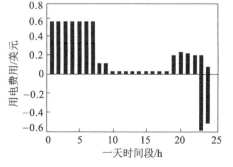

图 3-11　用户参与 ECS 且 PEV 反向放电时一天耗电量及用电费用图

由图 3-9 可知,在 20:00—24:00 的高峰时段内负荷用电量相对较高,这是因为在该时段内有多种负荷用电,且 PEV 处于充电状态;图 3-10 表明,当用户基于合作博弈参与 ECS 后,原先在高峰时段充电的 PEV,其大部分的充电时段被转移到了凌晨时段,因此 0:00—7:00 时段内负荷用电量变得较高,但由于 PEV 没有反向放电,因此用户没有获得额外的售电收益;图 3-11 则是当用户参与 ECS 的同时 PEV 进行反向放电,横轴以下的部分是 PEV 反向放电的电量以及对应的售电收益。

图 3-12 表示用户负荷在初始状态时、用户参与 ECS 但 PEV 未反向放电时、用户参与 ECS 且 PEV 反向放电时每个用户一天所需支付的费用对比,由此可以得出:当用户参与 ECS 而 PEV 没有反向放电时,所有用户的电费都显著减少,说明基于合作博弈参与 ECS 可以明显改善用户负荷的用电安排;当用户参与 ECS 且 PEV 反向放电时,由于用户获得了额外的售电收益,因此所有用户的电费得到进一步降低。此外,需要说明的是,用户 5 是没有 PEV 的,但因为该用户与其他 4 个用户形成了合作博弈,所以其电费也会得到相应的减少。经计算,在初始状态下,所有用户的总电费为 5.29 美元,而当用户基于合作博弈参与 ECS 后,当 PEV 未反向放电时,所有用户的总电费降至 4.76 美元,当 PEV 反向放电时,所有用户的总电费进一步降为 4.28 美元。

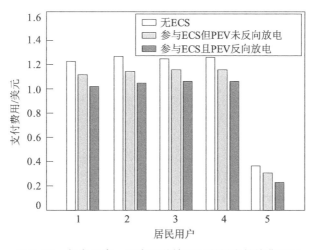

图 3-12 每个用户一天在三种情况下所需支付的费用图

图 3-13 表示用户负荷在初始状态时、用户参与 ECS 但 PEV 未反向放电时、用户参与 ECS 且 PEV 反向放电时负荷曲线的 PAR 值对比。显而易见的是,不管是对于单一用户负荷,还是对于所有用户的全部负荷,当用户基于合作博弈参与 ECS 后,对应的负荷 PAR 值都得以降低。由计算可得:在初始状态下,所有用户负荷的 PAR 为 4.36,而当用户基于合作博弈参与 ECS 后,当 PEV 未反向放电时,所有用户负荷的 PAR 减少为 3.35,当 PEV 反向放电时,所有用户负荷的 PAR 进一步降至 2.63。由于负荷曲线的 PAR 值的降低对于电力公司而言是有益的,因此电力公司会反过来通过电价等激励手段鼓励用户参与到合作博弈中去。

而对于已经拥有家用电器和 PEBs(而不是 PEVs)的中国居民用户,家电的设置与前面

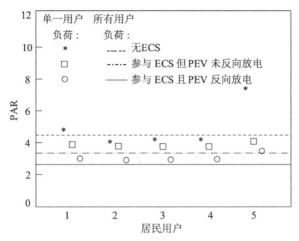

图 3-13 单一用户负荷、所有用户负荷在三种情况下对应的 PAR 图

的模拟相同。对于可转移负荷 PEBs,我们也假设所有 PEBs 都配备相同的电池,其仿真参数如表 3-4 所示。

表 3-4 PEB 储能蓄电池的仿真参数

参数	数值	参数	数值
蓄电池容量	0.96 kWh	最大充电功率	0.4 kW
最大放电功率	0.24 kW	充/放电效率	92%
放电深度	60%	电池损耗系数	0.000 8 美元/(kWh)^2
可工作时间段	0:00—7:00,20:00—24:00	初始工作时间	20:00

用户不参与 ECS、用户参与 ECS 但 PEB 未反向放电、用户参与 ECS 且 PEB 反向放电的情况下,仿真结果如图 3-14～图 3-18 所示。可以看到,当不参与 ECS 时,总成本是 1.74 美元,PAR 是 7.77。一旦参与基于博弈论的 ECS,总成本降低到 1.68 美元,PAR 降低到 3.57。此外,当居民用户用 PEBs 储存和释放电能,将能量卖回给公用事业公司时,总成本降低到 1.61 美元,PAR 进一步降低到 2.84。此外,从不参与 ECS 的情况,到参

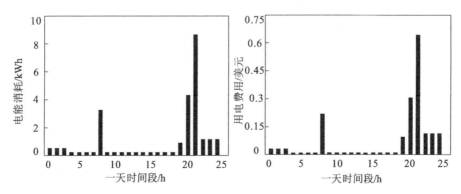

图 3-14 无 ECS 时所有用户全部负荷一天耗电量及用电费用图

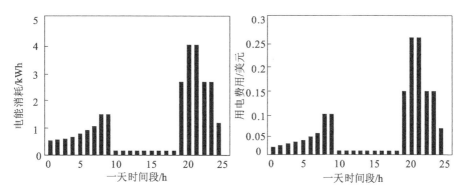

图 3-15　用户参与 ECS 但 PEV 未反向放电时一天耗电量及用电费用图

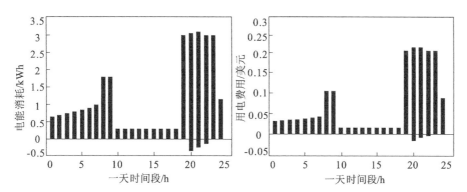

图 3-16　用户参与 ECS 且 PEV 反向放电时一天耗电量及用电费用图

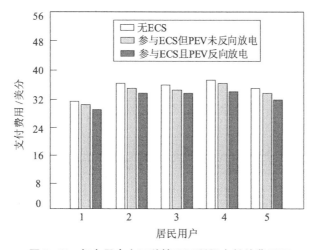

图 3-17　每个用户在三种情况下所需支付的费用图

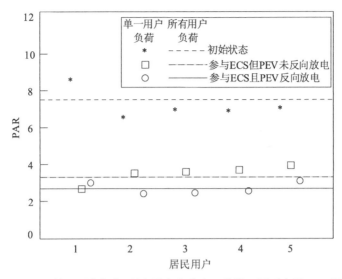

图 3-18　单一用户负荷、所有用户负荷在三种情况下对应的 PAR 图

与 ECS 但 PEB 未反向放电的情况,再到参与 ECS 且 PEB 反向放电的情况,每个用户的日支付将单调减少。很明显,与有 PEV 的居民用户相比,下降幅度变小了,是因为用一个更小的电池容量、更小的放电深度和更大的折旧成本的电池来放电给公用事业公司。然而,只要利益存在,人们就愿意参与这个博弈,把能源卖回给公用事业公司。

　　根据前两组模拟结果可以看出,公用事业公司和住宅用户都将受益于所提出的基于博弈论的 ECS。虽然两个模拟案例表明人们愿意将能源卖回给公用事业公司,但我们应该注意到,拥有 PEBs 的居民用户在比较有 ECS 并放电的情况与有 ECS 但不放电的情况时,参与放电只获得了一点好处。在实践中,为了将能量卖回给公用事业公司可能需要额外的投资,如一个更好的电能变换装置,这样的情况下用户反向卖电给公用事业公司也许不再有利润。因此,人们可能不会愿意通过给电池放电来卖回能量。为了更清楚地描述这个问题,对于一个随机的用户,我们可以计算出电池放电后卖回能量的利润:

$$\Delta p = C_{discharge}(l_{v2g}) - C_{scharge}(l_{v2g}) - \eta(l_{v2g}) \tag{3-52}$$

其中,$C_{discharge}(l_{v2g})$、$C_{charge}(l_{v2g})$、$\eta(l_{v2g})$ 分别表示用户向公用事业公司卖回能源的收入、充能的成本、储存和卖回能源的总折旧成本。一般来说,只有当利润 Δp 为足够大的正激励数时,用户才会愿意用自己的 PEV/PEB 将能量卖回。在循环寿命为 1 500 次的场景下,电池退化的成本约为 26.25 美分/kWh,而在循环寿命为 5 300 次的场景下,电池退化的成本为 6.45 美分/kWh。换句话说,在循环寿命为 5 300 次的场景下,如果放电价格减去充电价格小于 6.45 美分/kWh,人们将不会通过使用 PEV 的电池将能量卖回。从公用事业公司的角度来看,一旦他们发现住宅用户卖回能源有助于降低 PAR,他们就会鼓励住宅用户卖回能源。

2) 配有户用光伏发电设备的用户合作博弈仿真分析

本小节的仿真算例沿用上例中的基本数据,包括系统中用户的数量和负荷的日耗电量。考虑到系统中有两个储能装置时储能的优先级需要另外加以设定,所以此处不考虑 PEV 反向放电的情况,仅将 PEV 当作普通负荷。

此外,针对户用光伏发电装置中的光伏电池板,由于在计算其输出电量时,需要考虑光照强度、电池板的倾斜角以及转换效率等因素的影响,且与天气和季节也有关。不失一般性,假设安装在用户屋顶的光伏电池板仅在白天发电,其最大功率为 2 kW,工作时间段为 7:00—18:00。取典型的一个晴天作为参考,得到一天内各小时的输出功率如图3-19所示。

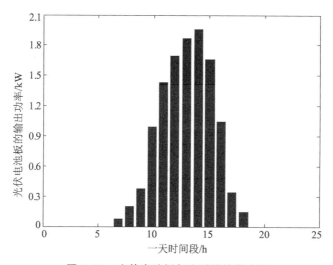

图 3-19　光伏电池板每小时的输出功率

另外,对于光伏电池板配备的储能蓄电池,设定基本参数如下:电池容量为 12 kWh,放电深度为 60%,且假设系统中用户 1 和 5 没有户用光伏发电装置。

需要说明的一点是,由于算例仿真仅针对用户一天的负荷用电情况进行分析,由于用户一天的支付费用相对较少,而光伏发电装置的使用成本是很高的,所以这样会导致在最终的仿真结果中,用户的效益将变成负值,因此我们在本小节仿真中,视为政府为了解决能源危机和环境问题,鼓励并无条件支持用户使用光伏装置发电,即忽略用户购买和安装光伏发电装置的成本。但是从长远角度来看,使用户用光伏发电装置进行电能的自发自用甚至回售,对于用户而言是有利可图的。

我们针对配有光伏发电装置的其中一个用户进行了仿真,仿真结果如图 3-20～图 3-24所示。图 3-20 为用户参与 ECS 前一天各小时的负荷用电情况,其中上半部分表示负荷消耗从电网购得的电量,下半部分表示在这些时段内光伏电池板输出的电量除去直接被负荷使用外仍剩余的电量。图 3-21 为用户参与 ECS 前,将各小时的剩余电能回售给电网所得的收益,图 3-22 和图 3-23 分别表示用户基于合作博弈参与 ECS 后一天各小时的负荷用电量以及对应的售电收益情况。

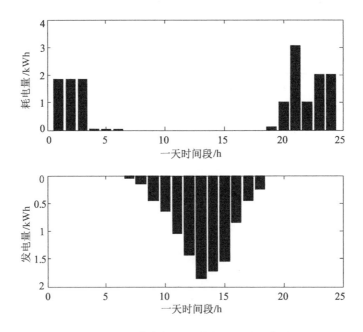

图 3-20　用户参与 ECS 前各小时的用电量

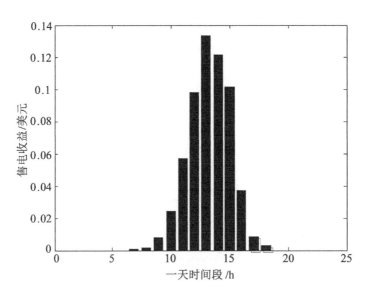

图 3-21　用户参与 ECS 前各小时的售电收益

分别对比图 3-20 和图 3-22,以及图 3-21 和图 3-23 可以发现,当用户参与 ECS 后,原先高峰时段的负荷耗电量大大减少,相应部分的用电负荷被转移到了凌晨的低谷时段使用,且用户获得的售电收益也得到了明显的增加,经计算,其售电总收益由参与 ECS 前的0.61 美元增加为参与 ECS 后的 1.02 美元。

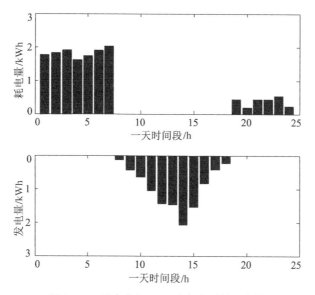

图 3-22 用户参与 ECS 后各小时的用电量

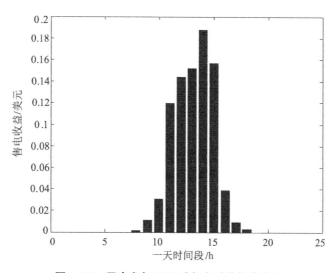

图 3-23 用户参与 ECS 后各小时的售电收益

图 3-24 为每个用户在参与基于合作博弈的 ECS 前后所需支付的费用情况,可以得出:在参与 ECS 后,所有用户支付的费用都减少了,甚至对于用户 1 和 5 来说,尽管这两个用户都没有户用光伏发电装置,但由于他们与其他用户构成了合作博弈,因此其支付的费用也得以降低。经计算,5 个用户的总费用由参与 ECS 前的 4.47 美元减少到参与 ECS 后的 3.43 美元。此外,在用户参与 ECS 前后,5 个用户总负荷的 PAR 值也大大降低了,从 6.06 降低为 2.78,总负荷分布从而变得更平缓。

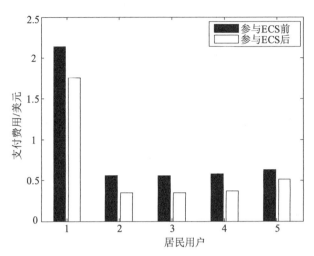

图 3-24 用户参与 ECS 前后所需支付费用对比图

3.3 基于合作博弈的可再生能源电站跨区电力交易竞价优化

近年来,我国可再生能源的迅猛发展举世瞩目,总装机容量位列世界第一。由于风、光等可再生能源出力具有随机性和波动性,加之我国的资源分布特点、电力系统条件和市场机制问题,可再生能源消纳面临着更大的挑战,"弃风"和"弃光"问题日益突出。在此背景下,我国不断推进跨区跨省输电通道建设,提高电网互联互通水平,为可再生能源外送提供了保障。同时,在电力交易体制方面,加快电力体制改革与电力市场构建,促进清洁能源跨区跨省消纳的电价机制和可再生能源配额制度的建立,有利于解决可再生能源消纳难题,实现资源的优化配置。绿色证书及碳排放交易机制作为支撑可再生能源跨区消纳的电力交易扶持政策,受到越来越多的关注。同时,在电力市场化改革逐步推进的背景下,发电商可以通过合理地利用策略性竞价来获取更多的利润,因此发电商的竞价策略也成为电力市场领域的一大研究热点。

在此背景下,本节首先综合分析了开展可再生能源跨区电力交易所需考虑的主要协调因素,结合主要协调因素搭建了可再生能源跨区电力交易架构,并研究给出了各类型发电站的发电成本模型,同时设计了有利于促进可再生能源消纳的跨区电力交易机制;其次,针对跨区电力市场中发电商的竞价策略问题,对计及绿色证书与碳排放交易的电站跨区电力交易成本进行了研究,并提出了电力外送区域发电商的合作博弈竞价优化模型及基于 Shapley 值的利润分配模型;最后进行了相关算例仿真分析,验证所提模型的合理性。

3.3.1 可再生能源跨区电力交易的协调因素分析

目前,我国可再生能源发电具有部分区域可再生能源装机占比高、发电基地规模大及"弃风"和"弃光"问题突出等特征,而可再生能源消纳难题的解决措施之一便是在提高电网互联互通水平的基础上开展可再生能源跨区电力交易。可再生能源跨区电力交易是指将可再生能源富集地区当地消纳后富余的风电、光电等可再生能源电力与火电打捆后通过高压输电网络送至电力缺口大的地区进行消纳。可再生能源跨区电力交易需要考虑的协调因素众多,除电源侧与负荷侧的交易主体外,还需考虑跨区电网属性、国家政策及电力市场等相关因素。因此,从上述五个主要协调因素出发,列举可再生能源跨区电力交易的协调因素如图 3-25 所示。

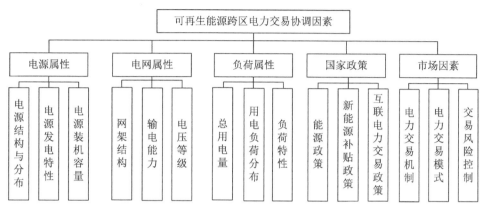

图 3-25　可再生能源跨区电力交易的主要协调因素

电源属性方面的协调因素包括发电电源结构与分布、电源发电特性及电源装机容量等。我国电源结构呈以煤电为主,可再生能源为辅的特征,而可再生能源的分布一般远离大型负荷中心,能源资源分布影响着电源装机的分布。另外,可再生能源发电特性与传统火电不同,有着波动性、不确定性、季节性等特征。因此,在开展可再生能源跨区电力交易时,需充分考虑电源端各类型电源的分布情况、发电特性、装机容量等,以便合理规划输电线路、输电容量和系统辅助服务容量等。

电网属性方面的协调因素包括电网的网架结构、输电能力及电压等级等。我国的风能、太阳能等可再生能源的分布与负荷中心呈逆向分布的特点,因此,对可再生能源富集地区的可再生能源进行规模化集中开发及打捆外送成为我国当前对可再生能源的主要利用方式。基于此,可再生能源跨区电力交易还需综合考虑电网的网架结构、输电能力及电压等级等因素的约束。

负荷属性方面的协调因素包括总用电量、用电负荷分布及负荷特性等。近年来,我国社会用电负荷增长缓慢,负荷增长率远低于可再生能源发电量的增长率,因此,在计算可再生能源跨区电力受端地区对可再生能源电力的接受空间时,需要充分考虑当地常规火电装机容量以及受端地区的用电量。除此之外,为保证系统的安全运行,还需对电力受端地区的负荷分布及负荷特性进行分析,预留足够的负荷、事故、调峰备用容量。

国家政策方面的协调因素包括能源政策、新能源补贴政策及互联电力交易政策等。可再生能源跨区电力交易的开展离不开国家政策的支撑。国家可再生能源经济激励制度正在加速变革,可再生能源补贴逐步取消,执行可再生能源配额制度,并采取竞价上网的政策以降低上网电价。同时,为降低碳排放量,实现低碳能源体系,我国能源部门短期内将提高碳排放价格,制定有效的碳排放定价机制,将碳排放成本纳入电力成本之中,确保减排效果。

此外,国家能源部门为缓解可再生能源消纳难题,出台若干政策推广建设特高压输电工程、开展跨区域电力交易。因此,在制定可再生能源跨区电力交易架构与交易机制时需充分考虑我国特定的能源与交易政策。

电力市场方面的协调因素包括电力交易机制、交易模式及交易风险控制等。2015年3月15日,中共中央国务院发布《关于进一步深化电力体制改革的若干意见》(中发〔2015〕9号文)后,我国电力体制改革逐步推进。此次电力体制改革的重点在于输配电定价改革,规范市场主体准入标准、引导市场主体开展直接交易,建立相对独立的电力交易机构,完善跨区跨省电力交易机制,积极发展分布式电源等多个方面。新电改政策对发电企业、电网公司及电力用户均产生了深远影响。因此,在对可再生能源跨区电力交易机制的研究中需结合电力体制改革背景,建立相应的跨区电力交易机制,并对电力交易产生的风险进行调控。

3.3.2　可再生能源跨区电力交易架构

开展可再生能源跨区电力交易的目标是实现电力系统资源的优化配置,提高社会的整体福利水平。交易效率、公平、环保的前提是可再生能源跨区电力交易市场架构的合理设计。本节参考国际电力市场运营的最新经验,重点关注"可再生能源"与"电力市场初步阶段"这两大特征对可再生能源跨区电力交易市场架构进行了构建,并对构建的可再生能源跨区电力交易市场的组织体系、交易规则及监管进行了相关介绍。

众所周知,可再生能源发电的出力具有随机性、间歇性以及发电功率难以准确预测等特性,这些特性要求我们缩短电力交易的交易组织周期,通过开展现货市场实现最短期的最优资源配置。此外,可再生能源发电几乎不需要燃料,即其边际成本趋于零,在电力市场竞价中存在绝对优势,因此开展现货交易能够促进可再生能源的消纳,进而有效解决"弃风弃光"问题。基于以上两点原因,加之我国电力市场还处于初步阶段的发展现状,本节构建的可再生能源跨区电力交易市场采用了中长期合约交易与现货交易相结合的方式。

中长期合约交易是我国电力市场交易中最为常见的一种形式,即指交易双方通过合约约定在未来某一时刻按一定的价格进行一定数量的产品交易,中长期合约交易通过确定电力交易价格的方式来减小现货市场中电价波动带来的风险。中长期合约交易有远期交易、期货交易及期权交易三种形式,这几种交易的区别主要在于交易是否标准化。远期交易是一种非标准化的合约交易,交易双方自行确定交易的地点、数量和价格,而期货和期权交易是一种标准化的合约交易,必须在期货交易所进行,对合约的数量、价格、交割地点等都有严格的规定。目前我国电力市场中的直接交易、发电权交易本质上都是一种远期交易,尚未建立相关的期货、期权交易品种,因此本节中的中长期合约交易仅指远期交易。

现货交易在经济学中一般是指"一手交钱,一手交货"的即时交易,在电力市场中指最接近电力市场运行时刻的交易,根据具体电力市场的差异性,这一具体的时间可以是日前、小时前乃至更短时间。现货市场中的电力交易价格不定,发电商提前对将来某时段的电力交易进行报价,发电商的报价包括该交易时段的出力预测值和报价,交易中心根据各发电商报价以统一的出清电价进行结算。

本节构建的可再生能源跨区电力交易的架构如图3-26所示。跨区电力交易的主体分为跨区电力交易中心、跨区电力调度中心、发电侧及用户四个部分。跨区电力交易中心组织发电侧的发电商和用户侧的用户参与跨区电力交易。跨区电力交易由上述四个主体一同完成，交易步骤简述为：①电力交易中心发布跨区输电通道可用容量、负荷预测、机组计划、联络线计划等信息；②发电商、用户提交报价及电量等申报信息，交易中心提供各市场限价（现阶段由于技术条件的限制，仅由交易中心参考发电侧单侧报价进行市场出清）；③交易中心进行出清计算，得出发电计划；④调度中心对发电计划进行安全校核；⑤电力交易中心发布出清结果及发电计划。

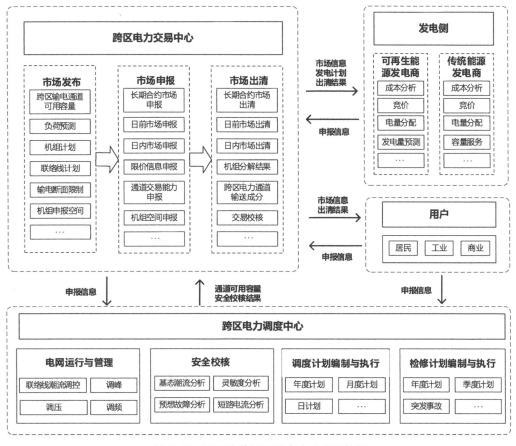

图 3-26　可再生能源跨区电力交易架构图

具体地，电力交易中心负责市场运行边界条件的准备与信息的发布、市场申报及市场出清这三部分的工作。电力交易中心在交易日前一天确定电网及发电机组的边界运行条件，电网边界运行条件包括负荷预测、电网备用约束、电网安全约束条件、输配电设备的检修或停用计划等，发电机组的边界运行条件包括发电机组运行状态、发电机组出力上下限约束、发电机组检修计划和发电机组的供热计划（供热地区供热期）。电力交易中心通过市场运行边界条件等信息编制交易计划并发布市场信息，发布的市场信息包括：跨区电力输送通道的可用容量、分时段负荷预测数据、发电侧机组计划、输电联络线计划、输电断面限制和机组申报空间等。市场申报工作在市场信息发布后进行，发电商、用户通过跨区电力交易系统申报交易电量及电价。申报工作包括长期合约市场申报、日前市场申报、日内市场申报、限价信息申报、通道交易能力申报及机组空间的申报等多个品种。最后,进行市场出清及出清信息的发布。电力交易中心根据发电商的报价及负荷预测结果计算该交易日中的每个交易时段的电力出清价格与电量,再交由电力调度中心进行安全约束机组组合和安全约束经济调度,得到调度计划编制。市场出清工作分长期合约市场出清、日前市场出清、日内市场出清、机组分解结果、跨区电力输送通道输送成分及交易校核等部分。电力调度中心负责电网运行与管理、安全校核、调度计划编制与执行及检修计划编制与执行四部分工作。电网运行与管理包括联络线潮流调控、调峰、调压及调频等;安全校核包括对电网的基态潮流分析、灵敏度分析、预想故障分析和短路电流分析;调度计划编制与执行包括年度、月度及日调度计划的编制与执行;检修计划编制与执行包括年度检修计划、季度检修计划以及突发情况的检修计划及编制。用户侧包括居民用户、工业用户及商业用户等。

发电侧包括可再生能源发电商及传统能源发电商。发电商在电力交易中扮演着极其重要的角色,也是电力市场竞价的主体。发电商在电力交易中的主要工作包括发电成本分析、竞价策略制定及电量分配策略制定等,可再生能源发电商还需要对自己的发电量进行预测,传统能源发电商可能为补偿其竞价劣势而同时向市场提供容量服务。本节着重研究发电商在跨区电力交易中的市场行为,首先对各类型发电站的发电成本进行研究,其次对发电商在电力市场中的竞价优化进行研究,最后从交易风险角度出发研究发电商的电量分配策略。

3.3.3 电站发电成本研究

根据国家能源局发布的数据,截至 2018 年底,我国全国发电总装机规模及火电、水电、风电、太阳能发电的装机规模均位于世界首位。我国全口径发电装机的总容量高达 19 亿 kW,同比增长 6.5%。我国发电以火电为主导,火电设备的装机总容量为 11.4 亿 kW,仅增长 3.0%,该增速为近年最低增速。非化石能源的装机总容量为 7.6 亿 kW,约占我国全部装机容量的 40%;其中,水电装机 3.52 亿 kW、风电装机 1.84 亿 kW、光伏发电装机 1.74 亿 kW、生物质发电装机 1 781 万 kW,分别同比增长 2.5%,12.4%,34% 和 20.7%。由上述数据可以看出,我国可再生能源的装机规模不断扩大,利用水平不断提高,可再生能源的清洁替代作用也日益突出。

考虑到生物质能、地热能、潮汐能等可再生能源并未大规模开发使用,且我国的可再生能源跨区送电一般采取风光火打捆送电形式,本节仅选取火电、风电及光伏发电这三种应用广泛的发电形式,对其电站的发电成本进行了研究。

1) 火电厂发电成本研究

火电因电厂建设周期短、投资小、技术难度低等优点,成为我国主流的发电形式。火力发电使用的燃料为化石燃料,其燃烧排放的废气对环境造成了一定程度的污染。近年来,随着社会整体环保意识的提高,火电有逐步被清洁能源发电形式所替代的趋势。在可再生能源跨区送电中,由于火电机组具有较强的调节能力,能够抑制风电、光伏发电的间歇性和波动性,保证外送电能的质量,因此风电、光电与火电联合打捆外送是可再生能源外送的最可行的选择。

传统电站的发电成本可以采用两部制法来表示,即将发电成本分为固定成本与变动成本两部分来表示,可用下式表示[38]:

$$C = C^f + C^v \tag{3-53}$$

式中,C 表示电站发电总成本,C^f 表示固定成本,C^v 表示变动成本。

固定成本包括建设成本、运行维护成本和管理成本等,该项成本与发电量的多少无关。

(1)建设成本:建设成本包括材料费、设备费、建设人员薪酬等。在将建设成本均摊到每单位电能时,先用总建设成本除以设备寿命,再除以年运行天数和小时数,便可得到每单位电能的建设成本。

(2)运行维护成本:运行维护成本包括设备维修费用与折旧费用。同理,该成本可均摊到每单位电能上。

(3)管理成本:管理成本包括财务费用、职工工资及福利等。

变动成本包括燃料成本、辅助电耗/水耗成本、税金等,该项成本与发电量多少有关。

(1)燃料成本:对于火电厂,燃料成本为燃油、燃煤或燃气费。非化石能源电站的燃料成本很低,甚至可以忽略不计。

(2)辅助电耗/水耗成本:电能生产过程中发电设备及其他设备运行需要消耗电能,冷却、除灰等步骤需要消耗水能,外购电能和水能需要一定成本。

(3)税金:发电企业所得税和增值税等。

火电厂的供能通过燃煤来实现,燃料费在火电厂的总成本中占相当大的比重,约为75%。目前,国内外专家学者普遍认为火电机组发电时消耗的燃料量为发电量的二次函数[39],设火电机组某时刻 t 的发电量为 $q_{th,\,t}$,则其燃料成本 $C_{th\_fuel,\,t}$ 可以表示为:

$$C_{th\_fuel,\,t} = p_{fuel}(a_{fuel}q_{th,\,t}^2 + b_{fuel}q_{th,\,t} + c_{fuel}) \tag{3-54}$$

式中,p_{fuel} 为燃料的单价,a_{fuel}、b_{fuel}、c_{fuel} 为燃料量与发电量之间函数关系的系数。

辅助水费、电费、税金等变动成本与发电量呈线性关系,可合并为:

$$C_{th\_va,\,t} = b_{va}q_{th,\,t} + c_{va} \tag{3-55}$$

式中,b_{va}、c_{va} 为水费、电费、税金等变动成本的系数。

因此,火电厂在总时长为 T 的发电过程中产生的变动成本为:

$$C_{thv} = \int_0^T p_{fuel}(a_{fuel}q_{th,\,t}^2 + b_{fuel}q_{th,\,t} + c_{fuel,\,t})dt + b_{va}\int_0^T q_{th,\,t}dt + c_{va} \tag{3-56}$$

本节为便于分析,在计算发电成本时均将时间平均分割为多个电力交易时段,并认为每个时段内机组出力恒定,因此火电厂的发电量可按下式简化计算:

$$q_{th} = Tq_{th,\,t} \tag{3-57}$$

火电厂的固定成本可用常数项来表示,根据式(3-53)给出的火电厂的总发电成本为变动成本与固定成本之和,可用下述二次函数来表示:

$$C_{th} = a_{th}q_{th}^2 + b_{th}q_{th} + c_{th} \tag{3-58}$$

式中，a_{th}、b_{th}、c_{th} 为火电厂发电成本二次函数的各项系数。

2）风电场发电成本研究

在化石能源短缺、温室效应等问题日益突出的背景下，风电作为技术发展较为成熟的可再生能源，在国家政策的扶持下得到大力发展，成为我国装机容量最高的可再生能源。风电的发电成本也可用两部制法表示：

$$C_w = C_w^f + C_w^v \tag{3-59}$$

式中，C_w 为风电场的发电成本，C_w^f 为风电场的固定成本，C_w^v 为风电场的变动成本。

风电场的固定成本包括建设成本、运行维护成本、管理成本等其他潜在成本。

（1）建设成本：建设成本是指风电场在投入运营前的投资成本。与火电不同，建设成本是构成风电场发电成本的主要因素。风电场建设成本包括风电场前期规划设计费用、风机购置费用、设备安装费用以及建筑费用等，其中风机购置费用约占70%。

（2）运行维护成本：运行维护成本是指风电场在风机及其他工业设备的运行、维护及故障维修时支出的费用。运行成本即风电场正常运行时花费的管理费及材料费。维护成本指风机运行一段时间后为保证风机可靠性而进行检查及更换部件的费用。故障成本则是风机产生故障时产生的维修费用及组件更换费用。

（3）管理成本：与火电厂类似，包括财务费用、职工工资及福利等。

风电场利用可再生能源发电，燃料成本可不计，因此风电场的变动成本在总成本中仅占很小部分。风电场的变动成本包括税金及发电辅助设备消耗的水电费。与火电厂类似，税金与辅助水电费等构成的风电场变动成本 C_{wv} 与发电量呈线性关系，合并为：

$$C_{wv} = b_{wv} q_{w,t} + c_{wv} \tag{3-60}$$

式中，b_{wv}、c_{wv} 为风电场变动成本的系数，$q_{w,t}$ 为风电机组某时刻 t 的发电量。

与火电厂类似，风电场的固定成本可用常数项来表示，根据式(3-59)给出的风电场的总发电成本 C_w 为变动成本与固定成本之和，可用下述一次函数来表示：

$$C_w = b_w q_w + c_w \tag{3-61}$$

式中，b_w、c_w 为风电场发电成本一次函数各项系数。

3）光伏电站发电成本研究

太阳能也是一种可再生能源，光伏电站发电时也不需要燃料，其发电成本的构成与风电场类似。固定成本为建设成本、运行维护成本、管理成本等，变动成本为税金及发电辅助设备消耗的水电费。同样地，光伏电站的税金与辅助设备水电费与发电量成一次函数关系，光伏电站的变动成本 C_{sv} 可表示为：

$$C_{sv} = b_{sv} q_{s,t} + c_{sv} \tag{3-62}$$

式中，b_{sv}、c_{sv} 为光伏电站变动成本的系数，$q_{s,t}$ 为光伏电站某时刻 t 的发电量。

与风电场类似，光伏电站的成本函数也可用如下一次函数来表示：

$$C_s = b_s q_s + c_s \tag{3-63}$$

式中，b_s、c_s 为光伏电站发电成本一次函数各项系数。

3.3.4　可再生能源跨区电力交易机制

随着我国电力体制改革逐步推进,电力市场逐渐放开。电力市场改革的目的在于通过市场化的变革,即逐步在适当的环节引入适当的市场交易机制,来实现更加有效的电力系统生产、运行和消费,从而使资源得到更为高效的配置。电力市场改革的目标可以概括为公平、效率、环保及安全。具体地,公平体现在不同地区电力资源的分配公平、电力生产者之间的分配公平和电力消费者之间的分配公平;效率体现在电力系统在投资和运行上的成本优化;环保体现在产能资源的转变及污染物排放量的降低;安全体现在电能质量和电力交易的可靠性。

基于此,本节针对可再生能源跨区电力交易建立了多品种协同电力交易机制与交易模式,以及配套的信息披露机制、偏差处理机制和风险防范机制,如图 3-27 所示。为促进可再生能源消纳的同时也保障传统火电的收益,可再生能源跨区电力交易机制包括了绿色证书交易机制、碳排放交易机制、偏差考核机制以及容量补偿交易机制。

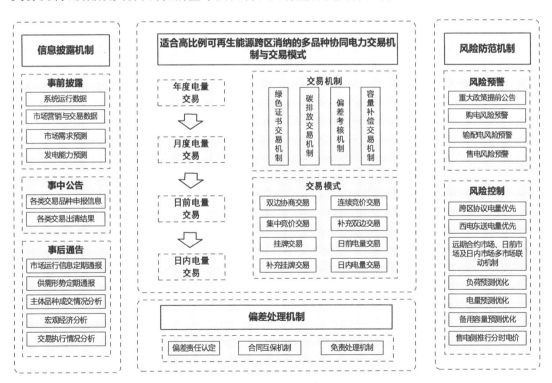

图 3-27　可再生能源跨区电力交易机制

1) 绿色证书交易机制

政府强制规定发电企业总交易电量中绿色能源所占的比例以促进节能减排。可再生能源(本节特指风电、光电)发电企业每生产 1 MWh 电量的电能可获得一张绿色证书,传统火电企业需要通过向可再生能源发电企业购买其生产电量相对应数量的绿色证书。可再生能源企业通过出售绿色证书来获得额外收益,作为其为环保所做贡献的奖励。政府不再对可再生能源企业提供财政补贴。该项交易机制同时影响着传统火电企业和可再生能源发电企业的发电成本。

2）碳排放交易机制

碳排放交易机制同样是一种促进企业节能减排,推进低碳经济的一种电力交易机制。传统火电企业需要支付一定的碳排放污染治理费用,具体费用与其生产电能时产生的碳排放量多少有关。而可再生能源企业因为不向环境排放污染气体,可获得相应的环保收益。碳排放交易机制同绿色证书交易机制一样,均影响着发电企业的发电成本,本书将在3.3.5节对绿色证书以及碳排放交易机制下发电厂的跨区电力交易成本进行进一步研究。

3）偏差考核机制

偏差考核机制中的"偏差"是指某一周期(年/月/日)内市场成员(发电商、用户)的实际发(用)电量与交易发(用)电量之间的差值。由于电力消费的特殊性,这种偏差无法避免,但过大的偏差提高了电网实时平衡的难度。因此,本节设立了偏差考核机制来限制市场成员的发(用)电量偏差。一般情况下,发电企业遵循调度部门的命令进行发电,在其完全遵循调度命令的情况下不会产生电量偏差。因此,本节中的偏差考核机制针对用户侧,当用户侧的实际用电量与交易用电量的偏差超过±2%时需要对该考核周期内所有电量进行考核,对产生的偏差电量进行惩罚。

4）容量补偿交易机制

大规模可再生能源参与电力市场交易给传统能源带来了巨大的竞争压力:①竞争性的电力市场中,传统能源没有政府补贴;②发电原料燃烧造成环境污染,传统能源企业需要额外支付环保成本;③对稳定提供灵活调峰能力的传统能源没有合理的补偿交易机制。因此,为了激励传统能源企业与可再生能源企业生产的电能打捆跨区外送交易,本节提出了容量补偿机制。在该项机制下,传统能源企业在为电力系统提供调峰服务和为可再生能源企业提供备用服务时,均可获得一定收益。

为满足各类市场的主体要求,交易模式种类丰富。交易模式从时间尺度上可分为中长期交易(年度、月度)及现货交易(日前、日内)。从交易量来说,一般中长期交易量大于现货市场交易量。这是因为发电商和用户在中长期市场中进行交易可以提前锁定电价,有利于规避交易风险。现货市场通过交易时段细化到小时及以内,使得电力系统的平衡性得到保障,发电资源配置更加优化。因此,现货市场的组织也是必不可少的。基于此,跨区电力交易市场不仅保留了有效、便于操作的中长期合同交易机制,还通过现货市场组织市场成员进行全电量的竞价。

交易模式从类型上可分为双边交易、竞价交易、挂牌交易、现货市场中的竞价交易等。在现货市场中进行的交易,交易完成后马上进行电量交割,所以现货交易由交易中心负责,以市场成员集中竞价并组织出清的形式进行交易。而中长期交易类型丰富,通常采取双边协商交易、集中竞价交易以及挂牌交易三种交易模式。

(1)双边协商交易:该类交易模式下,交易电量和交易电价均由发电商与用户双方协商并签订交易协议,交易协议由交易中心审核以及安全校核通过后方可生效,电力交易中心收取一定的电力系统运行与交易管理费用。这种交易模式存在于某些发电商与大用户之间。

（2）集中竞价交易：该类交易模式通常由交易中心组织，交易周期可分为年度、月度以及周度。市场成员对合约电量的交易电价进行集中申报，电力交易中心进行集中撮合，在安全校核的基础上以价格优先的方式成交。

（3）挂牌交易：电力交易中心以周为单位组织挂牌交易，发电商和大用户均可作为挂牌方或者摘牌方参与挂牌交易，挂牌信息包括出售（购买）电量和电价，符合条件的另一方若接受挂牌信息即可摘牌，双方确认后将由交易中心进行安全校核，形成交易合同。

除上述主体电力交易机制与交易模式外，本节还配套设计了一些辅助交易机制来配合可再生能源跨区电力交易的安全有序进行，如信息披露机制、偏差处理机制和风险防范机制。

（1）信息披露机制：信息获取是电力交易主体在电力市场中进行交易时非常重要的一个环节。信息披露机制的设立可规范信息的发布，电力交易中心可通过该机制发布市场信息，分为事前披露、事中公告及事后通告三个部分。在交易前发布系统运行及交易数据、市场需求信息及各发电厂商的发电能力信息；在交易时及时发布各类交易品种的市场主体申报信息及出清结果；交易完成后整合市场运行信息、供需形势、宏观经济分析及各类品种的成交信息，并进行定期通告，以此尽量消除市场信息不对等的情况。

（2）偏差处理机制：分为偏差责任认定、合同互保机制、免责处理机制三个部分，计算用户或发电商的实际用（发）电量与交易用（发）电量的偏差是否超过限值，超过时需要进行责任认定，对考核周期内所有电量进行考核，并对产生的偏差电量进行惩罚。合同互保机制是指电力用户之间通过签订电量互保协议，在一方产生用电量偏差时，另一方进行相应补偿。免责处理则是指当电网因自身的原因（故障、停电事故、阻塞等）导致电量供应不足，从而使用户的用电量产生偏差时，电力交易中心替用户承担考核风险。

（3）风险防范机制：该机制围绕政策、经济及技术风险三块展开。政策风险的防范体现在风险预警和控制中，即重大政策的提前公告及跨区电力交易、西电东送电力交易协议电量的优先交易等。经济风险普遍存在于发电侧和购电侧。以购电侧为例，购电电价、价格管制、现货交易及远期交易等均存在经济风险，因此用户和发电商都需要从合约市场、日前市场以及日内市场等多市场进行交易从而减小风险。技术风险主要存在于输电和配电环节，如电网线损风险、设备运行风险、电网规划风险、输电阻塞风险以及突发的自然灾害风险等，因此需要由调度机构做好检修计划并对紧急事故的处理做好预案。

3.3.5　计及绿色证书与碳排放交易的电站跨区电力交易成本研究

由3.3.4节的分析可知，绿色证书交易机制与碳排放交易机制均会对发电商的电力交易成本造成影响，从而间接影响了其在电力市场中的竞争电价。除此之外，发电商在进行跨区电力交易时电能的跨区输送还会额外产生过网费。本节针对这两点，在3.3.3节提出的电站发电成本模型上做进一步补充。

1）输电费定价模型

输配电价是电力体制改革的重要环节。自电力体制改革（以下简称"电改"）以来，国家发展改革委印发了《区域电网输电价格定价办法（试行）》《跨省跨区专项工程输电价格定价办法(试行)》和《关于制定地方电网和增量配电网配电价格的指导意见》等文件,在输电定价方面取得初步成果。《区域电网输电价格定价办法(试行)》中提出"输电价格原则上采用两部制电价形式"。《跨省跨区专项工程输电价格定价办法(试行)》在跨区输电定价形式上指出"跨省跨区专项工程输电价格形式按功能确定,执行单一制电价"。

参考国外电力市场的实践经验[40-42],两部制输电成本包括容量成本和电量成本两部分:

$$C_T = C_T^f + C_T^v \tag{3-64}$$

式中,C_T 表示总输电成本,C_T^f 表示容量成本,C_T^v 表示电量成本。容量成本主要考虑输配电设备的固定投资与后续维护费用,为固定成本。电量成本包括输电网损和其他运行成本,该成本与输送电量的多少有关,为变动成本。简单起见,本节中的电量成本仅考虑网损费用而忽略其他运行成本。

设某发电商共通过 A 条输电线路输送电能,INV_a 为第 a 条输电线路的总投资,$P_{year,a}$ 为第 a 条输电线路的年预测最高输送功率,$P_{max,a}$ 表示发电商在该条线路输送的最高功率。容量成本 C_T^f 表示为:

$$C_T^f = \sum_{a=1}^{A} \left(INV_a \cdot \frac{r}{(1+r)^{t_r} - 1} \cdot \frac{P_{max,a}}{P_{year,a}} \right) \tag{3-65}$$

式中,r 表示贴现率,t_r 表示回收年限。

电量成本 C_T^v 为电量线损成本,β 为线路平均线损率,电量成本函数表示为:

$$C_T^v(q) = \beta C(q) \tag{3-66}$$

式中,q 为发电商的交易电量,$C(q)$ 表示发电商的发电成本函数。

综上,两部制输电成本可表示为:

$$C_T = \sum_{a=1}^{A} \left(INV_a \cdot \frac{r}{(1+r)^{t_r} - 1} \cdot \frac{P_{max,a}}{P_{year,a}} \right) + \beta C(q) \tag{3-67}$$

当输电成本采用一部制表示时,输电成本为输送电量的一次函数形式,即将输电价格按输送每单位电量的综合成本形式定价。结合网损,输电成本表示为:

$$C_T = P_T q + \beta C(q) \tag{3-68}$$

式中,P_T 为输送单位电量的过网费用。

本节在后续研究中主要考虑发电商跨区电力交易部分的电量,因此在计算发电商交易成本时选用式(3-64)表示的输电成本函数进行研究。

2) 计及绿色证书与碳排放交易的火电厂跨区电力交易成本研究

计及绿色证书与碳排放交易时,火电厂跨区电力交易成本需要在火电厂发电成本的基础上加上购买绿色证书的费用、碳排放费用和跨区输电费用。

设市场中规定的绿色证书配额比例为 $\alpha \in (0,1)$,可再生能源电站每生产 1 MWh 电量即可获得一张绿色证书,绿色证书价格为 P_{TGC},火电厂购买绿色证书的成本可表示为:

$$C_{\text{TGC}} = \alpha P_{\text{TGC}} q_{\text{th}} \tag{3-69}$$

式中，q_{th} 为火电厂跨区交易电量。

火电机组发电过程中燃烧燃料产生碳排放，其排放的 CO_2 量一般用下式表示[43]：

$$e_{\text{CO}_2} = \delta q_{\text{th}} \tag{3-70}$$

式中，e_{CO_2} 表示火电厂的 CO_2 排放量，δ 为碳排放因子，单位为 kg/MWh，可用下式表示：

$$\delta = \frac{44}{12} \frac{\rho}{d\eta} \tag{3-71}$$

式中，ρ 表示燃料的基碳含量百分比，d 表示单位燃料燃烧时的发热值，η 为火电机组的发电效率。当火电机组出力稳定时，可认为其发电效率 η 为固定值，即碳排放因子为一常数。

当碳排放价格为 P_{c} 时，火电厂的碳排放成本为：

$$C_{\text{c}} = \delta P_{\text{c}} q_{\text{th}} \tag{3-72}$$

综上，结合式(3-54)，在计及绿色证书及碳排放交易机制时，火电厂的跨区电力交易成本 C_{Tth} 为：

$$\begin{aligned}C_{\text{Tth}} &= C_{\text{th}}(q_{\text{th}}) + \alpha P_{\text{TGC}} q_{\text{th}} + \delta P_{\text{c}} q_{\text{th}} + P_{\text{T}} q_{\text{th}} + \beta C_{\text{th}}(q_{\text{th}}) \\ &= (1+\beta) C_{\text{th}}(q_{\text{th}}) + \alpha P_{\text{TGC}} q_{\text{th}} + \delta P_{\text{c}} q_{\text{th}} + P_{\text{T}} q_{\text{th}}\end{aligned} \tag{3-73}$$

3) 计及绿色证书与碳排放交易的风电场跨区电力交易成本研究

计及绿色证书与碳排放交易时，风电场的跨区电力交易成本需要在风电场发电成本的基础上减去向传统能源企业出售绿色证书获得的收益，加上跨区输电费用，并将碳排放费用作为负值加入交易成本，可当作碳减排收入，表示与传统能源企业发同等电量时风电场对环境所作出的贡献。

风电场除与自身交易电量配额的绿色证书无法卖出，剩余的绿色证书均可交易以获取收益，风电场通过绿色证书交易而减少的成本可表示为：

$$C_{\text{TGCw}} = -(1-\alpha) P_{\text{TGC}} q_{\text{w}} \tag{3-74}$$

式中，C_{TGCw} 为风电场跨区电力交易成本，q_{w} 为风电场跨区交易电量。

结合式(3-60)，在计及绿色证书及碳排放交易机制时，风电场跨区电力交易成本为：

$$\begin{aligned}C_{\text{Tw}} &= C_{\text{w}}(q_{\text{w}}) - (1-\alpha) P_{\text{TGC}} q_{\text{w}} - \delta P_{\text{c}} q_{\text{w}} + P_{\text{T}} q_{\text{w}} + \beta C_{\text{w}}(q_{\text{w}}) \\ &= (1+\beta) C_{\text{w}}(q_{\text{w}}) - (1-\alpha) P_{\text{TGC}} q_{\text{w}} - \delta P_{\text{c}} q_{\text{w}} + P_{\text{T}} q_{\text{w}}\end{aligned} \tag{3-75}$$

式中，C_{Tw} 为风电场跨区电力交易成本。

4) 计及绿色证书与碳排放交易的光伏电站跨区电力交易成本研究

同样地，在计及绿色证书与碳排放交易时，光伏电站的跨区电力交易成本需要在其发电成本的基础上减去向传统能源企业出售绿色证书获得的收益，加上跨区输电费用，并将碳排放费用作为负值加入交易成本，表示与传统能源企业发同等电量时光伏电站对环境所做出的贡献。

结合式(3-59)，在计及绿色证书及碳排放交易机制时，光伏电站的跨区电力交易成本为：

$$C_{Ts} = C_s(q_s) - (1-\alpha)P_{TGC}q_s - \delta P_c q_s + P_T q_s + \beta C_s(q_s)$$
$$= (1+\beta)C_s(q_s) - (1-\alpha)P_{TGC}q_s - \delta P_c q_s + P_T q_s \qquad (3\text{-}76)$$

式中，C_{Ts} 为光伏电站跨区电力交易成本，q_s 为光伏电站跨区交易电量。

3.3.6 基于合作博弈的可再生能源电站跨区电力交易竞价优化模型

本节在上节建立的电站跨区电力交易成本模型的基础上，考虑电量平衡及其他保证电力系统安全稳定运行的约束条件，基于合作博弈模型对发电侧的竞价策略进行优化，并利用基于 Shapley 值的利润分配模型分配各电站在跨区电力交易中获得的利润。

1）系统模型

本节研究的系统模型在前文提出的可再生能源跨区电力交易架构的基础上做了一定的简化，如图 3-28 所示。

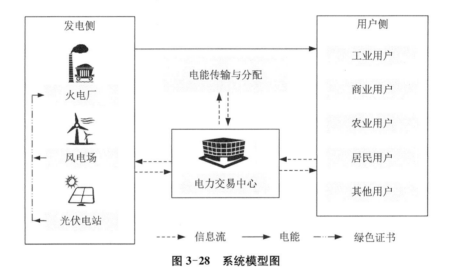

图 3-28 系统模型图

电力交易涉及的主体分为电力交易中心、发电侧及用户侧三个部分。

（1）发电侧：包括电力送出区域的发电站以及电力接受区域的发电站，发电站按类型分为传统能源电站和可再生能源电站（本节可再生能源电站特指风电场和光伏电站）。送端电站在当地消纳后将富余的电能通过跨区输电通道输送到受端地区进行交易。

（2）电力交易中心：组织电力交易、电力输送及电力配送等。

（3）用户侧：包括居民用户、商业用户、农业用户、工业用户及其他用户等。

发电侧跨区电力交易由上述主体一同完成，现货市场的交易流程如图 3-29 所示。

现货市场的交易流程可简述为如下步骤：

（1）电力交易中心通过收集跨区通道可用容量、机组计划、联络线计划等信息，结合用户负荷预测曲线，提前一个交易日发布负荷预测数据。

（2）发电商于交易日前一天向电力交易中心提交该交易日每个交易时段的报价及最高发电量等申报信息。

（3）交易中心进行出清结算，电价的结算采用统一出清电价，由电力交易中心根据各电站报价的高低顺序确定每个交易时段从各电站购买的电量。

（4）根据出清结果，若有电站需要更改报价及电量信息，返回步骤（2），直至参与交易的各电站均不再改变申报信息，该交易日的现货交易完成。

本节将研究重点放在发电侧，研究发电商在现货市场中的竞价策略，通过优化竞价策略实现发电商的利润最大化。

2）电站竞价模型

在本节构建的系统模型中，送端电站与受端电站一同满足受端区域用户的负荷需求。一般来说，跨区送电是由可再生能源丰富的地区向可再生能源匮乏且负荷需求大的地区输送清洁电能。考虑到受端地区的可再生能源发电量占总发电量的比例很小，本节在后续研究中为简便起见，认为受端地区仅有传统能源电站参与市场竞价。

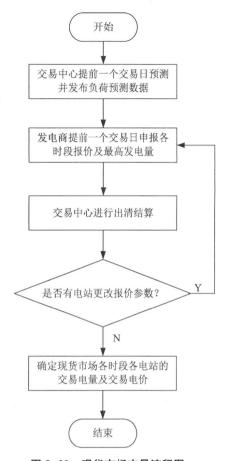

图 3-29 现货市场交易流程图

本节在 3.3.5 节对计及绿色证书及碳排放交易的电力输送端的火电厂、风电场及光伏电站的交易成本进行了研究，其成本模型分别由式（3-73）、（3-75）、（3-76）给出。根据 3.3.5 节的研究，送端地区火电厂 m 的交易成本为：

$$C_{\text{Tth\_}m} = (1+\beta)C_{\text{th}}(q_{\text{Tth\_}m}) + \alpha P_{\text{TGC}}q_{\text{Tth\_}m} + \delta P_c q_{\text{Tth\_}m} + P_{\text{T}}q_{\text{Tth\_}m} \qquad (3-77)$$

式中，$C_{\text{Tth\_}m}$ 表示送端地区火电厂 m 的交易成本函数，$m \in \boldsymbol{M}$，$\boldsymbol{M} = \{1, 2, \cdots, m, \cdots, M\}$ 表示送端地区参与竞价的火电厂的集合。$q_{\text{Tth\_}m}$ 表示送端地区火电厂 m 的交易电量。

送端地区风电场 n 的交易成本为：

$$C_{\text{Tw\_}n} = (1+\beta)C_{\text{w}}(q_{\text{Tw\_}n}) - (1-\alpha)P_{\text{TGC}}q_{\text{Tw\_}n} - \delta P_c q_{\text{Tw\_}n} + P_{\text{T}}q_{\text{Tw\_}n} \qquad (3-78)$$

式中，$C_{\text{Tw\_}n}$ 表示送端地区风电场 n 的交易成本函数，$n \in \boldsymbol{N}$，$\boldsymbol{N} = \{1, 2, \cdots, n, \cdots, N\}$ 表示送端地区参与竞价的风电场的集合。$q_{\text{Tw\_}n}$ 表示送端地区风电场 n 的交易电量。

送端地区光伏电站 i 的交易成本为：

$$C_{\text{Ts\_}i} = (1+\beta)C_{\text{s}}(q_{\text{Ts\_}i}) - (1-\alpha)P_{\text{TGC}}q_{\text{Ts\_}i} - \delta P_c q_{\text{Ts\_}i} + P_{\text{T}}q_{\text{Ts\_}i} \qquad (3-79)$$

式中，$C_{\text{Ts\_}i}$ 表示送端地区光伏电站 i 的交易成本函数，$i \in \boldsymbol{I}$，$\boldsymbol{I} = \{1, 2, \cdots, i, \cdots, I\}$ 表示送端地区参与竞价的光伏电站的集合。$q_{\text{Ts\_}i}$ 表示送端地区光伏电站 i 的交易电量。

受端地区的电站因为不需要进行远距离输电,线损可忽略不计,因此,受端地区火电厂的交易成本为:

$$C_{Rth\_j} = C_{th}(q_{Rth\_j}) + \alpha P_{TGC}q_{Rth\_j} + \delta P_c q_{Rth\_j} + P_T q_{Rth\_j} \tag{3-80}$$

式中,C_{Rth_j} 表示受端地区火电厂 j 的交易成本函数,$j \in \boldsymbol{J}$,$\boldsymbol{J} = \{1, 2, \cdots, j, \cdots, J\}$ 表示受端地区参与竞价的火电厂的集合。q_{Rth_j} 表示受端地区火电厂 j 的交易电量。

各电站的竞价模型与其成本有关,当市场清算电价大于发电商的边际成本时,发电商才能获利。因此,发电商在现货市场中的竞价价格一般大于或等于其边际成本。由式(3-54)、式(3-73),送端地区火电厂 m 的边际成本为:

$$C'_{Tth\_m} = (1+\beta)(2a_{Tth\_m}q_{Tth\_m} + b_{Tth\_m}) + \alpha P_{TGC} + \delta P_c + P_T \tag{3-81}$$

式中,C'_{Tth_m} 表示送端地区火电厂 m 的边际成本,a_{Tth_m}、b_{Tth_m} 表示送端地区火电厂 m 的发电成本系数。可以看出,火电厂 m 的边际成本函数为其交易电量 q_{Tth_m} 的一次函数。因此,火电厂 m 的报价函数可以表示为:

$$p_{Tthb\_m} = a_{Tthb\_m}q_{Tth\_m} + b_{Tthb\_m} \tag{3-82}$$

式中,p_{Tthb_m} 为火电厂 m 的报价函数,$a_{Tthb\_m}(>0)$、$b_{Tthb\_m}(\geqslant 0)$ 为火电厂 m 的报价函数系数。为了尽可能多卖出电量,火电厂在每一轮竞价过程中申报的电量均为每时段的最大发电量。因此,认为上式一次项 $a_{Tth\_m}q_{Tth\_m}$ 不变。火电厂在竞价过程中会根据博弈过程改变报价,此时改变的仅是竞价函数的常数项 b_{Tth_m}。

同理,受端地区火电厂 j 的竞价函数可以表示为:

$$p_{Rthb\_j} = a_{Rthb\_j}q_{Rth\_j} + b_{Rthb\_j} \tag{3-83}$$

式中,p_{Rthb_j} 为火电厂 j 的竞价函数,$a_{Rthb\_j}(>0)$、$b_{Rthb\_j}(\geqslant 0)$ 为火电厂 j 的竞价函数系数。与送端地区的火电厂一样,受端地区的火电厂在竞价过程中会根据博弈过程改变报价,此时改变的也是竞价函数的常数项 b_{Rth_m}。

根据文献[44]和[45],风电场生产单位电量的成本与其生产的总电量呈线性递减关系。所以,风电场在竞价博弈过程中会随着发电量的增加而降低自己的报价,通过降低报价的方式在市场交易中出售更多电量从而获得更大收益。因此,送端地区风电场 n 的竞价函数为单调递减函数,可以表示为:

$$p_{Twb\_n} = a_{Twb\_n}q_{Tw\_n} + b_{Twb\_n} \tag{3-84}$$

式中,p_{Twb_n} 为风电场 n 的竞价函数,$a_{Twb\_n}(<0)$、$b_{Twb\_n}(\geqslant 0)$ 为风电场 n 的竞价函数系数。同样地,风电场在每一轮竞价过程中申报的电量均为每时段的最大发电量。因此,认为一次项 $a_{Twb\_n}q_{Tw\_n}$ 不变,风电场 n 在竞价过程中改变的仅是竞价函数的常数项 b_{Twb_n}。

与风电场类似,因为没有燃料成本,光伏电站生产单位电量的成本与其生产的总电量呈线性递减关系。所以,光伏电站在竞价博弈过程中会随着发电量的增加而降低自己的报价,通过降低报价的方式在市场交易中出售更多电量从而获得更大收益。光伏电站 i 的竞价函数也为单调递减函数,可以表示为:

$$p_{Tsb\_i} = a_{Tsb\_i}q_{Ts\_i} + b_{Tsb\_i} \tag{3-85}$$

式中，p_{Tsb_i} 为光伏电站 i 的竞价函数，$a_{Tsb\_i}(<0)$、$b_{Tsb\_i}(\geqslant 0)$ 为光伏电站 i 的竞价函数系数。同样地，光伏电站在每一轮竞价过程中申报的电量也为每时段的最大发电量。因此，认为一次项 $a_{Tsb\_i}q_{Ts\_i}$ 不变，光伏电站 i 在竞价过程中改变的仅是竞价函数的常数项 b_{Tsb_i}。

3) 电站收益模型

电站在现货市场中的收益为交易收入与交易成本之差，火电厂 m 的现货市场收益可表示为：

$$G_{Tth\_m} = P_D q_{Tth\_m} - C_{Tth\_m}(q_{Tth\_m}) \tag{3-86}$$

式中，G_{Tth_m} 表示送端地区火电厂 m 的现货市场收益，P_D 表示现货市场出清电价，C_{Tth_m} 表示送端地区火电厂 m 的交易成本函数。

同理，送端地区风电场 n 的现货市场收益可表示为：

$$G_{Tw\_n} = P_D q_{Tw\_n} - C_{Tw\_n}(q_{Tw\_n}) \tag{3-87}$$

式中，G_{Tw_n} 表示送端地区风电场 n 的现货市场收益，C_{Tw_n} 表示送端地区风电场 n 的交易成本函数。

同理，送端地区光伏电站 i 的现货市场收益可表示为：

$$G_{Ts\_i} = P_D q_{Ts\_i} - C_{Ts\_i}(q_{Ts\_i}) \tag{3-88}$$

式中，G_{Ts_i} 表示送端地区光伏电站 i 的现货市场收益，C_{Ts_i} 表示送端地区光伏电站 i 的交易成本函数。

同理，受端地区火电厂 j 的现货市场收益可表示为：

$$G_{Rth\_j} = P_D q_{Rth\_j} - C_{Rth\_j}(q_{Rth\_j}) \tag{3-89}$$

式中，G_{Rth_j} 表示受端地区火电厂 j 的现货市场收益，C_{Rth_j} 表示受端地区火电厂 j 的交易成本函数。

发电商在现货市场中的竞价博弈过程是为了获得更多收益，后文将在收益函数的基础上，基于合作博弈给出发电商的竞价优化模型。

4) 基于合作博弈的竞价优化模型

用 $\boldsymbol{T} = \{M, N, I\}$ 表示电力送端地区参与火、风、光打捆外送所有电站的集合，用 $h \in \{1, \cdots, h, \cdots, H\}$ 表示现货市场每个交易日的交易时段。送端地区的火电厂、风电场及光伏电站将电能打捆外送，扩大市场以获得更多收益，所以认为在电力市场中送端地区的所有电站之间的博弈行为是合作博弈，他们的目标是区域的总体收益最高。送端地区所有电站的竞争对手为受端地区当地的火电厂。送端地区所有电站构成的团队与受端地区当地各火电厂之间的博弈行为属于非合作博弈。竞价优化模型以参与非合作博弈的各博弈主体的收益最大化为优化目标，电站收益为其在电力交易中的收入与其发电成本之差，目标函数可表示为：

$$\max G_{\mathrm{T}} = \sum_{h=1}^{H} \left(\sum_{m=1}^{M} G_{\mathrm{Tth\_}m}^{h} + \sum_{n=1}^{N} G_{\mathrm{Tw\_}n}^{h} + \sum_{i=1}^{I} G_{\mathrm{Ts\_}i}^{h} \right)$$

$$\max G_{\mathrm{Rth\_}j} = \sum_{h=1}^{H} G_{\mathrm{Rth\_}j}^{h} \tag{3-90}$$

式中，G_{T} 表示受端地区所有电站构成的团队在现货市场中的竞价总收益，$G_{\mathrm{Rth\_}j}$ 表示受端地区火电厂 j 在现货市场中的竞价总收益。

假设该非合作博弈为完全信息下的非合作博弈，即所有参与主体均知道彼此的策略集合及效用函数。博弈过程即电站根据自己的效用函数不断改变策略获得更大收益，策略行为体现为电站在每个交易时段中每轮的竞价信息的变动。如果在某一特定的策略组合下，任何电站策略的独自改变都不会使其收益提高，那么我们可以认为该策略组合为最优策略，称之为纳什均衡。非合作博弈模型的求解过程就是寻找纳什均衡的过程，假设参与电力市场的电站共有 e 个(送端地区与受端地区所有参与交易的电站)，某一交易时段 h 中寻找纳什均衡点的算法步骤如下：

(1) 取随机值对报价策略集合 $\{S_1^{h0}, S_2^{h0}, \cdots, S_e^{h0}\}$ 及精度 $\varepsilon \in (0, 1]$ 进行初始化；

(2) 根据出清规则进行出清计算，得到各电站的出清电量集合 $\{q_1^h, q_2^h, \cdots, q_e^h\}$；

(3) 各电站根据出清电量计算自己或自己所在团队的收益；

(4) 计算竞价优化问题式(3-28)的最优解，得到新策略集合 $\{S_1^h, S_2^h, \cdots, S_e^h\}$ 及对应收益；

(5) 将产生变动的新的收益值赋给原收益值，并把新的策略集合 $\{S_1^h, S_2^h, \cdots, S_e^h\}$ 赋给 $\{S_1^{h0}, S_2^{h0}, \cdots, S_e^{h0}\}$；

(6) 当所有策略变化之和小于 ε 时，可认为达到纳什均衡点，记此时的策略组合为 $\{S_1^{h*}, S_2^{h*}, \cdots, S_e^{h*}\}$，并输出出清结果，否则返回步骤(2)。

上述博弈问题求解过程中，考虑的约束条件如下：

(1) 电量平衡约束：各参与电力交易电站的交易电量与负荷需求达到平衡

$$\sum_{k=1}^{e} q_k = \sum_{l=1}^{L} u_l \tag{3-91}$$

式中，q_k 表示电站 k 的发电量，$k = 1, 2, \cdots, e$。 u_l 表示用户 l 的负荷，$l \in \boldsymbol{L}$，$\boldsymbol{L} = \{1, 2, \cdots, l, \cdots, L\}$ 表示电力市场中所有用户的集合。

(2) 电站报价约束：为维持市场秩序，防止恶性竞价，电力交易中心对各电站的报价上下限进行规定。

$$p_{\mathrm{Tthb\_}m\,\min} \leqslant p_{\mathrm{Tthb\_}m} \leqslant p_{\mathrm{Tthb\_}m\,\max}$$

$$p_{\mathrm{Twb\_}n\,\min} \leqslant p_{\mathrm{Twb\_}n} \leqslant p_{\mathrm{Twb\_}n\,\max}$$

$$p_{\mathrm{Tsb\_}i\,\min} \leqslant p_{\mathrm{Tsb\_}i} \leqslant p_{\mathrm{Tsb\_}i\,\max} \tag{3-92}$$

$$p_{\mathrm{Rthb\_}j\,\min} \leqslant p_{\mathrm{Rthb\_}j} \leqslant p_{\mathrm{Rthb\_}j\,\max}$$

式中，$p_{\mathrm{Tthb\_}m\,\min}$、$p_{\mathrm{Twb\_}n\,\min}$、$p_{\mathrm{Tsb\_}i\,\min}$、$p_{\mathrm{Rthb\_}j\,\min}$ 分别为送端地区火电厂 m、风电场 n、光伏电站 i 与受端地区火电厂 j 的报价下限。$p_{\mathrm{Tthb\_}m\,\max}$、$p_{\mathrm{Twb\_}n\,\max}$、$p_{\mathrm{Tsb\_}i\,\max}$、$p_{\mathrm{Rthb\_}j\,\max}$ 分别为送端地区

火电厂 m、风电场 n、光伏电站 i 与受端地区火电厂 j 的报价上限。

（3）火电机组爬坡约束：机组的爬坡速率指其每分钟调整出力的最大值占额定容量的比值，即火电机组每两个时段之间的交易电量的差值有一定限度。

$$\gamma_{\mathrm{down}} q_{\mathrm{thmax}} \leqslant q_{\mathrm{th}}^{h} - q_{\mathrm{th}}^{h-1} \leqslant \gamma_{\mathrm{up}} q_{\mathrm{thmax}} \tag{3-93}$$

式中，γ_{down}、γ_{up} 分别为火电厂向下、向上的爬坡速率。

（4）机组发电量约束：任一电站的交易电量都不能超过其最大容量。

$$0 \leqslant q_k \leqslant q_{k\mathrm{max}} \tag{3-94}$$

式中，$q_{k\mathrm{max}}$ 表示电站 k 的最大发电量。

（5）跨区输电线路容量约束：

$$\sum_{k=1}^{e} q_k \leqslant Q_{\mathrm{max}} \tag{3-95}$$

式中，Q_{max} 表示跨区高压输电线路输电的最大容量。

5）基于 Shapley 值的利润分配模型

Shapley 值[46]模型是一种用于解决多人合作后收益分配问题的数学方法。当 a 个人从事某项经济活动时，他们之间可能形成若干个子集联盟，每个子集联盟可能获得一定的效益。当人们之间的利益活动存在非对抗性时，合作中人数的增加并不会引起效益的下降。如此，全体 a 个人的合作将带来全体的最大效益，Shapley 值模型则是用来分配这最大效益的一种方案，它的定义如下：

设有限集合 $\boldsymbol{A} = \{1, 2, \cdots, a, \cdots, A\}$，若对于 $\boldsymbol{A}$ 中的任意一个子集 $\boldsymbol{S}$，对应一个实值函数 $V(S)$ 满足 $V(\varnothing) = 0$，则称 (A, V) 为 A 人合作对策，V 为对策的特征函数。在该 A 人合作对策中，各个成员所得的利润称为 Shapley 值，它由特征函数 V 确定，记作 $\phi(V) = \{\phi_1(V), \phi_2(V), \cdots, \phi_a(V), \cdots, \phi_A(V)\}$，$\phi_a(V)$ 表示在 A 人合作下成员 a 所得的利润分配，其计算公式为：

$$\phi_a(V) = \sum_{a \in S_a} \frac{(|\boldsymbol{S}_a|-1)! \ (|\boldsymbol{A}|-|\boldsymbol{S}_a|)!}{|\boldsymbol{A}|!} [V(\boldsymbol{S}_a) - V(\boldsymbol{S}_a - \{a\})] \tag{3-96}$$

式中，$\boldsymbol{S}_a$ 表示集合 $\boldsymbol{A}$ 中所有包含 a 的子集，$|\boldsymbol{A}|$ 表示合作总人数，$|\boldsymbol{S}_a|$ 表示子集 $\boldsymbol{S}_a$ 中包含的元素个数，$V(\boldsymbol{S}_a) - V(\boldsymbol{S}_a - \{a\})$ 体现了成员 a 对联盟 $\boldsymbol{S}_a$ 所做出的边际贡献。

Shapley 值模型具有如下性质：

（1）有效性：$\sum\limits_{a \in \boldsymbol{A}} \phi_a(V) = V(A)$，即集合 $\boldsymbol{A}$ 中所有成员获得的分配利润之和必须等于全体 A 人联盟的总收益。

（2）对称性：如果集合 $\boldsymbol{A}$ 中两个成员对 $\boldsymbol{A}$ 所有子集联盟 $\boldsymbol{S}$ 都具有相同的边际贡献，那么它们是对称的，在利润分配中享有相同的份额。

（3）可加性：对于集合 $\boldsymbol{A}$ 上的任意两个对策，设其对应的特征函数分别为 V 和 V'，有 $\phi_a(V + V') = \phi_a(V) + \phi_a(V')$。

由上述 Shapley 值模型的定义可以看出，该模型依据各参与合作的成员对团体的边际贡献进行总利润的分配，在一定程度上提高了成员的积极性。根据该定义，对电力外送区域参与合作的发电商进行利润分配，发电商 r 的利润计算公式为：

$$\phi_r(G) = \sum_{r \in S_r} \frac{(|S_r|-1)! \ (|R|-|S_r|)!}{|R|!} [G(S_r) - G(S_r - \{r\})] \quad (3\text{-}97)$$

式中，$R = \{1, 2, \cdots, r, \cdots R\}$ 表示送端地区合作的发电商集合，$|R|$ 表示送端地区参与合作的发电商总数，S_r 表示含有送端地区发电厂 r 的集合，$|S_r|$ 表示子集 S_r 中包含的元素个数，此时分配模型的特征函数为发电商的收益函数 G。

现举一简单算例进行数值模拟，以便于理解该分配模型。

假设送端地区有发电商 1、2、3 参与跨区电力交易，发电商 1 不与发电商 2、3 进行合作时，能够在市场中单独获利 12 万元；发电商 1 与发电商 2 进行合作时，能够在市场中共同获利 24 万元；发电商 1 与发电商 3 进行合作时，能够在市场中共同获利 30 万元；发电商 1 与发电商 2、3 均进行合作时，能够在市场中共同获利 45 万元。发电商 2、3 若不与发电商 1 合作均无法获利。根据式(3-97)，可以计算发电商 1 在合作博弈{1, 2, 3}中应该分配的利润。计算过程如下：

表 3-5　Shapley 值计算案例表

	1	1∪2	1∪3	1∪2∪3
$G(S_1)$	12	24	30	45
$G(S_1 - \{1\})$	0	0	0	0
$G(S_1) - G(S_1 - \{1\})$	12	24	30	45
$|S_1|$	1	2	2	3
$\dfrac{(|S_1|-1)! \ (|R|-|S_1|)!}{|R|!}$	1/3	1/6	1/6	1/3
$\dfrac{(|S_a|-1)! \ (|A|-|S_a|)!}{|A|!}[V(S_a) - V(S_a - \{a\})]$	4	4	5	15

由表 3-5 可得，当发电商 1 与发电商 2、3 进行合作时，发电商 1 应分配得到的利润为 4+4+5+15=28，获利的大幅增加体现了其对团队巨大的贡献作用。

6) 案例分析

本节根据前文所建模型进行案例仿真实验，以验证所提竞价优化方案的有效性。

假设参与跨区电力交易的电力外送地区有火电厂(火电厂 1)、风电场和光伏电站共 3 个大型电站合作将就地消纳富余的电力打捆外送至受端区域，与当地一火电厂(火电厂 2)共计 4 个发电站一同满足受端区域的负荷需求。设跨区输电线路长 2 100 km，每交易日分 24 个交易时段进行交易，每个时段间隔 1 h。发电站及跨区电力交易的其他相关参数如表3-6、表

3-7 所示[47-50]。电量出清采用统一出清方式。

表 3-6　电站成本及报价参数表

电站	装机容量/MW	a	b	c	a_b
风电场	8 000	0	0.018	2 490	−0.243
光伏电站	2 500	0	0.023	2 187	−0.328
火电厂 1	6 000	0.032 6	116.8	1 533	0.007
火电厂 2	6 000	0.035 0	125.3	1 533	0.007

表 3-6 中，a、b、c 分别表示各电站发电成本的二次项、一次项和常数项系数，a_b 表示各电站报价函数的一次项系数。风电场与光伏电站报价上下限分别为 450 元/MWh 和 180 元/MWh，火电厂报价上下限分别为 450 元/MWh 和 220 元/MWh。

表 3-7　其他跨区电力交易参数表

参数	值	参数	值
P_{TGC}	200 元/MWh	Q_{max}	8 000 MW
α	0.2	β	0.4%/100 km
P_c	100 元/MWh	P_T	65.8 元/MWh
δ	0.56 t/MWh	γ	1.5%/min

设受端地区某交易日的负荷预测曲线、送端地区风电场和光伏电站的出力预测曲线如图 3-30 所示。由于火电厂出力较为稳定,本节认为送端和受端的火电厂预测出力均为其装机容量 6 000 MW,结合表 3-6、表 3-7 提供的其他参数,对本节提出的竞价模型及利润分配模型进行仿真实验。

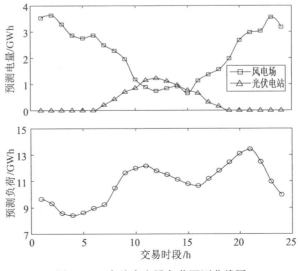

图 3-30　电站出力及负荷预测曲线图

仿真得到各电站的分时段交易电量及利润分别如图 3-31 和图 3-32 所示。

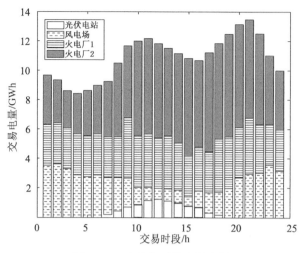

图 3-31　电站各时段交易电量

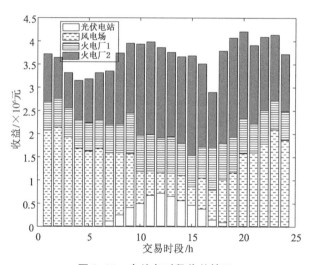

图 3-32　电站各时段收益情况

各电站在一个交易日的总交易电量和经基于 Shapley 值的利润分配模型二次分配后的利润如表 3-8 所示。

表 3-8　各电站总交易电量与收益情况表

电站	总收益 /万元	电量 /MWh	单位电量收益 /（万元·MWh^{-1}）
风电场	3 103.09	52 368	0.059 3
光伏电站	502.31	8 526	0.058 9
火电厂 1	1 770.43	76 440	0.023 2
火电厂 2	3 621.37	123 407	0.029 3

由于风电场和光伏电站这两个电站几乎不消耗燃料，其边际发电成本可忽略不计，所以绿色能源电站在竞价过程中可以通过压低报价的手段来卖出更多电量。由仿真结果可以看出：风电场和光伏电站能够通过竞价完成全部生产电量的消纳并获得可观利润。火电厂因为需要支付燃料费用、碳排放费用以及购买绿色证书的费用，所以单位电量的利润比风电场、光伏电站的利润低。而送端地区的火电厂还需要额外支付跨区过网费，所以单位电量利润较之受端地区当地火电厂稍低一些。

为验证送端地区电站之间采用合作博弈模型的有效性，我们假设送端地区所有电站没有达成合作协议，与受端地区的电站一起使用非合作博弈模型进行市场竞价，此时的竞价优化模型如式(3-98)所示。

$$
\begin{aligned}
\max G_{\mathrm{Tth\_}m} &= \sum_{h=1}^{H} G_{\mathrm{Tth\_}m}^{h} \\
\max G_{\mathrm{Tw\_}n} &= \sum_{h=1}^{H} G_{\mathrm{Tw\_}n}^{h} \\
\max G_{\mathrm{Ts\_}i} &= \sum_{h=1}^{H} G_{\mathrm{Tw\_}n}^{h} \\
\max G_{\mathrm{Rth\_}j} &= \sum_{h=1}^{H} G_{\mathrm{Rth\_}j}^{h}
\end{aligned}
\tag{3-98}
$$

同样满足电量平衡约束、报价上下限约束、火电机组爬坡约束、机组出力约束及输电线路容量等约束条件：

$$
\begin{aligned}
\mathrm{s.t.} \ & \sum_{k=1}^{e} q_k = \sum_{l=1}^{L} u_l \\
& p_{\mathrm{Tthb\_}m\,\min} \leqslant p_{\mathrm{Tthb\_}m} \leqslant p_{\mathrm{Tthb\_}m\,\max} \\
& p_{\mathrm{Twb\_}n\,\min} \leqslant p_{\mathrm{Twb\_}n} \leqslant p_{\mathrm{Twb\_}n\,\max} \\
& p_{\mathrm{Tsb\_}i\,\min} \leqslant p_{\mathrm{Tsb\_}i} \leqslant p_{\mathrm{Tsb\_}i\,\max} \\
& p_{\mathrm{Rthb\_}j\,\min} \leqslant p_{\mathrm{Rthb\_}j} \leqslant p_{\mathrm{Rthb\_}j\,\max} \\
& \gamma_{\mathrm{down}} q_{\mathrm{th\,max}} \leqslant q_{\mathrm{th}}^{h} - q_{\mathrm{th}}^{h-1} \leqslant \gamma_{\mathrm{up}} q_{\mathrm{th\,max}} \\
& 0 \leqslant q_k \leqslant q_{k\,\max} \\
& \sum_{k=1}^{e} q_k \leqslant Q_{\max}
\end{aligned}
\tag{3-99}
$$

根据式(3-98)和式(3-99)所建的非合作博弈模型进行案例仿真实验，仿真参数不变。得到此时各电站的分时段交易电量及收益情况分别如图 3-33 和图 3-34 所示。

为了更直观地感受送端地区电站之间采用合作博弈模型与非合作博弈模型之间的收益差别，现将两种不同优化方案下送端地区三个电站的收益情况列出，如表 3-9 所示。

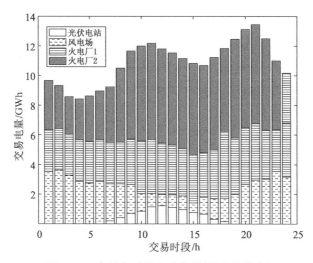

图 3-33　电站各时段交易电量(非合作博弈)

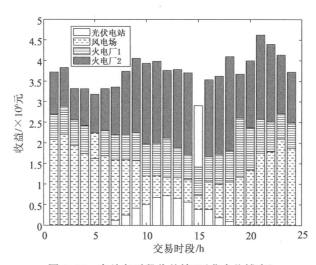

图 3-34　电站各时段收益情况(非合作博弈)

表 3-9　不同优化方案下受端地区电站收益情况表　　　　　　　　　　单位：万元

电站	非合作博弈	合作博弈
风电场	3 071.18	3 103.09
光伏电站	500.06	502.31
火电厂 1	1 679.69	1 770.43

　　比较送端地区三个电站分别采用合作博弈模型和非合作博弈模型时的收益情况,可以看出当三个电站采用合作博弈模型时其收益均有一定程度的增长。其中,火电厂的收益增长最为明显,这是因为火电的交易电量最大,对团队的贡献最大,因而获得的收益增量最多。同理,光伏电站因为交易电量最少,所以获得的收益增量也最少。由此可见,送端各电站采用合作博弈模型时能够获得更高的收益,即验证了本节提出的竞价优化模型的合理性及有效性。

3.4 基于合作博弈的分布式供能系统经济优化

由于电网高可靠性和高容量的特征,化石燃料发电厂目前是大型电网的主要能源。然而能源需求的不断增长、化石燃料的短缺以及对环境污染的担忧使得当前的电网面临着严峻的挑战。在这种情况下,综合能源系统(Integrated Energy System,IES)通过结合冷、热、电能量流(CCHP)来提高能源效率,越来越受到电力能源行业的关注。IES 一般由燃气轮机、燃气锅炉、热泵、电动冷水机组和蒸汽吸收式冷水机组组成,可实现多能量流的互补和梯级利用。在大多数综合能源系统中,可再生能源发电(如风力发电和光伏发电)也被整合到系统中,以减少对化石燃料发电厂的依赖。因此,IES 不仅可以使能源效率达到 70% 甚至90% 以上,而且可以大幅度减少温室气体排放。目前关于分布式能源网络的研究主要集中在网络层面的优化问题上,如降低合作博弈联盟成本或降低气体排放等,而针对联盟利益分配问题的研究较少。虽然多方选择参与能源网络,但最终目标仍然是自身利益的最大化。然而,在能源网络中,也有少数人为了实现整体利益的最优化而不得不牺牲自身利益。因此,要维护联盟的稳定,实现网络与个体的利益共赢,就需要对个体利益进行协调与平衡。

本节重点研究了合作博弈下的多区域综合能源系统的日前能源管理和联盟成本分配问题。在合作博弈机制下,本节首先关注联盟成本的优化,然后采用一定的分配方法在多区域综合能源系统之间进行成本分配。

3.4.1 系统模型

如图 3-35 所示,多区域综合能源系统通过微热网与电网相连接,其中热网是通过管道和热介质进行热输送的网络系统。工业园区的实体对象可以是工业园区、商业建筑、居民社区等。基于热网和电网,电和热可以在不同的区域之间交换,以提高整个能源网络的经济效益。在图 3-35 中,每个区域都配备了热电联产系统和可再生能源发电。具体来说,CCHP系统由微型燃气轮机、锅炉和变流器(吸收式制冷机、电加热器和电制冷机)组成。此外,当自产能源不能满足能源需求时,IES 可以从公共电网和天然气管道获得可持续的能源供应。工业园区的终端用户有多种能源需求,包括热负荷、电负荷和冷负荷。另外,有一部分能源需求属于可移动需求,可参与需求响应。为提高能源利用率,假设该区域内通过内部输送管道向消费者均匀提供热能和冷能。

假设整个能源网络中有 N 个区域,集合为 $\boldsymbol{N}=\{1, 2, \cdots, N\}$,区域为 $n \in \boldsymbol{N}$。另外,本节还对前一天的能源调度进行了研究,设一天分为 T 个时段,设 $\boldsymbol{T}=\{1, 2, \cdots, T\}$。

1) IES 能量模型

该区域的能源输出设备包括微型燃气轮机、锅炉、热电联产变流器和可再生能源发电。

(1)微型燃气轮机

微型燃气轮机是热电联产系统中重要的能量输出设备,用于高温热发电。同时,余热可回收利用,以满足工业工程的热需求。因此,电能和循环热输出可以用下式计算:

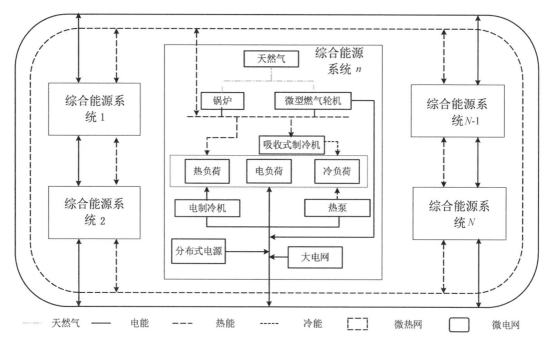

图 3-35　分布式能源网络结构图

$$\begin{cases} p_{gt}^{ne} = \eta_g^e \lambda_{gas} \gamma_{gt}^{ne} \\ p_{gt}^{nh} = \eta_g^h (1-\eta_g^e) \lambda_{gas} \gamma_{gt}^{ne} \end{cases} \tag{3-100}$$

式中，p_{gt}^{ne} 和 p_{gt}^{nh} 分别表示 n 区域 t 时段的发电量和循环热量；η_g^e 表示燃气轮机发电效率；η_g^h 表示余热回收效率；λ_{gas} 表示天然气热值；γ_{gt}^{ne} 表示 t 时段的用气量。

（2）燃气锅炉

当燃气轮机的回收余热不能满足最终用户的热需求时，燃气锅炉将产生额外的热量供 IES 使用。锅炉在 t 时段的热量输出为：

$$p_{bt}^{nh} = \eta_b^h \lambda_{gas} \gamma_{bt}^{nh} \tag{3-101}$$

式中，η_b^h 表示锅炉的热效率；γ_{bt}^{nh} 表示天然气消耗。

（3）热电联产变流器

热电联产系统涉及多种能量流的转换，包括冷却、加热和动力。本节在能量转换过程中只考虑了 CCHP 变流器的转换效率，可表示为：

$$\begin{cases} p_{et}^{nh} = \eta_h^e p_{ht}^{ne} \\ p_{et}^{nc} = \eta_c^e p_{ct}^{ne} \\ p_{ht}^{nc} = \eta_c^h p_{ct}^{nh} \end{cases} \tag{3-102}$$

式中，p_{ht}^{ne}，p_{ct}^{ne}，p_{ct}^{nh} 分别为电加热器、电冷水机组、吸收式冷水机组的输入能量；p_{et}^{nh}，p_{et}^{nc}，p_{ht}^{nc} 为相应的能量输出；η_h^e，η_c^e，η_c^h 为每个 CCHP 变换器对应的转换效率。

（4）可再生能源发电

可再生能源发电受到环境的影响很大。目前，许多研究者已经做了大量的研究工作，如光伏发电预测的最大功率点跟踪方法和风电预测的不确定性分析。本节假设对可再生发电的能量输出进行了预测，定义 n 区域的发电能量输出为：

$$\boldsymbol{p}_{r}^{ne}=[p_{r1}^{ne},\cdots,p_{rt}^{ne},\cdots,p_{rT}^{ne}] \tag{3-103}$$

式中，p_{rt}^{ne} 表示时段 t 内区域 n 的可再生能源输出。

（5）需求响应模型

在智能微电网中，随着通信技术的发展，电网与用户之间的双向交互也得到了加强。因此，将需求响应引入需求侧，以提高能源的利用效率，降低消费者的能源成本。在本节中，我们假设综合能源系统的消费者愿意参与需求响应。即一定比例的能源需求会有调整消费时段的空间。

① 不可移动负荷

不可移动负荷一般需要高可靠性的能源供应和静态消耗时间，如电灯和冰箱。当这种负荷转移到其他消费时段时，消费者将受到严重影响。不可移动负荷的需求响应模型可表示为：

$$\boldsymbol{l}_{b}^{n}=[l_{b1}^{n},\cdots,l_{bt}^{n},\cdots,l_{bT}^{n}] \tag{3-104}$$

式中，l_{bt}^{n} 表示时段 t 内区域 n 的不可移动能量需求。

② 可移动负荷

与不可移动负荷相比，可移动负荷对消耗时间不敏感，将可移动负荷移至其他时段对用户消耗时间的影响较小。例如，只要电动汽车在消费者使用前充满电，消费者就愿意以较低的成本来安排能源需求。可移动负荷的需求响应模型可表示为：

$$\begin{cases} l_{st}^{n}=0 & t\notin[t_{on}^{n},t_{off}^{n}] \\ \sum_{t=t_{on}^{n}}^{t_{off}^{n}} l_{st}^{n}=Q_{s}^{n} & t\in[t_{on}^{n},t_{off}^{n}] \\ l_{smin}^{n}\leqslant l_{st}^{n}\leqslant l_{smax}^{n} & t\in[t_{on}^{n},t_{off}^{n}] \end{cases} \tag{3-105}$$

式中，l_{st}^{n} 表示时段 t 内区域 n 的可移动能量需求；$[t_{on}^{n},t_{off}^{n}]$ 表示可移动的时间段；Q_{s}^{n} 表示 $[t_{on}^{n},t_{off}^{n}]$ 期间的总能源消耗；l_{smin}^{n} 和 l_{smax}^{n} 表示最小能耗和最大能耗。

2）IES 成本模型

IES 成本一般包括设备投资成本、系统运行维护成本、能源采购成本和能源运输成本。

（1）投资成本

IES 必须支付所有设备的投资费用。此外，投资成本需要转化为日成本。考虑折现率和设备寿命，日投资费用可表示为：

$$C_{in}^{n}=\frac{1}{365}\sum_{i=1}^{4}\left[\frac{r(1+r)^{year_i}}{(1+r)^{year_i}-1}K_{in}^{i}s_{i}^{n}\right] \tag{3-106}$$

式中，$i=1,2,3,4$，分别表示燃气轮机、锅炉、热电联产变流器和可再生能源发电；r 表示贴现率；year_i 表示设备 i 的寿命；K_{in}^i 表示设备的投资成本，单位为美元/MWh；s_i^n 表示安装容量。

（2）运行维护成本

IES 是一个包含多个设备的复杂系统，需要支付这些设备的操作和维护费用。假设运行维护成本与每台设备的能量输出线性相关，可表示为：

$$C_{\text{om}}^n(t) = \sum_{i=1}^{4} K_{\text{om}}^i p_{it}^n \tag{3-107}$$

式中，$i=1,2,3,4$，分别表示燃气轮机、锅炉、热电联产变流器和可再生能源发电；K_{om}^i 表示设备 i 运行维护费用的单位成本；p_{it}^n 表示设备 i 在 t 时段的能量输出。

（3）天然气成本

天然气的成本主要来自微型燃气轮机和锅炉，可表示为：

$$C_{\text{gas}}^n(t) = c_{\text{gas}}(\gamma_{gt}^{ne} + \gamma_{bt}^{nh}) \tag{3-108}$$

式中，c_{gas} 表示天然气价格。

（4）电力成本

每个地区都可以从公共电网购买电力和热、冷负荷。目前存在固定电价、分时电价、实时电价等多种电价机制。在交易中，由于使用时间价格在现实中应用广泛，故采用时间价格进行交易。因此，区域 n 的电力成本可表示为：

$$C_{\text{ele}}^n(t) = c_{\text{ele}t} p_{\text{grid}t}^{ne} \tag{3-109}$$

式中，$c_{\text{ele}t}$ 表示 t 时段的电价。

（5）能源运输成本

在分布式能源系统中，尤其在热能的输送中，要考虑到输送损失和管道维护等问题，及能源的输送成本。假设运输成本与运输能量和距离相关，可表示为：

$$C_{\text{tra}}^n(t) = K_{\text{tra}} L_{nm} p_{mnt}^{\text{h}} \tag{3-110}$$

式中，K_{tra} 表示单位运输成本；L_{nm} 表示两个区域之间的空间距离；p_{nmt}^{h} 表示从区域 m 到区域 n 传递的热能。

3.4.2 多区域综合能源系统间的合作博弈

在本节中，为了获得更佳的联盟经济效益，提出了一个多区域间的合作博弈，以合作博弈策略来调度热电联产系统的能量输出和多区域间的能量交换。

1）合作博弈方程

根据上述成本模型，单个区域的日成本可表示为：

$$C_{\text{ost}}^n = \sum_{t=1}^{T}\left[C_{\text{om}}^n(t) + C_{\text{gas}}^n(t) + C_{\text{ele}}^n(t) + C_{\text{tra}}^n(t) \right] + C_{\text{in}}^n \tag{3-111}$$

每个区域 $n(\in N)$ 的目标是在不形成任何联盟的情况下,使日成本 C_{ost}^n 最小。然而,一旦联盟形成,个体就会以联盟的日成本作为优化目标。据此,多区域间的合作博弈可以由以下定义。

整个能源网络中的多个区域构成集合 $N=\{1, 2, \cdots, N\}$,设集合 $S(\subseteq N)$ 是由网络中的 s 个区域组成的联盟。根据集合理论,有 2^N-1 种集合 S,特别地,联盟称为大联盟 $S=N$,则合作博弈可以表示为 (S, v),其中 v 是联盟 S 的特征函数,一般认为是联盟的收益。因此,特征函数 v 可表示为:

$$v(S) = \sum_{n \in S} (-C_{\text{ost}}^n) \tag{3-112}$$

在合作机制下,联盟中的区域可以交换热能和电能,以使联盟收益最大化,联盟的收益将根据联盟中各区域的贡献进行分配。如果一个地区没有加入联盟,我们就假设它不能与联盟交换能源。

2) 多区域综合能源系统的约束条件

为了保证各区域 IES 的可靠运行和能源网络中能量流的顺利交换,当多区域 IES 追求联盟的最大收益时,需要满足以下几个方面的约束。

(1) 电力平衡

$$p_{lt}^{ne} + p_{ht}^{ne} + p_{ct}^{ne} + \sum_{m \in S}(p_{nmt}^e - p_{mnt}^e) = p_{\text{grid}t}^{ne} + p_{gt}^{ne} + p_{\text{ren}t}^{ne} \quad \forall n \in S \tag{3-113}$$

式中,p_{lt}^{ne} 表示时段 t 内区域 n 的总电力需求(即不可移动负荷和可移动负荷);p_{nmt}^e 是区域 n 到区域 m 的电能;$p_{\text{ren}t}^{ne}$ 表示可再生能源的发电量。

(2) 热力平衡

$$p_{lt}^{nh} + p_{ct}^{nh} + \sum_{m \in S}\left[p_{nmt}^h - (1-\eta_{\text{los}}L_{nm})p_{nmt}^h\right] = p_{et}^{nh} + p_{gt}^{nh} + p_{bt}^{nh} \quad \forall n \in S \tag{3-114}$$

式中,p_{lt}^{nh} 表示时段 t 内区域 n 的总热力需求;p_{nmt}^h 是区域 n 到区域 m 的热能;η_{los} 表示单位长度热网的热损失;L_{nm} 表示区域 n 到区域 m 的距离。

(3) 冷却平衡

$$p_{lt}^{nc} = p_{et}^{nc} + p_{ht}^{nc} \tag{3-115}$$

式中,p_{lt}^{nc} 表示时段 t 内区域 n 的总冷却需求。

(4) 输出约束

$$0 \leqslant p_{it}^n \leqslant s_i^n \tag{3-116}$$

式中,i 表示 IES 中的任意设备;p_{it}^n 是区域 n 到区域 m 的能量输出;s_i^n 表示设备 i 的安装能力。

(5) 能量交换约束

$$\begin{cases} p_{nmt}^e \leqslant N_e Y_{nmt}^e \\ p_{nmt}^h \leqslant N_h Y_{nmt}^h \end{cases} \quad n \neq m, \forall n, m \in S \tag{3-117}$$

$$\begin{cases} Y_{nmt}^e + Y_{mnt}^e \leqslant 1 \\ Y_{nmt}^h + Y_{mnt}^h \leqslant 1 \end{cases} \quad n \neq m, \forall n, m \in S \tag{3-118}$$

式中，N_e 和 N_h 表示能量流的最大传输能力，用二元变量 Y_{nmt}^e 和 Y_{nmt}^h 来表示两个区域是否有能量交换；约束式(3-118)表示两个不能同时交换能量的区域。

3.4.3 合作博弈的分配机制

一般而言，联盟的形成和稳定必须满足联盟中任何个体的利益比非合作机制中个体的利益增加或至少不受损的条件。由于不同区域的多种能源需求具有互补性，多区域间能源流动的交换将有效降低联盟的能源成本。然而，对于联盟中的个体而言，如果输送到其他区域的能量大于接收到的能量，其能量成本可能会增加。因此，联盟中每个区域的账单需要重新分配，否则联盟将被解散。本节将从概率的角度引入一种新的多区域综合能源系统联盟分配机制，根据每个区域对联盟的边际贡献对其进行重新分配。

1) 构建分配机制

首先，需要确定联盟中每个区域的边际贡献。基于上述分析，能源网络中的 s 区域构成联盟 S，假设区域 $m(\notin S)$ 独立于联盟 S，如果区域 m 参与联盟，则其对联盟的边际贡献为：

$$\Delta v_S^m = v(S \bigcup \{m\}) - v(S) \quad \forall m \notin S \tag{3-119}$$

式中，$v(S \bigcup \{m\})$ 表示包含 S 和 m 的新联盟的收益。

由于整个能源网络 $N=\{1, 2, \cdots, N\}$ 由不同的类似 S 的联盟组成，区域 m 可以选择任意一个联盟参与。从概率的角度来看，联盟 S 的形成可以看作是一个随机事件。因此，贡献 Δv_S^m 是一个随机变量，表示在联盟 S 形成的前提下区域 m 的贡献。假设 $P_m(S)$ 是联盟 S 形成的概率，则区域 m 在合作博弈中的收益分配可以表示为：

$$v_N^m = E(\Delta v_S^m) = \sum_{S \subseteq N \setminus \{m\}} P_m(S) \Delta v_S^m \tag{3-120}$$

式中，$E(\Delta v_S^m)$ 表示 Δv_S^m 的期望值。

根据以上分析，联盟 S 的制定可以分为两个步骤。

步骤1：确定联盟 S 中的区域 s 个数；

步骤2：构建所有包含区域 s 但不包含区域 m 的联盟，也就是，从 $N \setminus \{m\}$ 中选择 s。

因此，联盟 S 的形成概率可表示为：

$$P_m(S) = P_m(A_S) P_m(S \mid A_S) \tag{3-121}$$

式中，A_S 表示联盟有 s 个区域的事件，$P_m(A_S)$ 为相应概率，$P_m(S \mid A_S)$ 为联盟有 s 个区域时联盟 S 形成的条件概率。结合式(3-120)和式(3-121)，合作博弈中区域 m 的收益分配可表示为：

$$v_N^m = E(\Delta v_S^m) = \sum_{S \subseteq N \setminus \{m\}} P_m(A_S) P_m(S \mid A_S) \Delta v_s^m \tag{3-122}$$

因此，对于合作博弈 (N, v)，联盟中所有个体的收益可以表示为：

$$V_N = \{v_N^1, v_N^2, \cdots, v_N^N\} \tag{3-123}$$

式中，V_N 又称为合作博弈的解集 (N, v)。

提出的基于概率视角的分配机制，有以下几个特性需要探讨：

定义 3-1　联盟 S 的超可加性

对于联盟 S，如果 $v(S) \geqslant \sum_{s \in S} v(\{s\})$，则合作博弈 (S, v) 为超可加性。

命题 3-1　本章所提出的分布式供能系统中的合作博弈具有超可加性。

证明：结合提出的情景，将联盟中的成员分为两部分：一部分包含有剩余能源的区域；另一部分包含需要剩余能量的区域。设时段 t 总剩余电量和总剩余热量分别为 ΔE_t 和 ΔH_t。当 IESs 选择合作时，则节省的成本可以计算如下：

$$C_1 = \Delta E_t c_{\text{elet}} + \Delta H_t c_{\text{gas}} / (\eta_b^h \lambda_{\text{gas}}) \tag{3-124}$$

而变速器的生产成本为：

$$C_2 = K_{\text{tra}} \sum_{s_1 s_2 \in S} L_{s_1 s_2} \Delta H_t \tag{3-125}$$

式中，s_1 和 s_2 分别代表上述两部分的区域。因此，只要满足以下条件，联盟就会产生合作盈余：

$$\Delta E_t c_{\text{elet}} + \Delta H_t c_{\text{gas}} / (\eta_b^h \lambda_{\text{gas}}) \geqslant K_{\text{tra}} \sum_{s_1 s_2 \in S} L_{s_1 s_2} \Delta H_t \tag{3-126}$$

一般来说，在现实中，与能源成本相比，热量的运输成本相对较小。因此，在拟议的设想中，综合能源系统之间的合作将有助于减少费用。证明已完成。

定义 3-2　个体合理性

对于任何个体 $n \in N$，如果满足 $v(\{n\}) \leqslant v_N^n$，则 V_N 满足个体理性。

命题 3-2　所提出的分配机制具有个体合理性。

证明：由于利润随着规模的增加而增加，对于合作博弈 (N, v)，存在

$$v(S \bigcup \{n\}) - v(S) \leqslant v(T \bigcup \{n\}) - v(T) \tag{3-127}$$

式中，$S \subseteq T \subseteq N \setminus \{n\}$，且包含 $\varnothing \subseteq S \subseteq N \setminus \{n\}$。

$$v(\{n\}) = v(\{n\} \bigcup \varnothing) - v(\varnothing) \leqslant v(\{n\} \bigcup S) - v(S) = \Delta v_S^n \tag{3-128}$$

由于 v_N^n 是 Δv_S^n 的期望，因此

$$v(\{n\}) \leqslant v_N^n \tag{3-129}$$

证明已完成。个体合理性表明，新的分配机制能够保证合作博弈中各区域收益的增加。因此，每个地区都愿意留在联盟中，联盟的稳定得以维持。

定义 3-3　平等对待性质

假设个体 n 和 m 在联盟中是对称的，即

$$v(S \bigcup \{n\}) = v(S \bigcup \{m\}) S \subseteq N \setminus \{n, m\}$$

如果 $v_N^n = v_N^m$，那么 V_N 有平等对待性质。

命题 3-3 如果

$$P_m(S \bigcup \{m\} \mid mA_{S+1}) = P_n(S \bigcup \{n\} \mid mA_{S+1}) \quad \forall S \subseteq N\backslash\{n, m\}$$

其中,联盟中个体 n 和 m 是对称的,则所提出的分配机制具有平等对待的性质。

证明: 根据式(3-122)可得:

$$v_N^m = \sum_{S \subseteq N\backslash\{m, n\}} P_m(A_S) P_m(S \mid A_S) \Delta v_s^m + \sum_{n \in S \subseteq N\backslash\{m\}} P_m(A_S) P_m(S \mid A_S) \Delta v_s^m \tag{3-130}$$

假设

$$n \in S \subseteq N\backslash\{m\} \rightarrow S' \subseteq N\backslash\{m, n\}, S = S' \bigcup \{n\}$$

因此,

$$\sum_{n \in S \subseteq N\backslash\{m\}} P_m(A_S) P_m(S \mid A_S) \Delta v_s^m = \sum_{|S'|=0}^{N-2} P_m(A_{S'+1}) \sum_{S' \subseteq N\backslash\{m, n\}} P_m(S' \bigcup \{n\} \mid A_{S'+1}) \Delta v_{S' \bigcup \{n\}}^m \tag{3-131}$$

$$\Delta v_{S' \bigcup \{n\}}^m = v(S' \bigcup \{n, m\}) - v(S' \bigcup \{n\}) \tag{3-132}$$

进一步,式(3-131)同样等同于

$$\sum_{|S'|=0}^{N-2} P_n(A_{S'+1}) \sum_{S' \subseteq N\backslash\{m, n\}} P_n(S' \bigcup \{m\} \mid A_{S'+1}) \Delta v_{S' \bigcup \{m\}}^n \tag{3-133}$$

因此,得到 $v_N^m = v_N^n$,证明已完成。

2) 分配机制的特殊情况

根据上述条件概率对合作博弈中每个区域的收益进行重新分配。当对 $\forall n \notin S$ 的 $P_n(A_S)$ 和 $P_n(S \mid A_S)$ 给出不同的值时,我们将得到不同的分配方法。

(1) Shapley 值

假设 A_S 服从 $(0, N-1)$ 中的均匀分布,即 $P_n(A_S) = 1/N$, $P_n(S \mid A_S) = 1/C_{N-1}^s$,其中, C_{N-1}^s 表示从 $N-1$ 个区域中选择 s 个区域的组合数,即

$$C_{N-1}^s = \frac{(N-1)!}{s! \, (N-s-1)!} \tag{3-134}$$

因此,式(3-122)可以被重写成

$$v_N^n = \sum_{S \subseteq N\backslash\{n\}} \frac{1}{N} \frac{1}{C_{N-1}^s} [v(S \bigcup \{n\}) - v(S)] \tag{3-135}$$
$$= \sum_{S \subseteq N\backslash\{n\}} \frac{s! \, (N-s-1)!}{N!} [v(S \bigcup \{n\}) - v(S)]$$

式(3-134)为基于 Shapley 分配原则的合作博弈中区域 n 的实际收益。Shapley 值除了具有个体合理性和平等对待性外,还具有定义 3-4 中所定义的有效性特征。

有效性表明,联盟中的区域将与 Shapley 值完美地共享联盟收益 $v(N)$。

定义 3-4: 有效性

如果解集 V 满足 $\sum_{n=1}^{N} v_N^n = v(N)$,则 V_N 具有有效性。

(2) Banzhaf 值

假设 A_S 服从二项分配,即

$$P_n(A_S) = C_{N-1}^s p^s q^{N-1-s} \tag{3-136}$$

式中,p 是一个区域参与联盟的概率,并且 $q = 1 - p$。

因此,式(3-122)可以被重写成

$$
\begin{aligned}
v_N^n &= \sum_{S \subseteq N \setminus \{n\}} C_{N-1}^s p^s q^{N-1-s} \frac{1}{C_{N-1}^s} \big[v(S \cup \{n\}) - v(S) \big] \\
&= \sum_{S \subseteq N \setminus \{n\}} p^s q^{N-1-s} \big[v(S \cup \{n\}) - v(S) \big]
\end{aligned}
\tag{3-137}
$$

特别地,当 $p = 0.5$ 时,

$$v_N^n = \frac{1}{2^{N-1}} \sum_{S \subseteq N \setminus \{n\}} \big[v(S \cup \{n\}) - v(S) \big] \tag{3-138}$$

式(3-138)称为 Banzhaf 值。Banzhaf 值不能保证有效性。因此,为了使这种分配满足有效性,可以采用一种正则化方法,可表示为:

$$\widetilde{v}_N^n = v_N^n + \frac{v(N) - \sum_{n \in N} v_N^n}{N} \tag{3-139}$$

正则化后,Banzhaf 值也会满足有效性。

3.4.4 算例分析

在本节中,仿真结果将展示所提出的协同优化的性能和有效性。此外,还将从 Shapley 值和 Banzhaf 值两方面讨论基于概率的分配机制。

1) 基础数据

我们假设能源网络包括工业园区(区域 1)、商业建筑(区域 2)和住宅社区(区域 3)。所有区域都配备了热电联产系统和光伏发电,工业园区也有风力发电。此外,以典型一天为例,按 $T = 24$ h 划分,将一天分为 3 个时段:非高峰时段(0:00—7:00),$c_{elet} = 56.8$ 美元/MWh;中高峰时段(22:00—24:00),$c_{elet} = 83.0$ 美元/MWh;高峰时段(7:00—22:00),$c_{elet} = 146.5$ 美元/MWh。天然气价格假设为固定值,$c_{gas} = 0.43$ 美元/m³。IES 的设备参数如表3-10所示。在仿真中,分别对夏季和冬季的典型日进行分析。考虑工业园区高用电需求、商业建筑低用电需求、居住小区峰谷差异明显等 3 个区域的能源需求特征差异,据此,图 3-36 和图3-37显示了 3 个区域的多重不可移动能量需求。此外,我们假设住宅社区的电动汽车属于可移动负荷,其总能源需求为 8.5 MWh(即占非移动负荷的 20% 左右),消费时段为19:00 至次日 7:00。

表 3-10　区域内 IES 的设备参数表

参数	值	参数	值
η_g^e	0.3	η_g^h	0.8
η_h^e	4.5	η_c^e	4
η_c^h	0.7	λ_{gas}(MWh/m³)	9.7×10^{-3}
$year_i$	20	r	5%
K_{in}^1(美元/MWh)	8.8×10^5	K_{om}^2(美元/MWh)	1.8×10^4
K_{in}^3(美元/MWh)	2.2×10^5	K_{om}^4(美元/MWh)	5.9×10^5
K_{om}^1(美元/MWh)	9.5	K_{om}^2(美元/MWh)	0.63
K_{om}^3(美元/MWh)	1.27	K_{om}^4(美元/MWh)	1.53

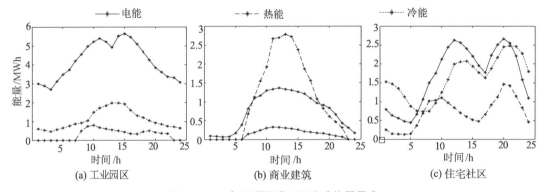

图 3-36　3 个区域夏季不可移动能量需求

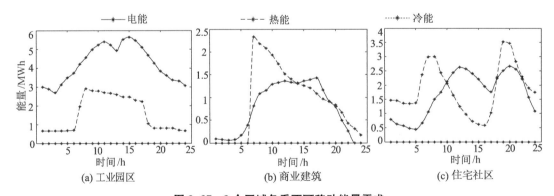

图 3-37　3 个区域冬季不可移动能量需求

2)联盟能量平衡

图 3-38 为整个能源网络电能调度结果。在图中,负值代表向其他区域的能量交换,能源需求是电力负荷(即不可移动负荷和可移动负荷)与电动冷水机组的总和。我们可以看到3 个区域在24 h 内发生的能量交换。由于工业园区对电能的需求很大,商业建筑和住宅社区向工业园区输送电能的时间几乎都在几个小时之内。此外,3 个区域的微燃机运行时间

为 7:00—22:00、0:00—7:00 时段,主要能源来自公共电网。这是因为这些时段的电价更便宜,而且电网的能源成本将低于燃气轮机的能源成本。从需求响应的前景来看,由于非高峰时段电价最低,电动汽车的充电时间一般会转移到 0:00—7:00 时间段。因此,通过使用时间价格和区域间的能源交换,不仅可以降低联盟的成本,还可以降低公共电网的峰谷差。

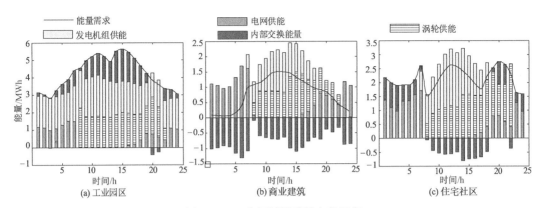

图 3-38　3 个区域夏季的电能平衡

图 3-39 为整个能源网络的热能调度结果。在图中,能量需求是热负荷和吸收式制冷机的总和。从图中可以看出,燃气锅炉、回收热量和交换能量可以满足热能需求。由于工业园区内的燃气轮机在发电过程中产生了大量的回收热量,工业园区的热能成为商业建筑和住宅社区的重要能源。7:00—21:00,园区共为两个区域提供 17.2 MWh 能量,有效降低了能源的购买成本。结合电能和热能平衡,可以明显看出,通过热网和电网,可以利用不同区域间多种能源需求的互补特性,实现能源的高效利用,降低能源成本。此外,由于本文的局限性,本文不涉及冷却能量的计算结果。简而言之,制冷能源的需求主要由电制冷机在非高峰时段和吸收式制冷机在高峰时段提供。同样,图 3-40 和图 3-41 分别显示了 3 个区域的电能和热能平衡。可以看出,在电力能量平衡中,无论是夏季还是冬季,工业园区都会从其他区域获取能源。此外,为了实现冬季的热能平衡,商业建筑在白天的能源需求较高,而住宅社区在夜间的能源需求较高,两个区域会达到互补的状态。因此,两个区域会在不同的时间段内进行能量交换,有效地降低了日成本。

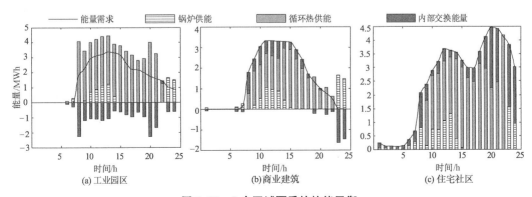

图 3-39　3 个区域夏季的热能平衡

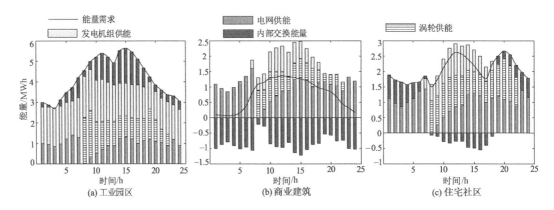

图 3-40　3 个区域冬季的电能平衡

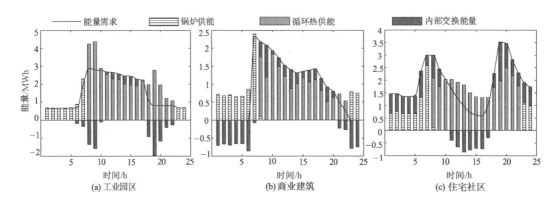

图 3-41　3 个区域冬季的热能平衡

3) 联盟账单分配

根据上述多能量的优化结果,可以得到 3 个区域的总成本。在这里,Shapley 值和 Banzhaf 值将被用来重新分配联盟在夏季的成本。

工业园区、商业建筑、住宅社区构成一个集合{1, 2, 3},共可形成 7 个联盟(个体也可视为一个特定联盟)。注意,当能源网络中存在多个联盟时,每个联盟将独立优化其日成本。经过一些计算,不同区域的每个联盟的日成本如下:

$$C_{\text{ost}}^{\{1\}} = 4.89 \times 10^4 \text{ 美元}, \quad C_{\text{ost}}^{\{2\}} = 0.99 \times 10^4 \text{ 美元}, \quad C_{\text{ost}}^{\{3\}} = 2.50 \times 10^4 \text{ 美元}$$

$$C_{\text{ost}}^{\{1, 2\}} = 5.73 \times 10^4 \text{ 美元}, \quad C_{\text{ost}}^{\{1, 3\}} = 7.25 \times 10^4 \text{ 美元}, \quad C_{\text{ost}}^{\{2, 3\}} = 3.47 \times 10^4 \text{ 美元}$$

$$C_{\text{ost}}^{\{1, 2, 3\}} = 8.16 \times 10^4 \text{ 美元} \tag{3-140}$$

根据上述成本,可得联盟中各区域的边际贡献,见表 3-11。

表 3-11　各区域在联盟中的边际贡献表

区域	s	$\Delta v_S^m (\times 10^4)$
1	0	$\Delta v_{\{\varnothing\}}^1 = -4.89$
	1	$\Delta v_{\{2\}}^1 = -4.74$，$\Delta v_{\{3\}}^1 = -4.75$
	2	$\Delta v_{\{2,3\}}^1 = -4.69$
2	0	$\Delta v_{\{\varnothing\}}^2 = -0.99$
	1	$\Delta v_{\{1\}}^2 = -0.84$，$\Delta v_{\{3\}}^2 = -0.97$
	2	$\Delta v_{\{1,3\}}^2 = -0.91$
3	0	$\Delta v_{\{\varnothing\}}^3 = -2.50$
	1	$\Delta v_{\{1\}}^3 = -2.36$，$\Delta v_{\{2\}}^3 = -2.48$
	2	$\Delta v_{\{1,2\}}^3 = -2.43$

根据边际贡献,我们可以得到每个区域的日成本的 Shapley 值和 Banzhaf 值,表示为:

(1) Shapley 值

$$C_{\text{ost}}^1 = -v_{\{1,2,3\}}^1 = 4.775 \times 10^4$$

$$C_{\text{ost}}^2 = -v_{\{1,2,3\}}^2 = 0.935 \times 10^4 \qquad (3-141)$$

$$C_{\text{ost}}^3 = -v_{\{1,2,3\}}^3 = 2.450 \times 10^4$$

(2) Banzhaf 值

$$C_{\text{ost}}^1 = -v_{\{1,2,3\}}^1 = 4.768 \times 10^4$$

$$C_{\text{ost}}^2 = -v_{\{1,2,3\}}^2 = 0.928 \times 10^4 \qquad (3-142)$$

$$C_{\text{ost}}^3 = -v_{\{1,2,3\}}^3 = 2.443 \times 10^4$$

采用式(3-139)正则化后,Banzhaf 值和 Shapley 值得到了相同的结果。与非合作机制的情况相比,工业园区减少了 1 150 美元,商业建筑减少了 550 美元,住宅社区减少了 500 美元。我们可以看到,工业园区由于在合作中占主导地位而获得最大的成本减少,而住宅社区由于其多重需求相对平衡,且 3 个区域的能量交换最少,因此成本减少最少。

4) 讨论和分析

为了显示所提方案在降低日成本方面的优越性,以传统能源系统为参考系统。该系统中,区域的电、热、冷需求分别由电网和可再生发电、燃气锅炉和冷水机组提供,其中电价和天然气价格与多区域电价相同;3 个区域内各设备的各种成本(投资、运行、维护)和安装能力也与多区域 IESs 配置相同;燃气锅炉的热效率为 93%,电动冷水机组的能效比为 4.0。此外,每个区域独立运行,不同区域之间没有能量交换。表 3-12 为各区域在不同运行模式下的日能耗。从表中我们可以看出,与传统系统相比,独立的 IES 无论在夏天还是冬天都可以降低 15% 以上的能源成本。深入地说,当我们提出的场景中多个区域可以交换能源时,每个区域的成本将进一步降低。例如,区域 1 夏季在独立的 IES 模式下成本降低了 16.87%,然后在多区域的 IES 模式下再次降低 1.04%。因此,任何区域加入联盟都是有益的。

表 3-12　3 个区域的日能源消耗表

季节	模式	能源成本/×10⁴ 美元		
		区域 1	区域 2	区域 3
夏季	传统系统	5.81	1.16	3.09
	独立 IES	4.83	0.97	2.51
	多区域 IES	4.78	0.94	2.45
冬季	传统系统	5.98	1.45	3.59
	独立 IES	5.08	1.19	3.04
	多区域 IES	5.04	1.17	2.99

对于目前的模拟场景,假设 3 个区域的电价是一致的。然而,在现实中,工业和商业电价普遍高于住宅电价。因此,我们假设每个时间段的工商业电价与住宅电价不均匀(如 $c_{elet}^1 = c_{elet}^2 = 1.2c_{elet}^3$)。表 3-13 显示了 3 个区域在两种电价机制下的每日交换能量,其中正值代表接收的能量,负值代表传输的能量。我们可以看到,在非统一价格机制下,互换电有较大的增长。其主要原因是由于住宅电价比工商业电价便宜,住宅区域会从电网购买大量能源,然后传输到其他区域,以降低联盟成本。因此,在独立的 IES 模式下的 3 个区域的总成本夏天为 8.78×10^4 美元,冬天为 10.04×10^4 美元,而在多区域的 IES 模式下,3 个区域的总成本夏天为 8.21×10^4 美元(减少 6.49%),冬天为 9.27×10^4 美元(减少 7.67%)。结果表明,在非均匀电价机制下,所提出的联盟优化将获得更大的效益。

表 3-13　3 个区域的日交换能量

季节	能源	价格	内部交换能量/MWh		
			区域 1	区域 2	区域 3
夏季	电能	一致	16.98	−18.99	2.01
		不一致	27.25	−4.68	−22.57
	热能	一致	−18.98	1.92	17.06
		不一致	−19.43	1.86	17.57
冬季	电能	一致	17.31	−16.02	−1.29
		不一致	36.26	4.56	−40.82
	热能	一致	−6.58	−0.65	7.23
		不一致	−7.86	0.78	7.18

参考文献

[1] 卢强,陈来军,梅生伟等.博弈论在电力系统中典型应用及若干展望[J].中国电机工程学报,2014,

（29）：5009-5017.

［2］徐敏.基于博弈思想的优化算法研究［D］.合肥：中国科学技术大学,2006.

［3］刘文霞,凌云顿,赵天阳等.低碳经济下基于合作博弈的风电容量规划方法［J］.电力系统自动化,2015,（19）：68-74.

［4］张明晔,郭庆来,孙宏斌等.基于合作博弈的多目标无功电压优化模型及其解法［J］.电力系统自动化,2012,36(18)：116-121.

［5］童强,高效.输电固定成本分配的合作博弈［J］.电力系统保护与控制,2008,36(13)：48-51.

［6］梁甜甜,高赐威,王蓓蓓等.智能电网下电力需求侧管理应用［J］.电力自动化设备,2012,32(5)：81-85.

［7］曾鸣.电力需求侧管理［M］.北京：中国电力出版社,2000：25-28.

［8］Belhaiza S, Baroudi U. A game theoretic model for smart grids demand management［J］. IEEE Transactions on Smart Grid, 2015, 6, 1386-1393.

［9］王梅霖.电力需求侧管理研究［D］.北京：北京交通大学,2011.

［10］张钦.智能电网下需求响应热点问题探讨［J］.中国电力,2013,46(6)：85-89.

［11］张新昌,周逢权.智能电网引领智能家居及能源消费革新［J］.电力系统保护与控制,2014,(5)：59-67.

［12］牟玉亭.智能电网背景下插电式电动汽车的需求侧管理［D］.杭州：浙江大学,2015.

［13］蔡德华,陈柏熹,程乐峰等.实施需求侧管理对提高发电系统可靠性的影响探究［J］.电力系统保护与控制,2015,(10)：51-56.

［14］Chai B, Chen J, Yang Z, Zhang Y. Demand response management with multiple utility companies：A two-level game approach［J］. IEEE Transactions on Smart Grid, 2014, 5, 722-731.

［15］Soliman H, Leon-Garcia A. Game-theoretic demand-side management with storage devices for the future smart grid［J］. IEEE Transactions on Smart Grid, 2014, 5, 1475-1485.

［16］Samadi P, Mohsenian H, Schober R, et al. Advanced demand side management for the future smart grid using mechanism design［J］. IEEE Transactions on Smart Grid, 2012, 3, 1170-1180.

［17］张文虎.基于分层博弈的居民用户智能用电技术研究［D］.南京：东南大学,2016.

［18］高思远.智能家居能源调度算法研究［D］.邯郸：河北工程大学,2015.

［19］吴雄,王秀丽,崔强等.考虑需求侧管理的微网经济优化运行［J］.西安交通大学学报,2013,47(6)：90-96.

［20］Mohsenian H, Wong V, Jatskevich J, et al. Autonomous demand-side management based on game-theoretic energy consumption scheduling for the future smart grid［J］. IEEE Transactions on Smart Grid, 2010, 1, 320-331.

［21］Gao Bingtuan, Zhang Wenhu, Tang Yi, et al. Game-theoretic energy management for the residential users with dischargeable plug-in electric vehicles［J］. Energies, 2014, 7(11)：7499-7518.

［22］王思聪.智能家居能量优化管理策略［D］.武汉：华中科技大学,2014.

［23］夏娟娟.电动汽车充放电模式对电网日负荷曲线的影响分析［D］.长沙：长沙理工大学,2014.

［24］王瑞军.电动汽车充电行为对电网经济调度的影响研究［D］.保定：华北电力大学,2013.

［25］王晓涵.电动汽车充放电行为建模及 V2G 研究［D］.南宁：广西大学,2014.

［26］杨婷婷.独立光伏发电系统控制研究［D］.南京：南京邮电大学,2013.

［27］罗小兰.光伏发电功率预报与负荷预报［D］.杭州：杭州电子科技大学,2015.

［28］陈学有,文明浩,陈卫等.电动汽车接入对电网运行的影响及经济效益综述［J］.陕西电力,2013,41(9)：20-28.

[29] 张晨曦,文福拴,薛禹胜等.电动汽车发展的社会综合效益分析[J].华北电力大学学报(自然科学版),2014,41(3):55-63.

[30] Lasseter R. Smart distribution: coupled microgrids[J]. Proceedings of the IEEE, 2011, 99(6): 1074-1082.

[31] 马亚辉.含分布式电源的综合负荷建模方法研究[D].长沙:湖南大学,2013.

[32] 季阳,艾芊,解大.分布式发电技术与智能电网技术的协同发展趋势.电网技术,2010,34(12):15-23.

[33] 宋强,赵彪,刘文华等.智能直流配电网研究综述[J].中国电机工程学报,2013,(25):9-19.

[34] 彭玥.户用型光伏发电系统最大功率跟踪及储能装置的研究[D].太原:太原理工大学,2015.

[35] Guenther C, Schott B, Hennings W, et al. Model-based investigation of electric vehicle battery aging by means of vehicle-to-grid scenario simulations[J]. Journal of Power Sources, 2013, 239, 604-610.

[36] Sun B, Liao Q, Xie P, et al. A cost-benefit analysis model of vehicle-to-grid for peak shaving[J]. Power System Technology, 2012, 36, 30-34.

[37] Luo Z, Hu Z, Song Y, et al. Coordinated charging and discharging of large-scale plug-in electric vehicles with cost and capacity benefit analysis[J]. Automation of Electric Power Systems, 2012, 36, 19-26.

[38] Zhang G, Jiang C, Wang X, et al. Bidding strategy analysis of virtual power plant considering demand response and uncertainty of renewable energy[J]. IET Generation, Transmission & Distribution, 2017, 11(13): 3268-3277.

[39] Su A, Zhu M, Wang S, et al. Quoting Model Strategy of Thermal Power Plant Considering Marginal Cost[C]//International Conference on Advanced Machine Learning Technologies and Applications. Springer, Cham, 2019: 400-405.

[40] 文安,黄维芳,张皓,等.英国输电过网费定价机制分析[J].南方电网技术,2015,9(8):3-8.

[41] Smitha M S G, Satyaramesh P V, Sujatha P. Usage Based Transmission Cost Allocation to Wheeling Transactions in Bilateral Markets[J]. Journal of The Institution of Engineers: Series B, 2019, 100(1): 23-31.

[42] 陈政,张翔,荆朝霞,等.澳大利亚输电过网费定价机制分析[J].南方电网技术,2017,11(2):63-70.

[43] 施泉生,李士动,张涛.考虑碳排放成本的备用市场竞价模型[J].电力系统保护与控制,2014,42(16):40-45.

[44] 赵振宇,李志伟,姚雪.基于碳减排收入的风电成本电价研究[J].可再生能源,2014,32(5):662-667.

[45] Biswas P P, Suganthan P N, Amaratunga G A J. Optimal power flow solutions incorporating stochastic wind and solar power[J]. Energy Conversion and Management, 2017, 148: 1194-1207.

[46] Sharma S, Abhyankar A R. Loss allocation for weakly meshed distribution system using analytical formulation of Shapley value[J]. IEEE Transactions on Power Systems, 2017, 32(2): 1369-1377.

[47] 孙谊媐,凌静,秦艳辉,等.考虑绿色证书的可再生能源跨区消纳竞价优化方法[J].可再生能源,2018,36(06):942-948.

[48] 刘文霞,凌云顿,赵天阳.低碳经济下基于合作博弈的风电容量规划方法[J].电力系统自动化,2015,39(19):68-74.

[49] 王智冬,刘连光,刘自发,等.基于量子粒子群算法的风火打捆容量及直流落点优化配置[J].中国电机工程学报,2014,34(13):2055-2062.

[50] 凌静.含可再生能源的跨区电力交易机制与风险评估研究[D].南京:东南大学,2019.

第四章 电力主从博弈优化

本章首先阐述了主从博弈的基本理论知识;然后基于发电商与大用户双边交易、电力公司与用户之间购售电交易等典型场景,提出主从电力博弈优化的对象建模、博弈优化设计和优化问题的求解方法。

4.1 主从博弈理论知识

4.1.1 主从博弈问题的特点

主从博弈属于动态博弈问题的一种特殊情况,该博弈问题最初是由 von Stackelberg 于 1952 年提出来的,这类博弈问题具有以下特征[1-3]:

(1) 博弈参与者为多个相对独立的主体,他们可以独立地选择各自的行动;

(2) 博弈参与者的行动会影响到其他参与者的收益;

(3) 整个博弈问题的结构为主从递阶结构,即存在行动层次不同的博弈参与者,且不同行动层次的参与者所具有的权利是不同的;

(4) 各博弈参与者最后做出的行动应当是所有参与者均可接受的。

4.1.2 主从博弈的描述

多人两级博弈问题的数学模型描述如下:

$$
\begin{aligned}
&\min_{x} F(x, y) \\
&\text{s.t. } G(x, y) \geqslant 0 \\
&\qquad x \in X = \{x : H(x) \geqslant 0\}
\end{aligned}
\tag{4-1}
$$

$$
\begin{aligned}
&\min_{y_i} f_i(x, y_i) \\
&\text{s.t. } g_i(x, y_i) \geqslant 0 \\
&\qquad y_i \in Y_i = \{y_i : h_i(y_i) \geqslant 0\} \\
&\qquad i = 1, 2, \cdots, p
\end{aligned}
\tag{4-2}
$$

式中,$x \in X \subset R^{n_1}$ 及 $y_i \in Y \subset R^{n_2}$($i=1, 2, \cdots, p$)分别为上级博弈参与者与下级第 i 个参与者的行动变量,R^{n_1}、R^{n_2} 分别为其行动空间,F 和 f_i 分别为上级参与者和下级第 i 个参与者的目标收益函数。

该博弈模型的机制是上级参与者首先宣布他的行动 x,这一行动将影响下级各参与者对各自收益进行优化时的约束条件和目标函数,然后下级各参与者在这一前提下选取行动 y_i 来使得自己的收益函数最优,y_i 的选取又会对上级参与者收益函数的函数值以及约束条件产生影响,而上级参与者可以再调整他的行动 x,如此循环往复直到其收益达到最大。

4.1.3　KKT条件与互补问题

在主从博弈问题中,各层级的博弈参与者的收益优化问题都是一个非线性优化问题,由非线性规划理论可知,非线性优化问题的解的必要条件是 KKT(Karush-Kuhn-Tucker)条件[4],因此,可以通过求解非线性优化问题的 KKT 条件,来得到该非线性优化问题的解。带有不等式约束的非线性优化问题可描述为:

$$\begin{aligned} &\min f(z) \\ &\text{s.t. } \boldsymbol{g}(z) = 0 \\ &\quad\quad \boldsymbol{h}(z) \geqslant 0 \end{aligned} \tag{4-3}$$

式中,$z \in \mathbf{R}^n$ 是非线性优化问题的决策变量;f 是 $R^n \to R$ 的目标函数;g 和 h 分别是 $\mathbf{R}^n \to \mathbf{R}^m$ 和 $\mathbf{R}^n \to \mathbf{R}^p$ 的非线性问题的等式约束和不等式约束;$f(z)$,$g_i(z)$ 和 $h_i(z)$ 在 $\mathbf{R}^n$ 上均连续可微且至少有一个是非线性的。

该优化问题的拉格朗日(Lagrangian)函数为:

$$L(z, \boldsymbol{\lambda}, \boldsymbol{\mu}) = f(z) - \boldsymbol{\lambda}^{\mathrm{T}} \cdot \boldsymbol{g}(z) - \boldsymbol{\mu}^{\mathrm{T}} \cdot \boldsymbol{h}(z) \tag{4-4}$$

式中:T 为矩阵的转置;$\boldsymbol{\lambda}$ 和 $\boldsymbol{\mu}$ 为拉格朗日乘子(μ 也叫互补因子)。根据求解非线性规划的必要条件——KKT 条件,Kuhn-Tucker 最优运行点 $(z^*, \boldsymbol{\lambda}^*, \boldsymbol{\mu}^*)$ 应满足以下条件:

$$\begin{aligned} &\nabla f(z^*) - (\boldsymbol{\lambda}^*)^{\mathrm{T}} \cdot \nabla \boldsymbol{g}(z^*) - (\boldsymbol{\mu}^*)^{\mathrm{T}} \cdot \nabla \boldsymbol{h}(z^*) = 0 \\ &\boldsymbol{\mu}^* \geqslant 0, \boldsymbol{h}(z^*) \geqslant 0, (\boldsymbol{\mu}^*)^{\mathrm{T}} \cdot \boldsymbol{h}(z^*) = 0 \\ &\boldsymbol{g}(z^*) = 0 \end{aligned} \tag{4-5}$$

式中,∇g 和 ∇h 分别为向量函数 g 和 h 的雅可比(Jacobi)矩阵。由于方程组(4-5)中既存在形如 $a \geqslant 0$,$b \geqslant 0$,$ab = 0$ 的互补条件,又存在等式约束条件,因此 KKT 条件的求解问题又属于混合互补问题(Mixed Complementarity Problem,MCP)。

混合互补问题一般可描述为,寻找一个 $x \in \mathbf{R}^n$,满足以下条件:

$$x \geqslant 0, F(x) \geqslant 0, x^{\mathrm{T}}F(x) = 0, G(x) = 0 \tag{4-6}$$

式中,$\boldsymbol{F}$ 和 $\boldsymbol{G}$ 分别为 $\mathbf{R}^n \to \mathbf{R}^n$ 和 $\mathbf{R}^n \to \mathbf{R}^m$ 的连续可微的向量函数。

对于式(4-6)中的非线性互补问题,可以通过采取一些非线性互补(Nonlinear Complementarity Problem,NCP)函数来将其转化为一个等式问题。满足式(4-6)的 NCP 函数有许多种[5]:

$$\psi_1(a, b) = \min(a, b)$$

$$\psi_2(a, b) = a + b - \sqrt{a^2 + b^2}$$

$$\psi_3(a, b) = \lambda(a + b - \sqrt{a^2 + b^2}) - (1 - \lambda) \cdot \max(0, a) \cdot \max(0, b) \quad (4\text{-}7)$$

$$\psi_4(a, b) = \sqrt{a^2 + b^2} - a - b - \rho \cdot \max(0, a) \cdot \max(0, b)$$

利用式(4-7)中的 NCP 函数,就可以将混合 NCP 问题式(4-6)转化为如下一组非线性方程组问题进行求解:

$$\begin{aligned} \boldsymbol{\Psi}(x) &= \psi(x, F(x)) \\ G(x) &= 0 \end{aligned} \quad (4\text{-}8)$$

4.2　发电商与大用户双边交易的主从博弈优化

本节模型采用的是双边交易方式。假设一次双边合同交易持续 T 个时间段,参与交易的有 I 个发电商和 J 个大用户。在合同签订的初始阶段,发电商 i 对大用户 j 的合同报价为 $(a_{i,j}, b_i)$ [6],其中 $a_{i,j}$ 为合同的初始电价,b_i 为电价关于合同电量的增长系数,即报价曲线的斜率。所以 t ($t = 1, 2, \cdots, T$) 时段,当大用户 j 在发电商 i 处签订的合同电量为 $q_{i,j}^t$ 时,其合同电价 $p_{i,j}^t$ 应为 $p_{i,j}^t = a_{i,j} + b_i q_{i,j}^t$。大用户在得到发电商的报价之后,根据各发电商的报价、预测的实时现货电价以及各时段的用电需求来决定同各发电商签订的合同电量。这里需要说明的是,本节的 b_i 对发电商 i 来说是不变的,发电商的决策变量只有初始报价 $a_{i,j}$。发电商与大用户主从博弈的决策关系见图 4-1。

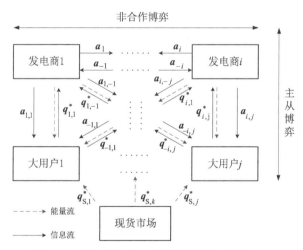

图 4-1　发电商与大用户主从博弈的决策关系图

图 4-1 中,$\boldsymbol{a}_{-i} = (a_1, a_2, \cdots, a_{i-1}, a_{i+1}, \cdots, a_I, \boldsymbol{P}_\mathrm{S})$ 表示除发电商 i 以外,其他所有发电商合同报价以及现货电价的组合,其中 $\boldsymbol{P}_\mathrm{S} = [P_\mathrm{S}^1, P_\mathrm{S}^2, \cdots, P_\mathrm{S}^T]^\mathrm{T}$ 为合同周期内各时刻现货电价的集合,$\boldsymbol{a}_i = [a_{i,1}, a_{i,2}, \cdots, a_{i,J}]^\mathrm{T}$ 表示发电商 i 对所有大用户的合同报价组合。$\boldsymbol{a}_{-i,j} = (a_{1,j}, a_{2,j}, \cdots, a_{i-1,j}, a_{i+1,j}, \cdots, a_{I,j}, \boldsymbol{P}_\mathrm{S})$,表示除发电商 i 以外,其他发电商对大用户 j 合同报价以及现货电价的组合,$\boldsymbol{a}_{i,-j} = (a_{i,1}, a_{i,2}, \cdots, a_{i,j-1}, a_{i,j+1}, \cdots,$

$a_{i,j}$），表示发电商 i 对大用户 j 以外的其他大用户的合同报价的集合，$\boldsymbol{q}_{i,j}=[q_{i,j}^1,$ $q_{i,j}^2,\cdots,q_{i,j}^T]^{\mathrm{T}}$ 表示合同持续周期 T 内，大用户 j 在发电商 i 处各时刻最优合同电量的集合，$\boldsymbol{q}_{\mathrm{S},j}=[q_{\mathrm{S},j}^1,q_{\mathrm{S},j}^2,\cdots,q_{\mathrm{S},j}^T]^{\mathrm{T}}$ 表示大用户 j 在合同周期 T 内各时刻在现货市场购电量的集合，$\boldsymbol{q}_{-i,j}$，$\boldsymbol{q}_{i,-j}$ 的定义类似于 $\boldsymbol{a}_{-i,j}$ 和 $\boldsymbol{a}_{i,-j}$。

4.2.1 大用户购电成本优化模型

大用户处于主从博弈中的下层，只能被动地接受各发电商给的合同报价[7]，但大用户的购电策略会影响到发电商的最终收益。大用户 j 的购电成本优化模型描述如下：

$$\min_{Q_j^t} \quad \sum_{t=1}^{T}(\boldsymbol{a}_j^t+\boldsymbol{b}^{\mathrm{T}}\boldsymbol{Q}_j^t)^{\mathrm{T}}\boldsymbol{Q}_j^t$$

$$\mathrm{s.t.} \quad \sum_{i=1}^{I}q_{i,j}^t+q_{\mathrm{S},j}^t=D_j^t \qquad (4-9)$$

$$q_{i,j}^t\geqslant 0$$

$$q_{\mathrm{S},j}^t\geqslant 0$$

式中：$\boldsymbol{a}_j^t=[a_{1,j},a_{2,j},\cdots,a_{I,j},p_{\mathrm{S}}^t]^{\mathrm{T}}$，其中 p_{S}^t 为预测的 t 时段的现货电价；$\boldsymbol{b}=\mathrm{diag}[b_1,b_2,\cdots,b_I,0]$ 为对角矩阵；$\boldsymbol{Q}_j^t=[q_{1,j}^t,q_{2,j}^t,\cdots,q_{I,j}^t,q_{\mathrm{S},j}^t]^{\mathrm{T}}$，其中 $q_{i,j}^t$ 表示大用户 j 与发电商 i 签订的双边合同中 t $(t=1,2,\cdots,T)$ 时段的合同电量，$q_{\mathrm{S},j}^t$ 表示大用户 j 在 t 时段于现货市场的购电量；D_j^t 表示 t 时段大用户 j 的需求电量。这里需要说明的是，为了简化模型的复杂度，本节做出以下假设[8]：

（1）假设大用户只能通过现货市场和远期合约购电，并且在优化大用户购电策略时，忽略现货市场电价预测存在误差这一风险因素。

（2）本节认为现货市场电价不受大用户购电策略的影响。从而大用户之间关于现货电量的博弈问题就可以转化成各自的购电成本的优化问题。事实上，本节中使用的现货电价是基于历史数据预测出来的，这种预测本身就存在一定的误差，并且双边合同是长期存在的，所以历史数据中的现货电价已经包含了大用户从发电商直接购电的情况。所以忽略大用户购电策略对现货电价的影响也是合理的。

（3）本节假设发电商对各大用户都有独立的报价曲线，即发电商对各大用户的最终合同电价只受该大用户购电策略的影响。在此假设下，大用户之间在各发电商处的关于合同电量的博弈也就不存在了，进而简化了双边合同交易的复杂度。

用户的购电安排相互独立，它只受该时段现货电价和合同电价的影响，所以大用户购电优化结果可以看成是各时段单独优化结果的集合。而各时段的优化目标是一个拥有非空可行解集的严格凸二次规划问题。关于这种优化问题，文献[9]中有如下引理：

引理 4-1 当 b_i 是一恒定的正值，且 $\boldsymbol{a}_j^t$ 是一个参数矩阵时，问题(4-9)对任意的 $\boldsymbol{a}_j^t$ 来说都是有解的，它的最优解 $q_{i,j}^{t*}=q_{i,j}^{t*}(\boldsymbol{a}_j^t)$ 是唯一的，并且 $q_{i,j}^{t*}(\boldsymbol{a}_j^t)$ 是关于 $\boldsymbol{a}_j^t$ 的一个分段线性函数。

4.2.2 发电商博弈模型

发电商处于主从博弈的上层,对某一发电商而言,在其他发电商的报价策略不变的情况下,他能够通过预测大用户的购电策略,来选择自己的报价从而最大化自己的售电利润。在本节中,我们考虑的是如何使发电商在双边合同市场的收益最大化,从而在建模时忽略了发电商在现货市场的售电利润。当需要在现货市场售电时,发电商可以根据自己已经签订的双边合同来优化在现货市场的决策。

发电商 i 的售电收益为所有大用户在 i 处的购电成本的总和:

$$\sum_{j=1}^{J}(a_{i,j}\boldsymbol{E}\boldsymbol{q}_{i,j}+b_{i}\boldsymbol{q}_{i,j}^{\mathrm{T}}\boldsymbol{q}_{i,j}) \tag{4-10}$$

式中:$\boldsymbol{q}_{i,j}=[q_{i,j}^{1},\,q_{i,j}^{2},\,\cdots,\,q_{i,j}^{T}]^{\mathrm{T}}$,$\boldsymbol{E}$ 是 $1\times T$ 的单位矩阵。

发电商 i 的发电成本可以用二次函数来拟合:

$$\Big[A_{i}\boldsymbol{E}+B_{i}\,\Big(\sum_{j=1}^{J}\boldsymbol{q}_{i,j}\Big)^{\mathrm{T}}\Big]\sum_{j=1}^{J}\boldsymbol{q}_{i,j} \tag{4-11}$$

式中,A_{i},B_{i} 是发电商的成本系数。所以发电商 i 的售电利润函数可以表示为:

$$\sum_{j=1}^{J}(a_{i,j}\boldsymbol{E}\boldsymbol{q}_{i,j}+b_{i}\boldsymbol{q}_{i,j}^{\mathrm{T}}\boldsymbol{q}_{i,j})-\Big[A_{i}\boldsymbol{E}+B_{i}\,\Big(\sum_{j=1}^{J}\boldsymbol{q}_{i,j}\Big)^{\mathrm{T}}\Big]\sum_{j=1}^{J}\boldsymbol{q}_{i,j} \tag{4-12}$$

本节所建模型中,b_{i} 对每个发电商来说都是固定的,发电商的策略只包括其对大用户的初始合同报价 a_{i},组合 $\boldsymbol{a}_{i}=[a_{i,1},\,a_{i,2},\,\cdots,\,a_{i,j}]^{\mathrm{T}}$ 表示发电商 i 的报价组合。那么由引理 4-1 可知,对于任意的策略 $(a_{i,j},\,\boldsymbol{a}_{-i,j})$,大用户都会有对应的最优购电策略 $q^{*}(a_{i,j},\,\boldsymbol{a}_{-i,j})$。所以发电商 i 的利润函数可以重写成:

$$f_{i}(\boldsymbol{a}_{i},\,\boldsymbol{a}_{-i})=\sum_{j=1}^{J}(a_{i,j}\boldsymbol{E}-A_{i}\boldsymbol{E})\boldsymbol{q}_{i,j}^{*}+\sum_{j=1}^{J}b_{i}\boldsymbol{q}_{i,j}^{*\mathrm{T}}\boldsymbol{q}_{i,j}^{*}-B_{i}\,\Big(\sum_{j=1}^{J}\boldsymbol{q}_{i,j}^{*}\Big)^{\mathrm{T}}\sum_{j=1}^{J}\boldsymbol{q}_{i,j}^{*}$$

$$\tag{4-13}$$

式中:$\boldsymbol{a}_{-i}=(a_{1},\,a_{2},\,\cdots,\,a_{i-1},\,a_{i+1},\,\cdots,\,a_{I},\,\boldsymbol{P}_{\mathrm{S}})$ 表示除发电商 i 以外,其他所有发电商的报价以及现货电价的组合。

又由引理 4-1 可知,$q_{i,j}^{t*}(a_{i,j},\,\boldsymbol{a}_{-i,j})$ 是分段线性光滑的。所以 $q_{i,j}^{*}(a_{i,j},\,\boldsymbol{a}_{-i,j})$ 也是分段线性光滑的,从而该利润函数在可行域内也是分段光滑的。故发电商间的最大化利润博弈问题最后可以表示为:

$$\max_{\boldsymbol{a}_{i}}f_{i}(\boldsymbol{a}_{i},\,\boldsymbol{a}_{-i})=\sum_{j=1}^{J}(a_{i,j}\boldsymbol{E}-A_{i}\boldsymbol{E})\boldsymbol{q}_{i,j}^{*}+\sum_{j=1}^{J}b_{i}\boldsymbol{q}_{i,j}^{*\mathrm{T}}\boldsymbol{q}_{i,j}^{*}-B_{i}\,\Big(\sum_{j=1}^{J}\boldsymbol{q}_{i,j}^{*}\Big)^{\mathrm{T}}\sum_{j=1}^{J}\boldsymbol{q}_{i,j}^{*}$$

$$\mathrm{s.t.}\quad a_{i,j}\in[\underline{A},\,\bar{A}] \tag{4-14}$$

式中:$\underline{A}$,$\bar{A}$ 分别为发电商合同报价的上下限。

此处假设发电商之间的博弈是完全信息下的非合作静态博弈,而发电商与大用户之间的博弈属于完全信息下的非合作动态博弈。所以所有的博弈参与者不仅知道自己的策略空间和利润函数,也知道其他参与者的策略空间以及利润函数。

4.2.3 纳什均衡解的存在性

常用的证明纯纳什均衡解存在的一个充分条件就是证明博弈参与者的利润函数在其策略空间内存在拟凹性。本节对于纳什均衡解的存在性的证明,也是围绕着对发电商的利润函数的拟凹性的证明而展开的。

定理 4-1:对于一个有 I 个参与者的博弈,如果参与者 i 的支付函数为 $f_i(x_i, x_{-i})$,并且其策略集合为 X_i,当整个博弈过程有如下性质:

(1) 策略空间 $X_i \subseteq \mathbf{R}^{n_i}$ 是一个非空实数集。

(2) 对任意的 $x_{-i} \in X_{-i} = \prod_{j: j \neq i} X_j$,集合 $X_i(x_{-i}) = \{x_i \in X_i : f_i(x_i, x_{-i}) \geqslant 0\}$ 是一个非空凸集。

(3) 对任意的 $x_{-i} \in X_{-i}$,函数 $f_i(\cdot, x_{-i})$ 在集合 $X_i(x_{-i})$ 中是准凹的。

(4) $f_i(\cdot)$ 在空间 $\prod_{i=1}^{I} X_i$ 中是连续的。

那么该博弈至少存在一个纳什均衡使得所有的参与者的利润为非负。

为了证明发电商之间的非合作博弈满足定理 4-1 中的 4 个条件,需要先证明下述命题成立:

对于给定的 $\boldsymbol{a}_{-i,j}$,定义 $\partial_{i,j} q_{i,j}^*(a_{i,j}, \boldsymbol{a}_{-i,j})$ 为 $q_{i,j}^*(a_{i,j}, \boldsymbol{a}_{-i,j})$ 的广义梯度。根据所建模型,我们有如下命题:

命题 4-1:对任意的发电商 $i = 1, 2, \cdots, I$,在其他人的报价策略 $\boldsymbol{a}_{-i}$ 以及自身对其他大用户的报价策略 $a_{i,-j}$ 不变的情况下,他在 t 时段与大用户 j 签订的合同电量 $q_{i,j}^{t*}(a_{i,j}, \boldsymbol{a}_{-i,j})$ 对 $a_{i,j}$ 来说是一个非增的函数。更多地,$q_{i,j}^{t*}(a_{i,j}, \boldsymbol{a}_{-i,j})$ 在任意方向的方向导数都满足

$$|\dot{q}_{i,j}^{t*}(a_{i,j}, \boldsymbol{a}_{-i,j})| \leqslant |u| / (2b_i)$$

即 $\partial_{i,j} q_{i,j}^{t*}(a_{i,j}, \boldsymbol{a}_{-i,j}) \subseteq [-1/(2b_i), 0]$。命题 4-1 相关证明见文献[10]。本命题说明发电商与大用户签订的合同电量是随着初始合同报价的增加而单调递减的。

考虑 t 时段的映射 $a_{i,j} \mapsto q_{i,j}^{t*}(a_{i,j}, \boldsymbol{a}_{-i,j})$。由引理 4-1 可知,在 $\boldsymbol{a}_{-i,j}$ 已知不变的情况下,$q_{i,j}^{t*}(a_{i,j}, \boldsymbol{a}_{-i,j})$ 关于 $a_{i,j}$ 是分段线性光滑的,即 $q_{i,j}^{t*}(a_{i,j}, \boldsymbol{a}_{-i,j})$ 对 $a_{i,j}$ 的导数存在断点。假设断点数量共有 W 个(W 的取值取决于问题(4-9)的 KKT 条件的数量),那么除了这 W 个断点 $0 < [w_1 = w_1(\boldsymbol{a}_{-i,j})] \leqslant \cdots \leqslant [w_W = w_W(\boldsymbol{a}_{-i,j})]$ 以外,$q_{i,j}^{t*}(a_{i,j}, \boldsymbol{a}_{-i,j})$ 在可行域内对 $a_{i,j}$ 可导,导数为 $\dot{q}_{i,j}^{t*}(a_{i,j}, \boldsymbol{a}_{-i,j})$。在每一个断点 w_k 处至少存在一个发电商 h,其在大用户 j 处某一时段 t 的合同电量为零,即 $q_{h,j}^{t*}(a_{i,j}, \boldsymbol{a}_{-i,j}, \boldsymbol{a}_{-i}) = 0$,且在断点及断点附近,$\dot{q}_{i,j}^{t*}(a_{i,j}, \boldsymbol{a}_{-i,j})$ 有以下性质:

$$\lim_{v \uparrow w_{i,j}} \dot{q}_{i,j}^{t*}(v, \boldsymbol{a}_{-i,j}) \geqslant \lim_{v \downarrow w_{i,j}} \dot{q}_{i,j}^{t*}(v, \boldsymbol{a}_{-i,j}) \tag{4-15}$$

该性质的详细证明见参考文献[6]。在此性质的基础上，我们有定理 4-2：

定理 4-2： 假设发电商 i 与大用户 j 签订的 t 时段的合同电量 $q_{i,j}^{t*}(\cdot, \boldsymbol{a}_{-i,j})$，在任意的 $\boldsymbol{a}_{-i,j}$，$\boldsymbol{a}_{-i}$ 以及满足 $f_i(w_{i,j}, \boldsymbol{a}_{-i,j}, \boldsymbol{a}_{-i}) > 0$ 的断点 $w_{i,j}$ 的情况下，如果满足

$$\lim_{v \uparrow w_{i,j}} \dot{q}_{i,j}^{t*}(v, \boldsymbol{a}_{-i,j}) \geqslant \lim_{v \downarrow w_{i,j}} \dot{q}_{i,j}^{t*}(v, \boldsymbol{a}_{-i,j})$$

那么由式(4-14)构成的发电商之间的博弈问题至少存在一个纳什均衡。式中，$v \uparrow w_{i,j}$ 表示 $v \to w_{i,j}$ 且 $v < w_{i,j}$；$v \downarrow w_{i,j}$ 的定义与之类似。

定理 4-2 的证明：

为了证明定理 4-2 是成立的，按照定理 4-1 的描述，需证明整个博弈满足定理 4-1 中的 4 个条件：

(1) 策略空间 $\boldsymbol{X}_i \subseteq \mathbf{R}^{n_i}$ 是一个非空实数集，这个条件显然满足。

(2) 对任意 $x_{-i} \in \boldsymbol{X}_{-i} = \prod_{j;j \neq i} \boldsymbol{X}_j$，集合 $\boldsymbol{X}_i(x_{-i}) := \{x_i \in \boldsymbol{X}_i : f_i(x_i, x_{-i}) \geqslant 0\}$ 是非空凸集。

证明： 发电商 i 的利润函数为

$$f_i(a_{i,j}, \boldsymbol{a}_{i,-j}, \boldsymbol{a}_{-i}) = \sum_{j=1}^{J}(a_{i,j}\boldsymbol{E} - A_i\boldsymbol{E})\boldsymbol{q}_{i,j}^* + \sum_{j=1}^{J} b_i \boldsymbol{q}_{i,j}^{*\mathrm{T}} \boldsymbol{q}_{i,j}^* - B_i \Big(\sum_{j=1}^{J} \boldsymbol{q}_{i,j}^*\Big)^{\mathrm{T}} \sum_{j=1}^{J} \boldsymbol{q}_{i,j}^* \tag{4-16}$$

本节假设在有限的报价区间下，在 $a_{i,j} > A_i \gg b_i \geqslant B_i$，且发电机的出力不超过上限的基础上，发电商利润函数恒为正，所以集合 $\boldsymbol{X}_i(x_{-i}) = \{x_i \in \boldsymbol{X}_i : f_i(x_i, x_{-i}) \geqslant 0\}$ 为非空凸集。

(3) 对任意的 $x_{-i} \in \boldsymbol{X}_{-i}$，函数 $f_i(\cdot, x_{-i})$ 在集合 $\boldsymbol{X}_i(x_{-i})$ 中是准凹的。

证明： 先考虑 t 时段的发电商收益 $f_i^t(a_{i,j}, \boldsymbol{a}_{i,-j}, \boldsymbol{a}_{-i})$：假设 $\omega_1, \omega_2, \cdots, \omega_w$ 为 $q_{i,j}^{t*}(a_{i,j}^t, a_{-i,j}^t)$ 的导数的断点，在这些断点处，利润函数 $f_i^t(a_{i,j}, \boldsymbol{a}_{i,-j}, \boldsymbol{a}_{-i})$ 的导数 $f_i^{t'}(a_{i,j}, \boldsymbol{a}_{i,-j}, \boldsymbol{a}_{-i})$ 不存在。在区间 (ω_j, ω_{j+1}) 内，发电商的利润函数 $f_i^t(a_{i,j}, \boldsymbol{a}_{i,-j}, \boldsymbol{a}_{-i})$ 的二阶导数为

$$\begin{aligned} f_i^{t''}(a_{i,j}) &= 2\dot{q}_{i,j}^{t*} + (2b_i\dot{q}_{i,j}^{t*} - 2B_i\dot{q}_{i,j}^{t*})\dot{q}_{i,j}^{t*} \\ &= 2[1 + (b_i - B_i)\dot{q}_{i,j}^{t*}]\dot{q}_{i,j}^{t*} \end{aligned} \tag{4-17}$$

由命题 4-1 的结果 $\dot{q}_{i,j}^{t*} \subseteq [-1/(2b_i), 0]$ 可知 $f_i^{t''}(a_{i,j}) \leqslant 0$ 恒成立。所以 $f_i^{t'}(a_{i,j}, \boldsymbol{a}_{i,-j}, \boldsymbol{a}_{-i})$ 在任意两个断点处非增。下一步考虑在断点附近 $f_i^t(a_{i,j}, \boldsymbol{a}_{i,-j}, \boldsymbol{a}_{-i})$ 的凹凸性，根据不等式(4-15)，有如下不等式：

$$\begin{aligned} &\lim_{v \uparrow w_j} f_i^{t'}(v, \boldsymbol{a}_{i,-j}, \boldsymbol{a}_{-i}) \\ =& \lim_{v \uparrow w_j} \big[q_{i,j}^{t*}(v, \boldsymbol{a}_{-i,j}) + (v - A_i)\dot{q}_{i,j}^{t*}(v, \boldsymbol{a}_{-i,j}) + 2(b_i q_{i,j}^{t*\mathrm{T}} - \\ &B_i \sum_{j=1}^{S} q_{i,j}^{t*}(v, \boldsymbol{a}_{-i,j}))\dot{q}_{i,j}^{t*}(v, \boldsymbol{a}_{-i,j})\big] \end{aligned}$$

$$\geq \lim_{v \downarrow w_j} \left[q_{i,j}^{t*}(v, \boldsymbol{a}_{-i,j}) + (v - A_i) \dot{q}_{i,j}^{t*}(v, \boldsymbol{a}_{-i,j}) + 2(b_i q_{i,j}^{t*\mathrm{T}} - \right.$$

$$\left. B_i \sum_{j=1}^{S} q_{i,j}^{t*}(v, \boldsymbol{a}_{-i,j})) \dot{q}_{i,j}^{t*}(v, \boldsymbol{a}_{-i,j}) \right]$$

$$= \lim_{v \downarrow w_j} f_i^{t\,\prime}(v, \boldsymbol{a}_{i,-j}, \boldsymbol{a}_{-i}) \tag{4-18}$$

上式中,由 $v > A_i \gg b_i \geqslant B_i$ 可以得到,$v - A_i + 2b_i q_{i,j}^{t*\mathrm{T}} - 2B_i \sum_{k=1}^{J} q_{i,j}^{t*}(v, \boldsymbol{a}_{-i,j}) > 0$ 在可行域中恒成立。综合式(4-17)和式(4-18),可知 $f_i^t(a_{i,j}, \boldsymbol{a}_{i,-j}, \boldsymbol{a}_{-i})$ 在可行域内是关于 $a_{i,j}$ 的凹函数,从而进一步可知 $f_i(a_{i,j}, \boldsymbol{a}_{i,-j}, \boldsymbol{a}_{-i})$ 为集合 $\boldsymbol{X}_i(x_{-i})$ 内关于 $a_{i,j}$ 的凹函数。

(4) $f_i(\cdot)$ 在空间 $\prod_{i=1}^{I} \boldsymbol{X}_i$ 中是连续的。

证明: 由引理 4-1 可知,$q_{i,j}^{t*}(\cdot, \boldsymbol{a}_{-i,j})$ 关于 $a_{i,j}$ 分段线性且连续,所以 $f_i(\cdot)$ 在空间 $\prod_{i=1}^{I} \boldsymbol{X}_i$ 中也连续。

综上所述,在满足不等式(4-15)的情况下,发电商之间的博弈是有纳什均衡解的。

4.2.4 主从博弈模型的求解

模型的求解思路如下:先计算各发电商报价确定下的大用户的购电策略,然后发电商将大用户的购电策略作为输入与其他发电商进行博弈,得出博弈的均衡解[11]。

假设 t 时段发电商对大用户 j 的报价以及现货电价的组合为 $\boldsymbol{a}_j^t = [a_{1,j}, a_{2,j}, \cdots, a_{I,j}, p_S^t]^{\mathrm{T}}$。那么此时大用户 j 的优化购电成本的函数为

$$\min_{\boldsymbol{Q}_j^t} \quad \sum_{t=1}^{T} (\boldsymbol{a}_j^t + \boldsymbol{b}^{\mathrm{T}} \boldsymbol{Q}_j^t)^{\mathrm{T}} \boldsymbol{Q}_j^t$$

$$\mathrm{s.t.} \quad \sum_{i=1}^{I} q_{i,j}^t = D_j^t \tag{4-19}$$

$$q_{i,j}^t \geqslant 0$$

$$q_{S,j}^t \geqslant 0$$

最优化问题(4-19)的 KKT 条件为

$$\left. \begin{array}{l} a_{i,j} + 2b_i q_{i,j}^t - \lambda_i - u = 0 \\ \lambda_i \geqslant 0, \quad q_{i,j}^t \geqslant 0, \quad \lambda_i q_{i,j}^t = 0 \end{array} \right\} \quad \forall i = (1, 2, \cdots, I)$$

$$p_S^t - \lambda - u = 0 \tag{4-20}$$

$$\lambda \geqslant 0, q_{S,j}^t \geqslant 0, \quad \lambda q_{S,j}^t = 0,$$

$$q_{1,j}^t + q_{2,j}^t + \cdots + q_{I,j}^t + q_{S,j}^t = D_j^t$$

式中,λ_i 和 u 为拉格朗日乘子。

对于式(4-20)的求解,可将其表述为下列一组等式方程组进行求解:

$$a_{i,j} + 2b_i q_{i,j}^t - \lambda_{i,j}^t - u^t + \varepsilon_{i,j}^t = 0 \qquad (q_{i,j}^t : \forall i \in I, \forall t \in T)$$

$$\lambda_{i,j}^t + q_{i,j}^t - \sqrt{\lambda_{i,j}^{t2} + q_{i,j}^{t2}} = 0 \qquad (\lambda_{i,j}^t : \forall i \in N, \ \forall t \in T)$$

$$p_{S,j}^t - \lambda_{S,j}^t - u^t = 0 \qquad (q_{S,j}^t : \forall t \in T) \qquad (4\text{-}21)$$

$$\lambda_{S,j}^t + q_{S,j}^t - \sqrt{\lambda_{S,j}^{t2} + q_{S,j}^{t2}} = 0 \qquad (\lambda_{S,j}^t : \forall t \in T)$$

$$q_{1,j}^t + q_{2,j}^t + \cdots + q_{I,j}^t + q_{S,j}^t - D_j^t = 0 \qquad (u^t : \forall t \in T)$$

通过对方程组(4-21)的求解,就可以得到与 a_j^t 对应的大用户 j 的最优购电策略 Q_j^{t*} 。进而也就可以得到整个合同周期 T 内的大用户 j 的最优购电策略 Q_j^* ,类似地,也就可以得到其他大用户的最优购电策略。

将大用户的最优购电策略作为发电商报价策略的输入之后,那么整个主从博弈问题就可以退化成 I 个发电商之间的非合作博弈问题,即问题(4-14)。其求解步骤如下:

(1) 初始化参数;

(2) 在可行域内随机选取发电商 i ($i=1, 2, \cdots, I$) 的报价策略 a_i;

(3) 对发电商 i ($i=1, 2, \cdots, I$),计算此时的 $f_i(a_i, a_{-i})$ 并令发电商 i 的最大利润 $f_i^*(a_i, a_{-i}) = f_i(a_i, a_{-i})$;

(4) 对发电商 i ($i=1, 2, \cdots, I$);

① 通过遍历可行域找到问题(4-14)的解 a_i^* 及其对应的 $f_i(a_i^*, a_{-i})$;

② 如果 $f_i(a_i^*, a_{-i}) > f_i^*(a_i, a_{-i})$,令 $a_i = a_i^*$ 且 $f_i^*(a_i, a_{-i}) = f_i(a_i^*, a_{-i})$;

(5) 重复步骤(4),直到所有的发电商都不修改自身的合同报价,达到纳什均衡。此时各发电商的报价就是纳什均衡解下各发电商的报价。

4.2.5 算例分析

本节所建立的模型中,一个时段 t 可以是一天,也可以是将一天按峰平谷划分后的3个时段中的一个时段,更可以是 1 h。在本算例中,将一天分为 3 个时段,3 个时段的电价均不一样,且大体按照谷时电价、肩时电价和峰时电价进行分配。发电商与大用户之间进行的是一个为期 30 天的双边合同交易。3 个发电商的相关成本以及报价参数如表 4-1 所示。合同持续周期内的现货电价预测和 3 个大用户的用电需求分别如图 4-2 和图 4-3 所示。

表 4-1 发电商的成本及报价参数表

发电商	$A /$ (元·MWh^{-1})	$B /$ (元·MWh^{-2})	$b /$ (元·MWh^{-2})	$\overline{A} /$ (元·MWh^{-1})	$\underline{A} /$ (元·MWh^{-1})
a	320	0.4	0.8	550	350
b	330	0.5	1.0	550	350
c	340	0.3	0.6	550	350

根据表 4-1,以及图 4-2、图 4-3 所示信息,在 MATLAB 环境下对主从博弈模型进行编

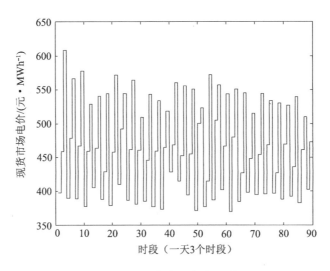

图 4-2 现货市场电价预测

程优化,可得发电商与大用户主从博弈的均衡解,如表 4-2 所示:

表 4-2 发电商合同报价的博弈结果表

发电商	大用户/(元·MWh⁻¹)			合同电量/MWh			总收益 /元
	1	2	3	1	2	3	
a	364.20	355.80	356.75	4 974.24	4 514.58	4 110.63	1 109 395
b	365.18	359.78	360.36	3 890.30	3 431.61	3 126.21	772 444
c	396.42	376.02	377.67	4 416.57	4 514.10	3 928.38	1 021 038

从表 4-2 所示博弈结果可以发现,得益于最低的初始发电成本和较低的边际成本增加速率(即发电成本函数的二次项系数),发电商 a 的最终合同报价在 3 个发电商中是最低的,且最终所售合同电量和售电收益在 3 个发电商中也是最高的;而对于发电商 c 而言,由于其初始发电成本最高,其最终的合同报价也会是三者中最高的,但是通过对比大用户在 3 个发电商处购买的合同电量,我们能够发现,与发电商 a 和发电商 b 相比,尽管发电商 c 的初始边际成本较高,从而导致其对所有的大用户的初始合同报价也最高,但是从大用户的最终优化结果显示,大用户与发电商 c 签订的合同电量并不低于发电商 a 和发电商 b。这说明,对于那些积极降低发电成本的发电商,尽管可能会由于购入新设备等原因从而导致其初始边际成本较高,但是其较低的边际成本增加速率(即发电成本的二次项系数)会为其带来更多的合同电量。

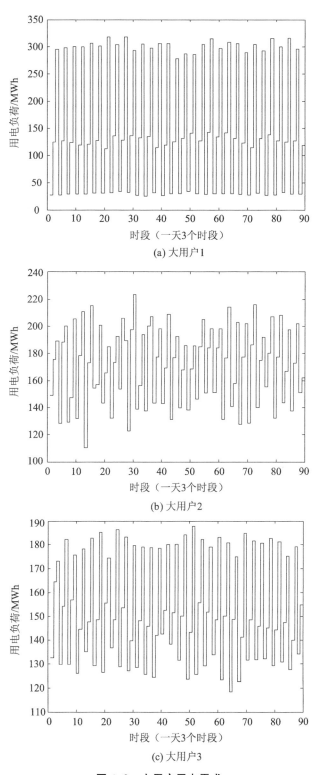

(a) 大用户 1

(b) 大用户 2

(c) 大用户 3

图 4-3 大用户用电需求

电力博弈优化设计与应用

图 4-4 给出了在主从博弈达到均衡时，大用户在 3 个发电商和现货市场之间的购电分布。结合表 4-2 和图 4-4 可以看出，作为对发电商报价的响应，大用户会选择与各发电商签订一定量的双边合同来减小其购电成本。对于双边合同电量的分配，大用户会选择在峰时电价时段全部使用合同电量，而在电价较低的其他两个时段，大用户选择通过现货市场来满足部分用电需求。

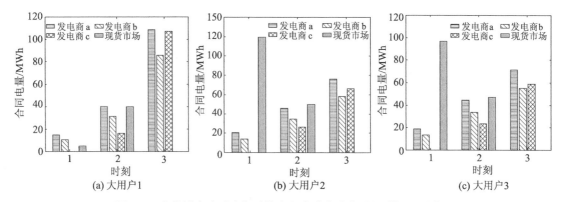

图 4-4 主从博弈达到均衡时的大用户购电分布图（以某一天为例）

前文分析了由于高额的发电成本，导致在双边合同交易时，与其他发电商相比，发电商 c 处于弱势地位（最后成交的合同电量最少，售电收益也最小）。为了了解发电成本变化对发电商最终收益的影响，我们改变了发电商 c 发电成本函数中的一次项系数 A_c 和二次项系数 B_c，并对新条件下的博弈结果进行了分析。

表 4-3 发电商 c 成本函数中一次项系数改变时的博弈结果表

发电商		大用户/(元·MWh⁻¹)			合同电量/MWh			总收益/元
		1	2	3	1	2	3	
$A_c=340$ $B_c=0.3$	a	364.20	355.80	356.75	4 974.24	4 514.58	4 110.63	1 109 395
	b	365.18	359.78	360.36	3 890.30	3 431.61	3 126.21	772 444
	c	396.42	376.02	377.67	4 416.57	4 514.10	3 928.38	1 021 038
$A_c=320$ $B_c=0.3$	a	364.48	355.77	354.93	4 584.02	4 325.66	3 930.12	1 015 922
	b	365.92	359.47	358.73	3 601.51	3 294.08	2 974.13	704 185
	c	375.37	361.85	360.76	5 304.86	5 311.66	4 804.06	1 303 239
$A_c=300$ $B_c=0.3$	a	364.88	356.03	354.79	4 331.95	4 144.32	3 810.69	947 753
	b	365.41	359.50	357.67	3 396.92	3 159.66	2 874.81	654 046
	c	361.81	350.00	350.00	5 931.67	5 978.34	5 365.06	1 627 334

142

表 4-4 发电商 c 成本函数中二次项系数改变时的博弈结果表

发电商		大用户/(元·MWh⁻¹)			合同电量/MWh			总收益 /元
		1	2	3	1	2	3	
$A_c=340$ $B_c=0.4$	a	364.48	357.09	360.34	5 046.11	4 722.56	4 247.04	1 199 405
	b	365.54	360.94	364.27	3 944.01	3 604.54	3 265.53	841 052
	c	379.61	372.35	375.12	4 157.97	3 866.26	3 422.33	883 893
$A_c=340$ $B_c=0.3$	a	364.20	355.80	356.75	4 974.24	4 514.58	4 110.63	1 109 395
	b	365.18	359.78	360.36	3 890.30	3 431.61	3 126.21	772 444
	c	396.42	376.02	377.67	4 416.57	4 514.10	3 928.38	1 021 038
$A_c=340$ $B_c=0.2$	a	362.38	352.27	350.73	4 741.58	4 308.80	3 934.55	971 677
	b	364.25	356.81	355.51	3 720.60	3 242.38	2 930.71	667 975
	c	411.77	384.05	378.91	4 944.74	5 124.51	4 727.07	1 181 155

从表 4-3 和表 4-4 所示数据可知,成本函数中无论是一次项系数还是二次项系数发生改变时,都会导致该发电商在博弈结果中的报价发生变化,其趋势为,随着一次项系数的减小而减小,随着二次项系数的减小而增大,且无论是一次项系数减小,还是二次项系数减小,都会使得发电商合同售电量和总收益增大。这种趋势产生的原因是,当发电商成本函数中的一次项系数减小时,发电商就可以采取降低报价的策略来使得自己获得更多的合同售电量,而当二次项系数减小时,发电商边际成本的增加速率也减小,而大用户确定双边合同电量是以现货电价为基础的,只要单位合同电量的边际成本小于现货电价,大用户就会选择通过双边合同来满足其用电需求。所以对于边际成本增加速率小的发电商而言,其可以在保证自己合同售电量维持在一定水平的情况下,提高自己的合同报价,来使得自己的总收益提高。

在表 4-3 和表 4-4 中,无论发电商 c 如何改变自己的发电成本函数,发电商 a 和发电商 b 的合同报价变化都较小,但是由于发电商 c 报价的变化,导致了最终发电商 a 和发电商 b 合同售电量的变化,进而影响其收益。

博弈论作为专门研究在两个或两个以上个体利益存在冲突和相互作用的情况下,如何选择各自决策以最大化自己效用的理论,其有效性是建立在各种理想的假设上的,但是通过对博弈结果的分析,我们能够定性地指导博弈参与者进行策略的制定。而对发电商而言,通过上文的分析,我们认为发电商在制定自己的合同报价时,应先通过考虑自己的发电成本、合同周期内现货市场的电价情况以及大用户购电量的大小等因素,来确定大致的合同报价范围,然后再通过分析其他发电商的发电成本等信息来对自己的报价进行微调,从而得到最终的合同报价。

4.3 电力公司与用户之间的主从博弈优化

电力公司与用户之间的主从博弈场景如图 4-5 所示,其中,处于领导地位的电力公司以发电成本最小为目标优化各时段售电量,处于跟随者地位的居民用户根据电力公司制定的智能电价来合理安排用能时段以使自身费用最小化。此外,在该场景中,M 个电力公司之间以及 N 个居民用户之间的博弈均采用合作博弈形式。所有居民用户家庭中都装有智能电表,且每个智能电表中都包含一个智能用电管理单元,它能够自动地安排家庭负荷的电力消耗。智能电表与配电所的电力线相连,同时智能电表和电力公司都与信息网络线相连。通过信息网络线和局域网,智能电表可以接收用户的负荷用电信息及电力公司发布的电价信息,从而实现双向的信息流交互。在信息互联网中,包含着一个控制中心,它能够处理、整合接收到的电力公司的电价信号和用户的电力需求信息,并将其传送到数据汇总器。控制中心将用户的总负荷需求汇总后告知电力公司,然后电力公司据此发布合适的智能电价,并售电给用户。居民用户在接收到电价信号后,积极主动地安排家庭负荷的用电时段。

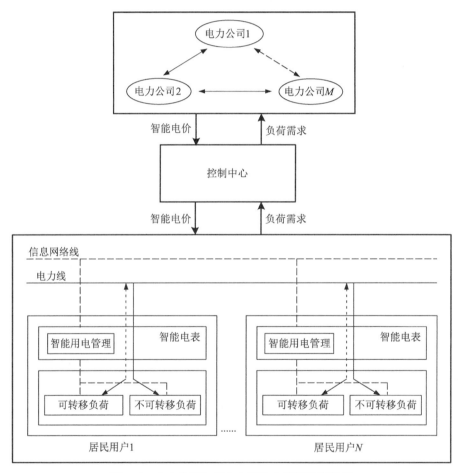

图 4-5　电力公司与用户之间的主从博弈场景图

4.3.1　电力公司合作博弈模型

首先,需要建立电力公司的售电成本函数,M 个电力公司成本函数表达式具体如下所示[12-13]:

$$C_{1,h} = a_{1,h} (L_1^h)^2 + b_{1,h} L_1^h$$
$$\vdots$$
$$C_{m,h} = a_{m,h} (L_m^h)^2 + b_{m,h} L_m^h \tag{4-22}$$
$$\vdots$$
$$C_{M,h} = a_{M,h} (L_M^h)^2 + b_{M,h} L_M^h$$

式中：$L_m^h = \mu_m^h L_h$，$\boldsymbol{\mu}_m^h \in \boldsymbol{\Pi}^h \triangleq \{\mu_1^h, \cdots, \mu_m^h, \cdots, \mu_M^h\}$ 表示电力公司 $m \in \boldsymbol{M}$ 在 h 时刻总负荷电力需求量的分配比例,它的约束条件为:

$$\begin{cases} \sum_{m=1}^{M} \mu_m^h = 1 \\ 0 \leqslant \mu_m^h \leqslant 1 \end{cases} \tag{4-23}$$

各电力公司之间达成合作以使所有电力公司的总成本最小化,由此得合作博弈下所有电力公司的总成本函数为:

$$C = \sum_{h \in H} \sum_{m \in M} C_{m,h}(\mu_m^h, L_h) \tag{4-24}$$

各电力公司通过寻找最优的负荷需求分配比例,然后售电给相应的用户,从而使得总成本最小。因此,优化的目标函数可以表示如下:

$$\underset{\mu_m^h \in \boldsymbol{\Pi}^h, \ \forall h \in \boldsymbol{H}}{\text{minimize}} \sum_{h \in H} \sum_{m \in M} C_{m,h}(\mu_m^h, L_h) \tag{4-25}$$

基于上述分析,电力公司之间的合作博弈可以描述为:

➤ **参与者**:集合 $\boldsymbol{M}$ 中的所有电力公司;

➤ **策略集**:任意一个电力公司 $m \in \boldsymbol{M}$ 选择各自的售电比例 $\mu_m^h \in \boldsymbol{\Pi}^h$,以使所有电力公司的总成本最小化;

➤ **收益函数**:记 $\mu_m = \sum_{h \in \boldsymbol{H}} \mu_m^h$,则任意一个电力公司 $m \in \boldsymbol{M}$ 的收益函数 $p_m(\mu_m, \mu_{-m})$ 定义如下:

$$p_m(\mu_m, \mu_{-m}) = -\sum_{h \in \boldsymbol{H}} C_{m,h}(\mu_m^h, L_h) \tag{4-26}$$

式中,$\boldsymbol{\mu}_{-m} \triangleq [\mu_1, \cdots, \mu_{m-1}, \mu_{m+1}, \cdots, \mu_M]$ 表示除电力公司 m 以外的其他所有电力公司的售电比例构成的向量。

根据收益函数的形式,各电力公司会不断地改变其博弈策略,直到所有电力公司的总成本最小。一旦总成本达到最小值,任意一个电力公司都不会改变其策略,否则至少有一个电力公司的收益将减少,且将会偏离纳什均衡解。上层合作博弈的纳什均衡解对应的数学定义描述如下[14]:

$$p_m(\mu_m^*, \mu_{-m}^*) \geqslant p_m(\mu_m, \mu_{-m}^*) \tag{4-27}$$

即,对于任意一个电力公司 $m \in \boldsymbol{M}$ 的策略 μ_m^*,当且仅当满足式(4-27)时,称该策略为这个合作博弈模型的一个纳什均衡解。

4.3.2　居民用户合作博弈模型

类似地,用 $C_h(L_h)$ 表示居民用户在 h 时刻的用电成本函数,则所有用户总的能源消耗费用可以表示为[15]:

$$\sum_{h\in\mathbf{H}}C_h(L_h)=\sum_{h\in\mathbf{H}}\Big[\Big(\sum_{m\in\mathbf{M}}a_{m,h}\,(\mu_m^h)^2\Big)L_h^2+\Big(\sum_{m\in\mathbf{M}}b_{m,h}\mu_m^h\Big)L_h\Big] \tag{4-28}$$

对于用户而言,他们通过合作博弈可以降低总的能源消耗费用,由此可以描述为如下的优化问题:

$$\underset{x_n\in\chi_n,\ \forall n\in\mathbf{N}}{\text{minimize}}\sum_{h\in\mathbf{H}}\Big[\Big(\sum_{m\in\mathbf{M}}a_{m,h}\,(\mu_m^h)^2\Big)\Big(\sum_{n\in\mathbf{N}}\sum_{a\in\mathbf{A}_n}x_{n,a}^h\Big)^2+\Big(\sum_{m\in\mathbf{M}}b_{m,h}\mu_m^h\Big)\sum_{n\in\mathbf{N}}\sum_{a\in\mathbf{A}_n}x_{n,a}^h\Big]$$
$$\tag{4-29}$$

进一步地,当用户的 PEV 联网反向放电给电网时,会给用户带来相应的售电收益。由此,可以得到每个用户 $n\in\mathbf{N}$ 的支出费用表达式:

$$b_n=\boldsymbol{\Omega}_n\sum_{h\in\mathbf{H}}\Big[\Big(\sum_{m\in\mathbf{M}}a_{m,h}\,(\mu_m^h)^2\Big)\Big(\sum_{n\in\mathbf{N}}\sum_{a\in\mathbf{A}_n}x_{n,a}^h\Big)^2+$$
$$\Big(\sum_{m\in\mathbf{M}}b_{m,h}\mu_m^h\Big)\sum_{n\in\mathbf{N}}\sum_{a\in\mathbf{A}_n}x_{n,a}^h\Big]+\Phi_n\sum_{h\in\mathbf{H}}\eta_k\Big(\sum_{k\in\mathbf{N}}x_{k,v2g}^h\Big) \tag{4-30}$$

式中,$x_{k,v2g}^h$ 表示用户在 h 小时回售的电量,可以看作负值;Ω_n 和 Φ_n 的表达式为:

$$\Omega_n=\frac{\sum_{a\in\mathbf{A}_n}E_{n,a}}{\sum_{n'\in\mathbf{N}}\sum_{a\in\mathbf{A}_{n'}}E_{n',a}}$$

$$\Phi_n=\frac{\sum_{h=a_{n,v2g}}^{\beta_{n,v2g}}x_{n,v2g}^h}{\sum_{n'\in\mathbf{N}}\sum_{h=a_{n',v2g}}^{\beta_{n',v2g}}x_{n',v2g}^h},\ \forall n,n'\in N$$

由此可得,居民用户之间的合作博弈模型如下:

➢ **参与者**:所有居民用户;

➢ **策略集**:每个用户 n 的负荷用电安排 $x_n\in\chi_n$;

➢ **收益函数**:记 $\boldsymbol{x}_{\neg n}=[x_1,\cdots,x_{n-1},x_{n+1},\cdots,x_N]$,则用户 n 的收益函数 $P_n(x_n;x_{\neg n})$ 的计算式为:

$$P_n(\boldsymbol{x}_n;\boldsymbol{x}_{\neg n})=-b_n$$
$$=-\Omega_n\sum_{h\in\mathbf{H}}\Big[\Big(\sum_{m\in\mathbf{M}}a_{m,h}\,(\mu_m^h)^2\Big)\Big(\sum_{n\in\mathbf{N}}\sum_{a\in\mathbf{A}_n}x_{n,a}^h\Big)^2+\Big(\sum_{m\in\mathbf{M}}b_{m,h}\mu_m^h\Big)\sum_{n\in\mathbf{N}}\sum_{a\in\mathbf{A}_n}x_{n,a}^h\Big]$$
$$-\Phi_n\sum_{h\in\mathbf{H}}\eta_k\Big(\sum_{k\in\mathbf{N}}x_{k,v2g}^h\Big) \tag{4-31}$$

$$P_n(x_n^*; x_{-n}^*) \geqslant P_n(x_n; x_{-n}^*) \tag{4-32}$$

当任意用户 n 的负荷用电安排策略 $x_n^* \in \chi_n$ 满足式(4-32)时,即取得该合作博弈模型的一个纳什均衡解,此时所有用户的收益值均为最大。

4.3.3　求解纳什均衡解的算法

通过两种迭代算法可分别实现上层电力公司之间合作博弈和下层用户之间合作博弈的纳什均衡解求解。这两个迭代算法都以伪代码的形式给出,并在 MATLAB 软件中通过编写代码实现整个算法的全过程。

1) 电力公司之间合作博弈的纳什均衡解求解算法

首先,我们介绍求解上层合作博弈的迭代算法 1,它是由所有电力公司共同执行的。算法 1 的伪代码如图 4-6 所示。

算法 1: 电力公司 $m \in M$ 执行

1　随机地初始化 $\mu_{m,k}$ 和 $\mu_{m,k}$;
2　**for** 每一个 $h \in H$ **do**
3　$k=0$; **repeat**
4　　求解式(4-4)的优化问题;
5　　**if** $|\mu_{i,k+1}^h - \mu_{i,k}^h| > \varepsilon$ **then**
　　　　更新 $\mu_{m,k+1}^h$ 的值;
　　　　将 $\mu_{m,k+1}^h$ 的值告知所有其他电力公司;
　　　　更新 $\mu_{-m,k+1}^h$ 的值;
6　　**end if**
7　　$k = k+1$;
8　**end for**
9　**until** 式(4-6)得到满足。

图 4-6　算法 1 的伪代码

算法 1 的迭代过程为:①令迭代次数 $k=0$,初始化每个电力公司的售电比例 $\mu_{m,k}$、$\mu_{-m,k}$;②求解式(4-25)的优化问题,得到 $\mu_{m,k}^h$ 的值;③与上一次迭代值相比,若 $\mu_{m,k}^h$ 的值不满足迭代终止条件:$|\mu_{m,k}^h - \mu_{m,k-1}^h| < \varepsilon_1$,$\varepsilon_1$ 为任意小的正常数,则继续更新 $\mu_{m,k}^h$;④将更新后的 $\mu_{m,k}^h$ 告知所有其他电力公司,这些电力公司据此做出改变,更新各自的策略,得到新的 $\mu_{-m,k}^h$;⑤对于任意一个电力公司 $m \in M$,如果在任意时段 $h \in H$ 上都满足 $|\mu_{m,k}^h - \mu_{m,k-1}^h| < \varepsilon_1$,则迭代终止,算法结束,输出最终的 $\mu_{m,k}$ 和 $\mu_{-m,k}$。

2) 用户之间合作博弈的纳什均衡解求解算法

类似地,我们采用迭代算法 2 来求解下层合作博弈的纳什均衡解,该算法是由用户执行的。算法 2 的伪代码如图 4-7 所示。

算法 2: 居民用户 $n \in N$ 执行	
1	电力公司执行算法 1;
2	随机地初始化 $x_{n,k}$ 和 $x_{-n,k}$;
3	$k=0$; **repeat**
4	运用内点法求解式(4-8)的优化问题;
5	**if** $\lvert x_{n,k+1} - x_{n,k} \rvert > \varepsilon_2$ **then** 　　更新 $x_{n,k+1}$ 的值; 　　将 $x_{n,k+1}$ 的值告知所有其他电力用户; 　　更新 $x_{-n,k+1}$ 的值;
6	**end if** $k=k+1$;
7	**until** 满足式 (4-11)。

图 4-7 算法 2 的伪代码

算法 2 的具体迭代过程如下：①输入算法 1 的结果作为已知条件；②令迭代次数 $k=0$，初始化所有用户的负荷用电安排策略 $x_{n,k}$ 和 $x_{-n,k}$；③用内点法求解式(4-29)对应的凸函数的优化问题，得到 $x_{n,k+1}$ 的值；④若 $\lvert x_{n,k+1} - x_{n,k} \rvert > \varepsilon_2$，则更新 $x_{n,k+1}$ 的值；⑤所有其他用户根据更新的 $x_{n,k+1}$ 的值调整各自的策略，从而得到新的 $x_{-n,k+1}$ 的值；⑥若任意用户 $n \in N$ 的负荷用电安排 $x_{n,k}$ 都满足 $\lvert x_{n,k+1} - x_{n,k} \rvert < \varepsilon_2$，则迭代结束，输出此时 $x_{n,k}$ 和 $x_{-n,k}$ 的值。

4.3.4　算例分析

本算例仿真的基本数据除了系统中电力公司的总数 $M=3$ 以外，其他数据都与 3.2.5 节合作博弈算例相同，包括用户总数、负荷类型及其日耗电量。

考虑到用户在工作日和周末的用电习惯不同或有一些波动，比如，用户一般在周末不需要外出工作，从而家里的 PEV 也不需要完全充满电，即用户在周末的 PEV 用电量可能要比工作日时少。因此，不失一般性，我们在本节的算例仿真中研究一周 7 天内用户的用电安排。假设工作日用户每天的负荷用电情况都一样，取周三为例；而周末两天的负荷用电情况也相同，取周日为例。由此，我们列出 5 个用户在周日一天的负荷耗电量，如表 4-5 所示，在周三的负荷日耗电量参见表 3-1 中的数据。此外，我们给出 3 个电力公司成本函数中的参数设置，如表 4-6 所示。

表 4-5　用户周日一天的负荷用电量表　　　　　　　　　　单位：kWh

用户	冰箱	电灯	洗衣机	洗碗机	电动汽车
1	1.32	1.3	1.49	0	12.7
2	1.32	1.0	1.30	1.44	12.7
3	1.32	0.8	1.49	1.44	12.7
4	1.32	1.0	1.49	1.44	12.7
5	1.32	1.2	1.49	1.44	0

表 4-6   3 个电力公司成本函数中的参数设置表

电力公司	$a_{m,h}$ ($h \in [1, 7]$)	$b_{m,h}$ ($h \in [1, 7]$)	$a_{m,h}$ ($h \in [8, 24]$)	$b_{m,h}$ ($h \in [8, 24]$)
1	0.000 4	0.064	0.000 84	0.064
2	0.000 6	0.046	0.000 78	0.063
3	0.000 5	0.044	0.000 80	0.065

在基础参数都给定之后,根据 4.3.3 节介绍的两个迭代算法分别进行自动计算。为了更直接、有效地比较最终的仿真结果,我们对于电力公司分了两种情况——合作博弈前和合作博弈后,而对于用户仍然分了三种情况——初始状态(即无 ECS)、参与 ECS 但 PEV 仅充电、参与 ECS 且 PEV 放电。仿真结果如图 4-8~图 4-14 所示。

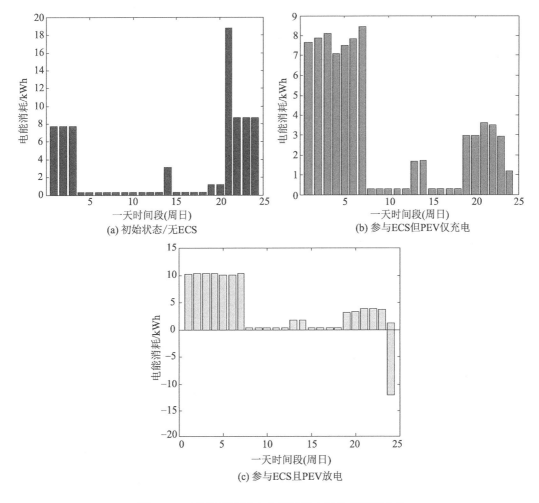

图 4-8   三种情况下用户在周日每小时的负荷用电量

图 4-8、图 4-9 分别是用户在周日的三种情况下每小时的负荷用电量和用电费用对比图。图 4-8 (a)对应于用户负荷的初始状态,图 4-8(b)对应于用户参与 ECS 但 PEV 仅充电,图 4-8(c)对应于用户参与 ECS 且 PEV 放电,其中图 4-8 (c)中横轴下半部分表示用户 PEV 在该时段内反向放出的电量。考虑到这三种情况下用户在周三每小时的负荷用电量及用电费用对比的仿真图已经在 3.2.5 节合作博弈中描述过,故此处不再赘述。

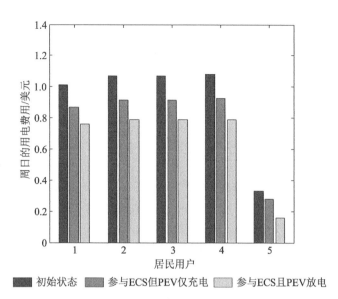

图 4-9 三种情况下用户在周日的用电费用对比

通过仿真得到各个电力公司在参与上层合作博弈后各小时的售电比例,如图 4-10 所示。图 4-10(a)、(b)、(c)分别对应于电力公司 1、2、3 各小时的售电比例。

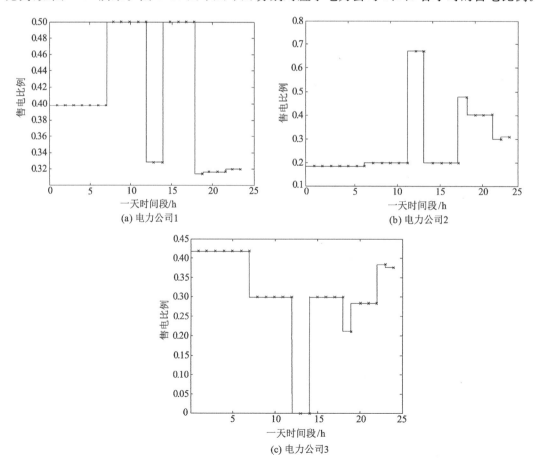

图 4-10 三个电力公司在参与上层合作博弈后各小时的售电比例

由此,得到在下层用户之间的合作博弈没有形成之前,3个电力公司在参与上层合作博弈前后一周每天的总成本对比情况,如图4-11所示。从该图可以看出,在参与合作博弈后,3个电力公司每天总的成本都有所降低。也就是说,不管用户之间的下层合作博弈是否进行,即无论用户是否优化其负荷用电时段,电力公司都会从上层合作博弈中受益。进一步地,当用户参与下层合作博弈后,会使得每个电力公司的成本继续减少,即分层博弈使得电力公司受益更多,如图4-12所示。

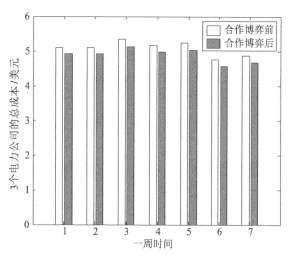

图4-11　3个电力公司在参与上层合作博弈前后总成本对比

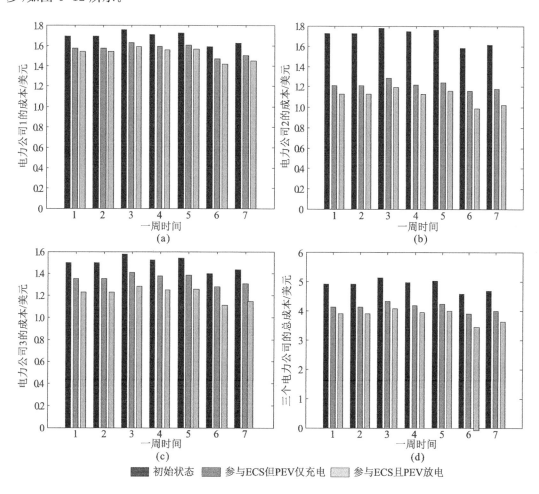

图4-12　电力公司参与上层合作博弈后,对应用户三种情况下各电力公司的成本对比

在给定各电力公司售电比例的初值下，每个用户对应三种情况下一周总电费的对比如图 4-13 所示，此时用户参与了下层的合作博弈，但分层博弈没有形成。图 4-14 表示在形成分层博弈后，每个用户对应三种情况下一周总电费的对比。通过计算得知：对于电力公司而言，图 4-11 中电力公司参与上层合作博弈后的总成本为 34.2 美元，而在分层博弈后，即图 4-12(d)中第二种情况下三个电力公司的总成本减至 29.8 美元；对于用户而言，图 4-13 中第二种情况下 5 个用户总的支出费用为 29.5 美元，在分层博弈后，即图 4-14 中第二种情况下 5 个用户总的费用变为 28.9 美元，进一步地，在用户 PEV 反向放电给电网后，即图 4-14 中第三种情况下 5 个用户的总电费降为 25.3 美元。

因此，分层博弈能够使所有参与其中的电力公司和用户都获得明显的收益，而且比仅在各自合作博弈下的收益值更多。

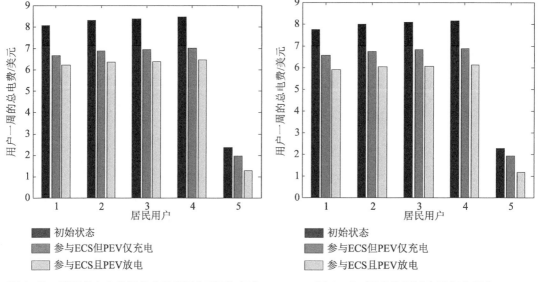

图 4-13　给定各电力公司售电比例的初值时，每个用户在三种情况下一周的总电费对比图　　图 4-14　形成分层博弈后每个用户在三种情况下一周的总电费

参考文献

［1］Yang P，Tang G G. A game-theoretic approach for optimal time-of-use electricity pricing[J]. IEEE Transactions on Power Systems，2013，28(2)：884-892.

［2］Maharjan S，Zhu Q Y，Zhang Y，et al. Dependable demand response management in the smart grid：A Stackelberg game approach[J]. IEEE Transactions on Smart Grid，2013，4(1)：120-132.

［3］盛昭翰.主从递阶决策论：Stackelberg 问题[M].北京：科学出版社，1998.

［4］王晛. 应用非线性互补方法的电力市场均衡分析[D].上海：上海大学，2006.

［5］王瑞庆. 考虑期权交易的电力市场纳什均衡及发电商竞争策略研究[D].上海：上海大学，2008.

［6］Hu X M，Ralph D. Using EPECs to model bilevel games in restructured electricity markets with locational prices[J]. Operations Research，2007，55(5)：809-827.

［7］夏炜，吕林，刘沛清.直购电交易中等效电能双边定价博弈研究[J]. 现代电力，2015，32(3)：71-75.

［8］吴诚. 基于博弈论的大用户直购电双边决策研究［D］. 南京：东南大学，2017.

［9］Luo Z Q，Pang J S，Ralph D. Mathematical programs with equilibrium constraints［M］. Cambridge，UK：Cambridge University Press，1996.

［10］Myerson R B. Game theory：Analysis of conflict［M］. Harvard University Press，1991.

［11］王瑞庆，李渝曾，张少华. 考虑期权合约的电力市场古诺-纳什均衡分析［J］. 中国电机工程学报，2008，28(1)：83-88.

［12］Soliman H M，Leon-Garcia A. Game-theoretic demand-side management with storage devices for the future smart grid［J］. IEEE Transactions on Smart Grid，2014，5(3)，1475-1485.

［13］Gao B T，Zhang W H，Tang Y，et al. Game-theoretic energy management for the residential users with dischargeable plug-in electric vehicles［J］. Energies，2014，7(11)：7499-7518.

［14］Soliman H M，Leon-Garcia A. Game-theoretic demand-side management with storage devices for the future smart grid［J］. IEEE Transactions on Smart Grid，2014，5(3)，1475-1485.

［15］张文虎. 基于分层博弈的居民用户智能用电技术研究［D］. 南京：东南大学，2016.

第五章　基于不完全信息的电力博弈优化

本章首先阐述了不完全信息博弈基本理论知识,然后基于发电商与大用户双边合同交易、居民分布式能源调度优化、居民 DR 资源日前投标决策优化等典型场景,提出基于不完全信息的电力博弈优化对象建模、博弈优化设计和优化问题的求解方法。

5.1　不完全信息博弈理论知识

5.1.1　不完全信息博弈要素

在完全信息中,包含一个最基本的假设,即假设所有参与人都知道博弈的结构、规则,知道博弈的支付函数等所有与博弈相关的信息。但这个假设在很多情况下是不成立的,对于不满足该假设的博弈,我们称之为不完全信息博弈,或贝叶斯博弈。贝叶斯博弈作为不完全信息静态博弈的一种建模方式,其主要包含以下 5 个要素[1-3]:

(1) 参与人集合 $\boldsymbol{\Gamma} = \{1, 2, \cdots, n\}$;

(2) 参与人的类型集 $\boldsymbol{\Theta}_1 = \{\theta_1^1, \cdots, \theta_1^j, \cdots, \theta_1^m\}$, $\cdots$, $\boldsymbol{\Theta}_n = \{\theta_n^1, \cdots, \theta_n^j, \cdots, \theta_n^m\}$, θ_i^j 表示参与人 i 的第 j 个类型, $\boldsymbol{\Theta}_i$ 表示参与人 i 所有类型的集合;

(3) 参与人对于其他参与人类型的推断 $p_1(\theta_{-1} \mid \theta_1)$, $\cdots$, $p_n(\theta_{-m} \mid \theta_m)$, 其中 $\theta_i \in \boldsymbol{\Theta}_i$ 代指参与人 i 的类型, $p_n(\theta_{-m} \mid \theta_m)$ 为贝叶斯公式:

$$p_n(\theta_{-m} \mid \theta_m) = \frac{p_n(\theta_m, \theta_{-m})}{p_n(\theta_m)}$$

(4) 参与人类型相依的策略空间 $S_1(\theta_1)$, $S_2(\theta_2)$, $\cdots$, $S_n(\theta_n)$, 其中 $S_i(\theta_i)$ 表示参与人 i 在类型 θ_i 下的策略空间;

(5) 参与人类型相依的支付函数 $u_1[s_1(\theta_1), s_2(\theta_2), \cdots, s_n(\theta_n); \theta_1]$, $\cdots$, $u_n[s_1(\theta_1), s_2(\theta_2), \cdots, s_n(\theta_n); \theta_n]$。

在上述 5 个要素中,如果对 $\forall i \in \boldsymbol{\Gamma}$, $|T_i| = 1$, 也就是说,所有参与人的类型空间都只含有一个类型,此时不完全信息博弈就退化为完全信息博弈。不完全信息博弈退化为完全信息博弈还有一种情况,即所有参与人类型是完全相关的,当其中一个参与人类型确定时,其他参与人的类型也就相继确定。因此,对于不完全信息博弈而言,一般假定参与人的类型相互独立。

5.1.2 贝叶斯纳什均衡

与完全信息的纳什均衡类似,不完全信息博弈中引入了贝叶斯纳什均衡的概念。在静态不完全信息博弈中,博弈参与人同时行动或虽不同时行动但参与人不清楚其他参与人的行动,此时,若所有参与人类型已知,每个参与人都有与其类型相对应的最优策略,但实际每个参与人只知道自己的类型以及其他参与人类型集中每个类型发生的概率,所以其不可能准确地知道其他参与人最终选择的策略,但是却能知道其他参与人与类型相对应的最优策略。

为了对贝叶斯博弈问题进行处理。海萨尼在不完全信息博弈的过程中引入了一个虚拟的参与人——"自然",在博弈过程中,"自然"最先行动,它对接下来行动的参与人的具体类型进行选择,这个选择结果仅有被选择的参与人自己知道,"自然"行动结束后,被告知类型的参与人再行动,在告知类型的情况下,参与人会以使自己当前类型下收益最优为目标进行行动,从而在博弈最终达到均衡时,使得所有人都没有动力独自改变自己的策略。贝叶斯纳什均衡定义如下:

定义 5-1 在一个有 n 人参与的不完全信息博弈中,参与人 i 的类型 θ_i 是有限的,且 θ_i 的先验分布为 p,i 的纯策略空间为 S_i,则该博弈的一个贝叶斯纳什均衡是其"展开博弈"的一个纳什均衡,在这个"展开博弈"中每一个参与人 i 的纯策略空间是由 $\boldsymbol{\Theta}_i$ 到 $\boldsymbol{S}_i$ 的映射构成的集合 $\boldsymbol{S}_i^{\Theta_i}$。给定策略组合 $s(\cdot)$、$s_i(\cdot) \in \boldsymbol{S}_i^{\Theta_i}$,且 $(s_i'(\cdot), s_{-i}(\cdot))$ 代表参与人 i 选择 $s_i'(\cdot)$ 而其他参与人选择 $s(\cdot)$,令

$$(s_i'(\cdot), s_{-i}(\cdot)) = (s_1(\theta_1), \cdots, s_{i-1}(\theta_{i-1}), s_i'(\theta_i), s_{i+1}(\theta_{i+1}), \cdots, s_n(\theta_n)) \quad (5\text{-}1)$$

代表策略组合在 $\theta = (\theta_i, \theta_{-i})$ 时的值。那么如果对于每一个参与人 i 均有

$$s(\cdot) \in \underset{s_i'(\cdot) \in \boldsymbol{S}_i^{\Theta_i}}{\arg \max} \sum_{\theta_i} \sum_{\theta_{-i}} p(\theta_{-i} \mid \theta_i) u_i(s_i'(\theta_i), s_{-i}(\theta_{-i}), (\theta_i, \theta_{-i})) \quad (5\text{-}2)$$

则策略组合 $s(\cdot)$ 是一个贝叶斯纳什均衡。

5.2 发电商与大用户双边合同交易不完全信息博弈优化

5.2.1 发电商与大用户双边交易贝叶斯博弈模型

假设一次双边合同交易持续 T 个时间段,参与交易的有 I 个发电商和 J 个大用户。其交易流程如下[4]:

(1) 在合同签订的初始阶段,发电商 i 对大用户 j 的合同报价为 $(a_{i,j}, b_i)$,其中 $a_{i,j}$ 为合同的初始电价,b_i 为电价关于合同电量的增长系数,即报价曲线的斜率。所以 t ($t=1$, 2, $\cdots$, T) 时段,当大用户 j 在发电商 i 处签订的合同电量为 $q_{i,j}^t$ 时,其合同电价 $p_{i,j}^t$ 应为 $p_{i,j}^t = a_{i,j} + b_i q_{i,j}^t$。

（2）大用户在得到发电商的报价之后，根据各发电商的报价、预测的实时现货电价以及各时段的用电需求来决定同各发电商签订的合同电量。

根据上述交易流程，发电商们通过制定各自的报价策略来竞争获得大用户的购电合同。在这些竞争中，由于当发电商们修改各自的报价时可以影响其他发电商的收益，所以这些发电商之间是存在博弈关系的。

在这个博弈中，我们假设各发电商对大用户的报价是同时的，或虽不是同时的，但各自都不知道其他发电商的报价。对发电商 i（$i=1, 2, \cdots, I$）而言，其只知道自己的利润函数，而不知道发电商 k（$k=1, 2, i-1, i+1, \cdots, I$）的利润函数，即发电商的支付函数是各自的私有信息。但是发电商 i（$i=1, 2, \cdots, I$）知道发电商 k（$k=1, 2, i-1, i+1, \cdots, I$）的类型空间和发电商 k 为类型空间中某一类型的概率。在该假设下，发电商之间的博弈就可以称为贝叶斯博弈。

1）大用户购电成本优化模型

在不完全信息条件下，大用户购电成本模型与第四章所建完全信息下的模型相同，大用户 j 的优化模型如下：

$$
\begin{aligned}
\min_{q_j^t} \quad & \sum_{t=1}^{T}(\boldsymbol{a}_j^t + \boldsymbol{b}^{\mathrm{T}}\boldsymbol{Q}_j^t)^{\mathrm{T}}\boldsymbol{Q}_j^t \\
\text{s.t.} \quad & q_{i,j}^t \geqslant 0 \\
& \sum_{i=1}^{I} q_{i,j}^t + q_{\mathrm{S},j}^t = D_j^t \\
& q_{\mathrm{S},j}^t \geqslant 0
\end{aligned}
\tag{5-3}
$$

式中：$\boldsymbol{a}_j^t = [a_{1,j}, a_{2,j}, \cdots, a_{I,j}, p_{\mathrm{S}}^t]^{\mathrm{T}}$；$p_{\mathrm{S}}^t$ 为预测的 t 时段的现货电价；$\boldsymbol{b} = \mathrm{diag}[b_1, b_2, \cdots, b_I, 0]$ 为对角矩阵；$\boldsymbol{Q}_j^t = [q_{1,j}^t, q_{2,j}^t, \cdots, q_{I,j}^t, q_{\mathrm{S},j}^t]^{\mathrm{T}}$，其中 $q_{i,j}^t$ 表示大用户 j 与发电商 i 签订的双边合同中 t 时段的合同电量，$q_{\mathrm{S},j}^t$ 表示大用户 j 在 t 时段于现货市场的购电量；D_j^t 表示 t 时段大用户 j 的需求电量。

2）发电商利润模型

在不完全信息的条件下，发电商在双边交易中的利润模型由两部分组成：第一部分是其自身的发电成本；第二部分是通过双边合同售电给大用户的收益。假设发电商已知所有大用户的信息，所以其利润模型与完全信息下的模型是一致的。

对于发电商 i 而言，其售电收益为所有大用户在 i 处的购电成本总和：

$$
\sum_{j=1}^{J}(a_{i,j}\boldsymbol{E}\boldsymbol{q}_{i,j} + b_i \boldsymbol{q}_{i,j}^{\mathrm{T}}\boldsymbol{q}_{i,j})
\tag{5-4}
$$

式中，$\boldsymbol{q}_{i,j} = [q_{i,j}^1, q_{i,j}^2, \cdots, q_{i,j}^T]^{\mathrm{T}}$，$\boldsymbol{E}$ 是 $1 \times T$ 的单位矩阵。

而发电商 i 的发电成本可以用以下二次函数来拟合：

$$
\left[A_i\boldsymbol{E} + B_i\left(\sum_{j=1}^{J}\boldsymbol{q}_{i,j}\right)^{\mathrm{T}}\right]\sum_{j=1}^{J}\boldsymbol{q}_{i,j}
\tag{5-5}
$$

式中，A_i，B_i 是发电商的成本系数。所以发电商 i 的售电利润函数可以表示为：

$$\sum_{j=1}^{J} (a_{i,j} \boldsymbol{E} \boldsymbol{q}_{i,j} + b_i \boldsymbol{q}_{i,j}^{\mathrm{T}} \boldsymbol{q}_{i,j}) - [A_i \boldsymbol{E} + B_i (\sum_{j=1}^{J} \boldsymbol{q}_{i,j})^{\mathrm{T}}] \sum_{j=1}^{J} \boldsymbol{q}_{i,j} \tag{5-6}$$

本模型中，b_i 对每个发电商来说都是固定的，发电商的策略只包括其对大用户的初始合同报价 $\boldsymbol{a}_i$，组合 $\boldsymbol{a}_i = (a_{i,1}, a_{i,2}, \cdots, a_{i,J})$ 表示发电商 i 的报价组合。

3）发电商贝叶斯博弈模型的建立

假设在这 I 个发电商与 J 个大用户的交易中，大用户的信息对所有发电商而言是共同知识，即大用户的需求电量对发电商而言是已知的；而发电商的信息对其他发电商而言是保密的，即各发电商只知道自己的成本函数，并不知道其他发电商的成本函数，但是各发电商的类型集（包含其所有可能的类型，即成本函数）以及类型集里各类型对应的概率对所有发电商而言是共同知识。

在这里，假设发电商 i（$i = 1, 2, \cdots, I$）的类型集为 T_i，其类型 $\theta_i \in \boldsymbol{\Theta}_i$。对于发电商 i 而言，发电商 i 知道自己的类型 θ_i，却不知道其他发电商的类型，对于未知的发电商 k 的类型，可以基于一些已知信息来估计其概率分布 $p_i(\theta_k \mid \theta_i)$。在此，引入一个自然选择向量 $f = (1, 2, 3, \cdots, m)$，此向量对所有发电商同时起作用，但是发电商 i 只能观测到属于自己的变量 f，对于发电商 k（$k = 1, 2, \cdots, i-1, i+1, \cdots, I$）的变量则观测不到，但是发电商 i 可以对对手的类型进行估计。假设发电商 i 的类型 $\theta_i = f$ 的概率为 $\varphi_i(f)$，此时对应于其他所有发电商的类型组合为 θ_{-i} 的概率为 $p_i(\theta_{-i} \mid \theta_i)$，此时发电商 i 利润估计的期望值为：

$$\sum_{f \in \boldsymbol{\Theta}_i} \varphi_i(f) \sum_{\theta_{-i} \in \boldsymbol{\Theta}_{-i}} p_i(\theta_{-i} \mid \theta_i^f) \Big\{ \sum_{j=1}^{J} (a_{i,j}^f \boldsymbol{E} \boldsymbol{q}_{i,j}^{(\theta_{-i} \mid \theta_i^f)} + b_i^f \boldsymbol{q}_{i,j}^{(\theta_{-i} \mid \theta_i^f)\mathrm{T}} \boldsymbol{q}_{i,j}^{(\theta_{-i} \mid \theta_i^f)}) - [A_i^f \boldsymbol{E} +$$
$$B_i^f (\sum_{j=1}^{J} \boldsymbol{q}_{i,j}^{(\theta_{-i} \mid \theta_i^f)})^{\mathrm{T}}] \sum_{j=1}^{J} \boldsymbol{q}_{i,j}^{(\theta_{-i} \mid \theta_i^f)} \Big\} \tag{5-7}$$

上式中，θ_i^f 表示发电商 i 的类型为 f；A_i^f 和 B_i^f 分别代表类型为 f 时发电商 i 发电成本函数的一次和二次项系数；$a_{i,j}^f$、b_i^f 分别代表类型为 f 时发电商 i 对大用户 j 的合同初始报价、报价的增长系数；$\boldsymbol{q}_{i,j}^{(\theta_{-i} \mid \theta_i^f)}$ 代表当发电商 i 类型为 f，其他发电商类型组合为 θ_{-i} 时，大用户 j 在发电商 i 处的购电量集合。

发电商 i 在只知道自己类型 $\theta_i = f$，而不知道其他发电商类型组合 θ_{-i} 的条件下，$\varphi_i(f) = 1$，此时发电商 i 将通过选择 a_i^f 来使得自己的期望利润最大，即：

$$\max_{a_i} \sum_{\theta_{-i} \in \boldsymbol{\Theta}_{-i}} p_i(\theta_{-i} \mid \theta_i^f) \Big\{ \sum_{j=1}^{J} [a_{i,j}^f \boldsymbol{E} \boldsymbol{q}_{i,j}^{(\theta_{-i} \mid \theta_i^f)} + b_i^f \boldsymbol{q}_{i,j}^{(\theta_{-i} \mid \theta_i^f)\mathrm{T}} \boldsymbol{q}_{i,j}^{(\theta_{-i} \mid \theta_i^f)}] - [A_i^f \boldsymbol{E} +$$
$$B_i^f (\sum_{j=1}^{J} \boldsymbol{q}_{i,j}^{(\theta_{-i} \mid \theta_i^f)})^{\mathrm{T}}] \sum_{j=1}^{J} \boldsymbol{q}_{i,j}^{(\theta_{-i} \mid \theta_i^f)} \Big\} \tag{5-8}$$

5.2.2　基于协同进化算法的贝叶斯纳什均衡求解

对于不完全信息博弈下贝叶斯均衡问题的求解，现有方法为：Q-learning 算法[5]、多代理增强学习算法[6]、协同进化算法[7-8]等。这里在文献[8]所提协同进化算法的基础上,对不完全信息下的主从博弈问题进行求解。

协同进化算法作为一种智能代理仿真算法,它采用了一种协同进化机制并通过对受观测物种进化稳定状态的观察来判断生态系统是否达到均衡[9]。将协同进化算法应用到贝叶斯模型的求解过程中,需要在算法与贝叶斯博弈之间建立起如下映射:贝叶斯博弈问题对应于协同进化算法中的生态系统;对博弈中的某一个参与者而言,其本身对应于算法中的一个物种,其可能存在的所有类型与物种中的种群一一对应,而某一类型下的备选策略则对应于种群中的个体。基于上述映射关系,可以得到基于协同进化算法的贝叶斯纳什均衡的求解流程如下:

(1) 对发电商 i($i=1, 2, \cdots, I$)建立其对应的物种 z_i,建立与发电商 i 类型 $\theta_i(\theta_i \in \Theta_i)$ 相对应的种群 z_i^t,其中上标 t 为发电商 i 的类型序号。

(2) 由于在对种群中的个体进行评价时需要其他物种的相关信息进行参考,所以在每次进化完毕之后,所有种群都需要选取一个代表来与其他物种进行信息交互,例如对于种群 z_i^t 而言,其代表个体可以称为 z_i^{tR},在进行代表选取时,先要对所有个体的适应度进行一个评估,对于进化代数为 H、代号为 z_i^f 的种群,其种群中某个个体 z_i^{fn} 的适应度可以用以下函数进行计算:

$$f_H(z_i^{fn}) = \sum_{\theta_{-i} \in \Theta_{-i}} p_i(\theta_{-i} \mid \theta_i^f)\bigg\{ \sum_{j=1}^J [z_{i,j}^{fn} \boldsymbol{E} \, \boldsymbol{q}_{i,j}^{(\theta_{-i} \mid \theta_i^f)} + b_i^f \, \boldsymbol{q}_{i,j}^{(\theta_{-i} \mid \theta_i^f) \mathrm{T}} \, \boldsymbol{q}_{i,j}^{(\theta_{-i} \mid \theta_i^f)}] - [A_i^f \boldsymbol{E} +$$

$$B_i^f(\sum_{j=1}^J \boldsymbol{q}_{i,j}^{(\theta_{-i} \mid \theta_i^f)})^{\mathrm{T}}] \sum_{j=1}^J \boldsymbol{q}_{i,j}^{(\theta_{-i} \mid \theta_i^f)} \bigg\} \tag{5-9}$$

式中,$z_{i,j}^{fn}$ 对物种 i 中对应于类型 f 的第 n 个个体中第 j 个变量。

(3) 对于种群 z_i^f 而言,一般会选取其适应度最高的个体作为该种群的代表来与其他种群进行信息交换,并将其作为下一次进化的参考信息,代表 z_i^{tR} 选取的表达式为:

$$z_i^{tR}(H) = f_{H-1}^{-1}\big[\max_n f_{H-1}(z_i^{tn})\big] \tag{5-10}$$

(4) 根据步骤(2)~(3)完成对所有种群中每个个体的适应度评价并筛选出最优个体后,采用标准遗传算法对各种群进行独立进化操作,自此第 H 代的协同进化过程完成。

(5) 重复步骤(2)~(4),直至进化达到最大代数 $H_{\max}$,或各种群代表不再改变,即生态系统收敛,贝叶斯博弈达到均衡。

5.2.3 算例分析

本节所建立的模型中,一个时段 t 可以是一天,也可以是将一天按峰平谷划分后的三个时段中的一个时段,更可以是一个小时。在本算例中,将一天分为三个时段,三个时段的电价均不一样,且大体按照谷时电价、肩时电价和峰时电价进行分配。发电商与大用户之间进行的是一个为期 30 天的双边合同交易。参与到双边合同签订中的双方是 3 个发电商和 3 个大用户。3 个发电商是博弈的上层主导者,但这 3 个发电商只知道各自的发电成本,对其他发电商的发电成本并不完全了解,但每一个发电商的类型空间 $\boldsymbol{\Theta}_i$ 及其概率分布

$p_i(\theta_{-i} \mid \theta_i)$ 是共同知识。这 3 个发电商之间需要通过博弈来决定给大用户的合同报价;然后大用户根据发电商的报价来决定与各个发电商签订的合同电量。现假定每个发电商可能的类型即各类型对应的概率,如表 5-1 所示。

表 5-1 各发电商的类型空间及其对应概率表

发电商	类型	A /(元·MWh^{-1})	B /(元·MWh^{-2})	b /(元·MWh^{-2})	p
	1	320	0.4	0.8	0.3
a	2	352	0.36	0.72	0.3
	3	338	0.5	1	0.4
	1	330	0.5	1	0.3
b	2	370	0.45	0.9	0.3
	3	350	0.3	0.6	0.4
	1	340	0.3	0.6	0.3
c	2	360	0.25	0.5	0.3
	3	320	0.35	0.7	0.4

设各发电商的真实类型为类型 1,发电商真实的发电成本及相关参数如表 5-2 所示。

表 5-2 各发电商的成本及报价参数表

发电商	A /(元·MWh^{-1})	B /(元·MWh^{-2})	b /(元·MWh^{-2})	$\bar{A}$ /(元·MWh^{-1})	$\underline{AA}$ /(元·MWh^{-1})
a	320	0.4	0.8	350	500
b	330	0.5	1	350	500
c	340	0.3	0.6	350	500

合同持续周期内的现货电价预测和 3 个大用户的用电需求如图 5-1 和图 5-2 所示。

基于上述数据,采用 5.2.2 节中所提及的协同进化算法对不完全信息下的发电商与大用户双边合同交易的主从博弈问题进行求解。协同进化算法参数的设置情况如下:各种群进化基于标准遗传算法;各种群包含的个体数目为 50;采用精英保留机制;运用单点交叉与突变遗传算子,交叉概率为 0.90,突变概率为 0.05;生态系统最大进化代数 $H_{\max}$ 为 180。运用协同进化算法来求取贝叶斯

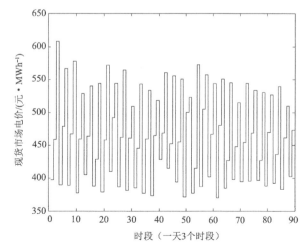

图 5-1 现货市场电价预测图

均衡,其结果如表 5-3 和表 5-4 所示,其中"类型"是指发电商(a,b,c)依次构成的类型组合。

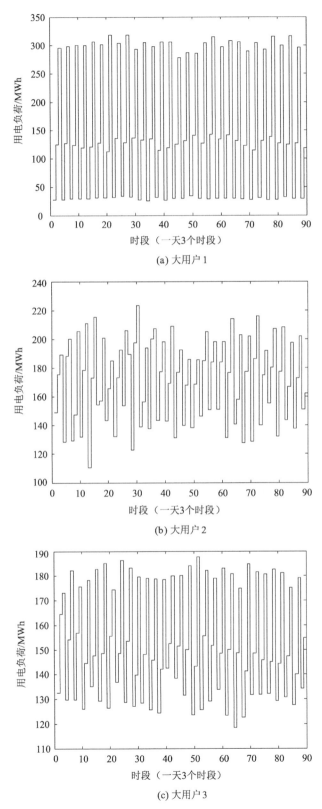

(a) 大用户 1

(b) 大用户 2

(c) 大用户 3

图 5-2　大用户用电需求图

表 5-3　各种发电商类型下的大用户购电组合优化结果表

类型组合	发电商	大用户购电量/MWh			类型组合	发电商	大用户购电量/MWh		
		1	2	3			1	2	3
(1, 1, 1)	a	4 855.09	4 555.05	4 168.93	(2, 2, 3)	a	4 175.14	3 842.23	3 465.32
	b	3 760.87	3 405.54	3 061.54		b	2 925.55	2 377.20	2 058.60
	c	4 783.59	4 563.14	3 981.81		c	5 779.30	5 372.17	4 962.63
(1, 1, 2)	a	4 995.53	4 692.75	4 383.03	(2, 3, 1)	a	3 822.11	3 389.97	2 981.15
	b	3 873.22	3 515.70	3 232.82		b	4 110.44	3 985.17	3 578.06
	c	4 415.49	3 816.26	3 181.75		c	4 919.85	4 479.31	3 972.91
(1, 1, 3)	a	4 716.82	4 527.74	4 111.67	(2, 3, 2)	a	3 950.31	3 525.35	3 181.15
	b	3 651.06	3 383.69	3 015.73		b	4 265.28	4 145.42	3 818.07
	c	5 142.51	4 947.63	4 407.83		c	4 392.34	3 688.84	3 116.52
(1, 2, 1)	a	5 125.98	4 773.64	4 442.60	(2, 3, 3)	a	3 768.90	3 361.37	2 928.56
	b	2 809.03	2 265.58	1 921.25		b	4 048.33	3 949.85	3 515.96
	c	5 145.77	4 855.60	4 346.71		c	5 361.45	4 877.56	4 411.56
(1, 2, 2)	a	5 262.37	4 873.78	4 616.48	(3, 1, 1)	a	3 826.16	3 383.29	3 065.31
	b	2 906.61	2 355.59	2 075.82		b	4 012.91	3 643.84	3 326.66
	c	4 711.05	4 105.90	3 555.28		c	5 203.66	4 960.30	4 423.68
(1, 2, 3)	a	5 015.67	4 765.08	4 405.43	(3, 1, 2)	a	3 935.67	3 461.92	3 208.95
	b	2 783.09	2 257.09	1 888.22		b	4 122.42	3 722.47	3 471.30
	c	5 485.05	5 217.74	4 743.57		c	4 835.31	4 229.80	3 658.71
(1, 3, 1)	a	4 761.07	4 342.83	3 981.75	(3, 1, 3)	a	3 735.76	3 380.35	3 035.13
	b	3 872.83	3 785.04	3 337.39		b	3 922.51	3 640.90	3 297.48
	c	4 659.57	4 280.18	3 732.25		c	5 530.30	5 315.08	4 810.32
(1, 3, 2)	a	4 912.06	4 485.77	4 181.25	(3, 2, 1)	a	4 015.51	3 532.74	3 268.57
	b	4 051.47	3 975.30	3 603.38		b	3 036.04	2 502.11	2 199.52
	c	4 159.13	3 483.50	2 858.90		c	5 519.23	5 209.39	4 765.10
(1, 3, 3)	a	4 638.49	4 305.84	3 922.47	(3, 2, 2)	a	4 090.46	3 588.79	3 378.51
	b	3 816.23	3 735.39	3 258.35		b	3 117.41	2 565.38	2 321.68
	c	5 052.99	4 692.89	4 191.61		c	5 076.91	4 483.53	3 997.83
(2, 1, 1)	a	3 977.67	3 633.05	3 213.26	(3, 2, 3)	a	3 949.21	3 541.30	3 258.02
	b	3 955.63	3 530.26	3 223.33		b	3 011.98	2 511.62	2 187.79
	c	5 106.52	4 771.00	4 251.45		c	5 835.23	5 545.00	5 128.74
(2, 1, 2)	a	4 122.99	3 755.65	3 418.30	(3, 3, 1)	a	3 729.56	3 181.95	2 867.78
	b	4 059.26	3 618.53	3 370.95		b	4 233.25	4 129.60	3 701.27
	c	4 658.31	4 021.91	3 458.01		c	5 042.65	4 625.73	4 096.12
(2, 1, 3)	a	3 898.76	3 617.82	3 167.32	(3, 3, 2)	a	3 827.89	3 276.63	3 017.47
	b	3 888.97	3 519.29	3 190.25		b	4 397.13	4 287.41	3 950.75
	c	5 482.39	5 141.34	4 657.14		c	4 555.60	3 859.22	3 275.74
(2, 2, 1)	a	4 217.57	3 841.49	3 487.04	(3, 3, 3)	a	3 663.77	3 165.33	2 830.62
	b	2 950.90	2 376.61	2 076.77		b	4 186.74	4 101.91	3 639.33
	c	5 395.40	5 021.13	4 579.98		c	5 427.46	5 007.91	4 518.17
(2, 2, 2)	a	4 313.62	3 931.25	3 647.20					
	b	3 027.74	2 448.41	2 205.90					
	c	4 915.50	4 275.78	3 787.63					

表 5-4　发电商各类型下的报价策略表

发电商	类型	大用户电价/(元·MWh⁻¹)		
		1	2	3
a	1	362.45	355.60	355.26
	2	391.19	380.65	382.11
	3	369.32	365.69	367.17
b	1	365.17	359.90	361.34
	2	402.24	397.19	399.43
	3	399.35	381.87	382.10
c	1	385.90	375.85	376.45
	2	410.67	399.17	402.18
	3	366.31	358.13	359.79

结合表 5-1 中有关发电商类型空间的信息以及表 5-4 各类型下发电商的报价策略结果可知,在博弈达到均衡的情况下,发电商最终的合同报价是与其发电成本成正相关的,发电商的发电成本越高,其相应的报价也会越高,而发电商报高价的代价是大用户在其处购买的合同电量会相应减少(如表 5-3 所示)。结合表 5-3 和 5-4 的结果可以发现,任一发电商因类型改变而造成的报价改变都会影响到大用户的购电组合优化结果:随着发电商报价的增高,大用户在其处购买的合同电量会减少而在另两个发电商处购买的合同电量则会相应增多。

上文有假设:每个发电商的真正类型为类型 1。在这个假设下,由表 5-4 中的贝叶斯纳什均衡可知,在实际做出行动时,3 个发电商对大用户的报价如表 5-5 所示。

表 5-5　贝叶斯博弈下各发电商实际博弈结果表

发电商	大用户合同电价/(元·MWh⁻¹)			大用户合同电量/MWh			总收益/元
	1	2	3	1	2	3	
a	362.45	355.60	355.26	4 855.09	4 555.05	4 168.93	1 085 865
b	365.17	359.90	361.34	3 760.87	3 405.54	3 061.54	750 980
c	385.90	375.85	376.45	4 783.59	4 563.14	3 981.81	1 114 123

表 5-6　完全信息博弈下各发电商实际博弈结果

发电商	大用户合同电价/(元·MWh⁻¹)			大用户合同电量/MWh			总收益/元
	1	2	3	1	2	3	
a	363.20	355.80	356.75	4 975.24	4 513.58	4 110.63	1 109 395
b	365.18	359.78	360.36	3 890.30	3 431.61	3 126.21	772 444
c	396.42	376.02	377.67	4 416.57	4 513.10	3 928.38	1 021 038

表 5-6 为完全信息博弈下各发电商实际博弈结果,对比表 5-5 和 5-6 可以发现,相对于完全信息的博弈结果,在贝叶斯博弈的条件下,由于信息的不完全,发电商们最终的博弈结

果与完全信息条件下的博弈结果之间存在着一定的差异,且由于博弈参与者的收益受其他参与人策略的影响,保持各自的私有信息不为其他发电商所知并不能保证其收益的提高,相反,某些发电商的收益甚至会有所减少。

5.3　居民分布式能源不完全信息博弈优化

5.3.1　典型场景及基本模型构建

本节所构建的典型场景如图 5-3 所示,由电网公司和 I 个居民社区构成。社区中用户均配有可作为分布式能源的电动汽车,且用户安装的智能电表可与本社区控制中心进行实时信息交互。社区内安装的电动汽车充放电装置亦可与社区控制中心进行信息交互,且接受社区控制中心调控。需求管理中心作为电网服务机构,主要职责为搜集所有社区用户负荷信息,例如用户各时段负荷需求以及电动汽车基本参数等。在实施日前调度安排时,需求侧管理中心会将基本信息和电价政策播报给所有社区。基于需求侧管理中心发布的信息,各社区控制中心将会独立执行优化算法。当各社区完成日前调度安排后,会将负荷需求量发送至需求管理中心;然后,电网公司根据所有社区用能安排制定第二天的购售电计划。此外,本节所构建的场景中,社区之间可不必进行信息交互,所以各社区能有效保护隐私,且能减少繁复的信息交互,以降低通信阻塞的可能。

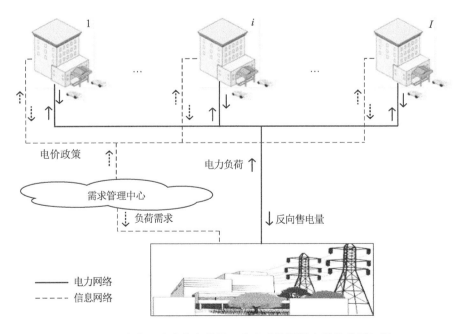

图 5-3　考虑不完全信息的居民分布式能源博弈优化典型场景

本节所考虑的不完全信息博弈场景中,居民社区作为社区内部用户代理机构,其职责与负荷聚合商类似,主要负责电网和用户之间的能量交易。即在购售电交易中均以社区为单位和电网进行交易,然后,社区内部通过一定的分配机制将总费用和收益分配至每个用户。此外,社区还为用户提供电动汽车充放电服务,由于社区需要支付充放电装置的投资、运行以及维护费用,因此社区会向使用充放电装置的用户收取一定的服务费用。为便于下文分析与讨论,本节对社区所收取的服务费用做以下几点假设[10]:

(1) 服务费以使用装置进行充放电的电量结算,单价为 λ 美元/kWh,且每个社区的 λ 为私有信息,不为其他社区所知;

(2) 考虑到各社区收取服务费的差异性,所有社区中共存在 v 种收费标准,即 λ 取值存在 v 种可能性,且这 v 种 λ 取值服从一定的概率分布;

(3) 各社区根据服务费标准 λ 的不同划分为不同的类型,即 λ 值相同的社区为同一类型,否则为不同类型。

基于以上假设可知,不同类型社区用户由于需要支付的服务费不同,其充放电的费用和收益也不尽相同,因而用户参与 DR 的积极性也不同。此外,由于社区服务费 λ 为私有信息,各社区无法完全知悉其他社区的收益情况,因此需通过不完全信息博弈相关理论方能构建社区之间的博弈模型。鉴于此,假设所构建场景中,共有 I 个居民社区,集合可表示为 $I = \{1, 2, \cdots, I\}$,其中社区 i 拥有 J_i 个居民用户,集合可表示为 $J_i = \{1, 2, \cdots, J_i\}$。此外,日前调度将一天分为 H 个时段,集合可表示为 $H = \{1, 2, \cdots, H\}$。

1) 电能需求模型

用户 ij 表示第 i 个社区中第 j 个用户,其在 $h \in H$ 时段内的负荷需求量为 $x_{ij,h}$。因此,居民社区在 h 时段内的负荷总需求量可表示为:

$$L_h = \sum_{i=1}^{I} \sum_{j=1}^{J_i} x_{ij,h} \qquad (5\text{-}11)$$

为了定量分析负荷需求峰谷差,引入峰均比(Peak To Average Ratio, PAR)来衡量,需计算出一天内最大负荷量和平均负荷量,即:

$$L_{peak} = \max_{h \in H} L_h \qquad (5\text{-}12)$$

和

$$L_{avg} = \frac{1}{H} \max_{h \in H} L_h \qquad (5\text{-}13)$$

因此,PAR 可表示为[11]:

$$PAR = \frac{L_{peak}}{L_{avg}} = H \frac{\max\limits_{h \in H} L_h}{\sum\limits_{h \in H} L_h} \qquad (5\text{-}14)$$

2) 电能费用模型

居民社区用户从电网公司购电需要支付一定的电能费用,假设电网公司实行的电价机制为实时电价,可表示为:

$$p_h(L_h) = a_h L_h + b_h \qquad (5\text{-}15)$$

式中，$a_h > 0$，$b_h > 0$ 为电价系数，负荷高峰期的值要高于负荷低谷期的值。

假设居民社区 i 中的用户 ij 在 h 时段内的刚性负荷为 $b_{ij,h}$，电动汽车充电负荷为 $x_{ij,h}^{\mathrm{c}}$。因此，所有社区总负荷需求可表示为：

$$L_h = \sum_{i=1}^{I} \sum_{j=1}^{J_i} x_{ij,h} = \sum_{i=1}^{I} \sum_{j=1}^{J_i} (x_{ij,h}^{\mathrm{c}} + b_{ij,h}) \tag{5-16}$$

令 λ_i 为社区 i 从用户收取的服务费用，单位为美元/kWh。因此，社区 i 内所有用户日电能费用可表示为：

$$U_i^{\mathrm{c}}(\boldsymbol{x}_i^{\mathrm{c}}) = \sum_{h=1}^{H} \left[p_h(L_h) \sum_{j=1}^{J_i} (x_{ij,h}^{\mathrm{c}} + b_{ij,h}) + \lambda_i \sum_{j=1}^{J_i} x_{ij,h}^{\mathrm{c}} \right] \tag{5-17}$$

式中，$\boldsymbol{x}_i^{\mathrm{c}} = [x_{i,1}^{\mathrm{c}}, \cdots, x_{i,h}^{\mathrm{c}}, \cdots, x_{i,H}^{\mathrm{c}}]$ 表示社区 i 中的电动汽车充电策略集，且

$$x_{i,h}^{\mathrm{c}} = \sum_{j=1}^{J_i} x_{ij,h}^{\mathrm{c}} \tag{5-18}$$

在居民社区 i 中，J_i 个用户作为一个整体共需支付 U_i^{c} 美元，而每个用户支付的费用则根据一定的分配原则对 U_i^{c} 进行划分。假设个体用户支付的费用与其负荷需求呈正相关关系，则其分配比例可由下式决定[12]：

$$u_{ij}^{\mathrm{c}} = \frac{\sum_{h=1}^{H} (x_{ij,h}^{\mathrm{c}} + b_{ij,h})}{\sum_{j=1}^{J_i} \sum_{h=1}^{H} (x_{ij,h}^{\mathrm{c}} + b_{ij,h})} \tag{5-19}$$

式中，u_{ij}^{c} 即为用户 ij 所需支付的费用占总费用 U_i^{c} 的比例。进一步，用户 ij 需要支出的日购电费用为：

$$U_{ij}^{\mathrm{c}} = u_{ij}^{\mathrm{c}} U_i^{\mathrm{c}}(\boldsymbol{x}_i^{\mathrm{c}}) \tag{5-20}$$

由式(5-19)和式(5-20)可以看出，居民社区内部用户以合作的方式统一参与到社区的用能管理调度中，而社区控制中心则以整个社区总费用最小为目标参与 DR 负荷管理调度，最后再通过式(5-20)的分配方法将费用分配至各用户。

3) 电动汽车收益模型

居民用户购买电动汽车的主要用途是方便出行，因此，用户首先会考虑满足自身出行后才会考虑利用电动汽车参与电网反向售电交易。假设用户 ij 的电动汽车电池容量为 Q_{ij}，在路上消耗的电量为 Q_{ij}^{v}。如果在用户返回家中后，电动汽车电池电量仍有剩余，则用户可将该电能反向售卖给电网。假设用户 ij 一天内利用电动汽车售卖的电量为 Q_{ij}^{d}，电动汽车在消耗 Q_{ij}^{v} 和 Q_{ij}^{d} 后，电池剩余电量为 Q_{ij}^{r}，则电池容量 Q_{ij} 满足

$$Q_{ij} = Q_{ij}^{\mathrm{v}} + Q_{ij}^{\mathrm{d}} + Q_{ij}^{\mathrm{r}} \tag{5-21}$$

式中，Q_{ij}^{v} 的取值与电动汽车行驶公里数以及每公里耗电量相关。现阶段，小型私家车行驶

1 km 的耗电量通常为 0.1~0.2 kWh。此外,考虑到目前电动汽车普及率还较低,缺乏电动汽车日行驶公里数的相关数据,因此本节内容以传统汽车来模拟电动汽车行驶里程[13]。根据美国全国家庭旅行调查数据可知,私家车日出行里程数 d 服从对数正态分布,其概率分布可表示为[14]:

$$f(d) = \frac{1}{d\sigma_v\sqrt{2\pi}}\exp\left[-\frac{(\ln d - \mu_v)^2}{2\,\sigma_v^2}\right] \tag{5-22}$$

式中,$\mu_v = 3.7$,$\sigma_v = 0.9$。通过式(5-22)以及每公里耗电量可求取电动汽车在路上消耗的电能 Q_{ij}^v。

本节所构建的场景中考虑了电动汽车反向放电情况,因此需要制定合理的放电电价机制,从而不仅可以保证用户的售电收益,还可以有效降低电网 PAR 值。鉴于此,放电电价需要满足以下两个条件:

(1)居民社区在同一时段内反向放电电价与所有社区总放电量呈负相关关系,即放电电价关于总放电量为减函数。

(2)考虑到电网公司需要获取收益,因此,同一时段内反向放电电价必定要小于从电网公司购电电价。

基于以上假设,放电电价可表示为:

$$p_h^d(L_h^d) = a_h^d L_h^d + b_h^d \tag{5-23}$$

式中,$a_h^d < 0$ 和 $0 < b_h^d < b_h$ 为放电电价参数,且

$$L_h^d = \sum_{i=1}^{I}\sum_{j=1}^{J_i} x_{ij,h}^d \tag{5-24}$$

式中,$x_{ij,h}^d$ 表示用户 ij 的电动汽车在时段 h 内的反向放电量。式(5-23)中参数 $a_h^d < 0$ 可以保证随着放电量的增加放电电价逐渐下降,参数 $0 < b_h^d \leqslant b_h$ 可以保证同一时段内反向放电电价必定小于购电电价。

由于居民用户需要向社区支付充放电装置的服务费,所以社区 i 内所有用户向电网反向放电的收益可以表示为:

$$U_i^d(\boldsymbol{x}_i^d) = \sum_{h=1}^{H}\left[(p_h^d(L_h^d) - \lambda_i)\sum_{j=1}^{J_i} x_{ij,h}^d\right] \tag{5-25}$$

式中,$\boldsymbol{x}_i^d = [x_{i,1}^d, \cdots, x_{i,h}^d, \cdots, x_{i,H}^d]$ 表示社区 i 内电动汽车放电的策略集,且

$$x_{i,h}^d = \sum_{j=1}^{J_i} x_{ij,h}^d \tag{5-26}$$

同理,在居民社区 i 中,J_i 个用户通过反向放电共获得收益为 U_i^d 美元,而每个用户的收益则根据一定的分配原则对 U_i^d 进行划分。假设个体用户收益与其放电量也呈正相关关系,其分配比例可由下式决定:

$$u_{ij}^{\mathrm{d}} = \frac{\sum\limits_{h=1}^{H} x_{ij,h}^{\mathrm{d}}}{\sum\limits_{j=1}^{J_i} \sum\limits_{h=1}^{H} x_{ij,h}^{\mathrm{d}}} \qquad (5\text{-}27)$$

式中，u_{ij}^{d} 即为用户 ij 所获得的放电收益占总收益 U_i^{d} 的比例。进一步，用户 ij 获得的放电收益为：

$$U_{ij}^{\mathrm{d}} = u_{ij}^{\mathrm{d}} U_i^{\mathrm{d}}(x_i^{\mathrm{d}}) \qquad (5\text{-}28)$$

由式(5-27)和式(5-28)可以看出，居民社区内部用户同样以合作的方式统一参与到社区的放电调度中，而社区控制中心则以整个社区总放电收益最大为目标参与 DR 放电调度，最后通过式(5-28)的分配方法将收益分配至各用户。

5.3.2　电动汽车不完全信息博弈模型

首先建立完全信息下的居民社区非合作博弈模型，即各居民社区的收费标准为共有信息，各博弈参与者的收益函数为公共知识。进一步，根据建立的完全信息博弈模型推出不完全信息博弈模型。但是，在建立完全信息博弈模型前，需要计算居民社区总费用。由以上构建的费用收益模型可知，社区 i 需要支付的能源费用为 U_i^{c}，反向放电获得的收益为 U_i^{d}。因此，社区 i 总支出费用可表示为：

$$U_i(\boldsymbol{x}_i^{\mathrm{c}}, \boldsymbol{x}_i^{\mathrm{d}}) = U_i^{\mathrm{c}}(\boldsymbol{x}_i^{\mathrm{c}}) - U_i^{\mathrm{d}}(\boldsymbol{x}_i^{\mathrm{d}}) \qquad (5\text{-}29)$$

$U_i(\boldsymbol{x}_i^{\mathrm{c}}, \boldsymbol{x}_i^{\mathrm{d}})$ 即为社区 i 一天实际需要支出的费用。社区控制中心的目标为求取式(5-29)的最小值，即：

$$\min_{x_{i,h}^{\mathrm{c}} \in \boldsymbol{x}_i^{\mathrm{c}},\, x_{i,h}^{\mathrm{d}} \in \boldsymbol{x}_i^{\mathrm{d}}} U_i(\boldsymbol{x}_i^{\mathrm{c}}, \boldsymbol{x}_i^{\mathrm{d}}) \qquad (5\text{-}30)$$

为了在电动汽车充放电可行域内求取式(5-30)的最优值，需要满足一定的约束条件。假设二进制变量 $k_{ij,h}^{\mathrm{c}}$ 和 $k_{ij,h}^{\mathrm{d}}$ 为电动汽车的运行模式，其中 $k_{ij,h}^{\mathrm{c}}=1$ 和 $k_{ij,h}^{\mathrm{d}}=1$ 分别表示电动汽车处于充电和放电模式。最优化问题(5-30)的约束条件可表示为：

（1）在电动汽车充放电过程中，必须要满足能量守恒，即：

$$\begin{cases} \sum\limits_{h=1}^{H} x_{ij,h}^{\mathrm{d}} / \eta_{\mathrm{d}} = Q_{ij}^{\mathrm{d}} \\ \sum\limits_{h=1}^{H} \eta_{\mathrm{c}} x_{ij,h}^{\mathrm{c}} = Q_{ij}^{\mathrm{d}} + Q_{ij}^{\mathrm{v}} \end{cases} \qquad (5\text{-}31)$$

式中，$0 < \eta_{\mathrm{d}} < 1$，表示电动汽车的放电效率；$0 < \eta_{\mathrm{c}} < 1$，表示电动汽车的充电效率。

（2）电动汽车不能同时进行充放电，即：

$$k_{ij,h}^{\mathrm{c}} + k_{ij,h}^{\mathrm{d}} = 1 \qquad (5\text{-}32)$$

（3）电动汽车的充放电功率需小于其最大充放电功率，即：

$$\begin{cases} 0 \leqslant x_{ij,h}^{\text{c}} \leqslant k_{ij,h}^{\text{c}} x_{ij}^{\text{cmax}} \\ 0 \leqslant x_{ij,h}^{\text{d}} \leqslant k_{ij,h}^{\text{d}} x_{ij}^{\text{dmax}} \end{cases} \tag{5-33}$$

式中，x_{ij}^{cmax} 和 x_{ij}^{dmax} 分别表示电动汽车的最大充、放电功率。

1) 完全信息博弈模型

在完全信息博弈中，居民社区完全知悉其他社区的收益函数。各社区通过推测对手的策略来优化自身策略从而最小化自身费用。因此，基于费用模型(5-30)，居民社区完全信息博弈可以构建为如下形式：

- 参与者：所有居民社区。
- 策略：居民社区 $i \in \boldsymbol{I}$ 内的电动汽车充放电策略 $(\boldsymbol{x}_i^{\text{c}}, \boldsymbol{x}_i^{\text{d}})$。
- 收益函数：居民社区 i 的收益函数定义为以下形式：

$$P_i(\boldsymbol{x}_i^{\text{c}}, \boldsymbol{x}_i^{\text{d}}, \boldsymbol{x}_{-i}^{\text{c}}, \boldsymbol{x}_{-i}^{\text{d}}) = U_i(\boldsymbol{x}_i^{\text{c}}, \boldsymbol{x}_i^{\text{d}}) \tag{5-34}$$

式中，$\boldsymbol{x}_{-i}^{\text{c}} = [x_1^{\text{c}}, \cdots, x_{i-1}^{\text{c}}, x_{i+1}^{\text{c}}, \cdots, x_{I-1}^{\text{c}}]$ 和 $\boldsymbol{x}_{-i}^{\text{d}} = [x_1^{\text{d}}, \cdots, x_{i-1}^{\text{d}}, x_{i+1}^{\text{d}}, \cdots, x_{I-1}^{\text{d}}]$ 分别为除社区 i 以外所有社区内电动汽车的充电和放电策略。

居民社区为了最大化收益函数，需要根据对手的策略不断调节自身策略，直到所有用户策略不再发生改变时，该状态则为纳什均衡解。即：

$$P_i(\boldsymbol{x}_i^{\text{c*}}, \boldsymbol{x}_i^{\text{d*}}, \boldsymbol{x}_{-i}^{\text{c*}}, \boldsymbol{x}_{-i}^{\text{d*}}) \leqslant P_i(\boldsymbol{x}_i^{\text{c}}, \boldsymbol{x}_i^{\text{d}}, \boldsymbol{x}_{-i}^{\text{c*}}, \boldsymbol{x}_{-i}^{\text{d*}}) \tag{5-35}$$

式中，$(\boldsymbol{x}_i^{\text{c*}}, \boldsymbol{x}_i^{\text{d*}}, \boldsymbol{x}_{-i}^{\text{c*}}, \boldsymbol{x}_{-i}^{\text{d*}})$ 为居民社区完全信息博弈纳什均衡。一旦达到该均衡状态，没有社区会再改变充放电策略，否则收益必定受损。

2) 不完全信息博弈模型

在完全信息博弈中，各社区完全知悉其他社区服务费的收费标准及其收益函数。但是本节所构建的场景中，由于社区充放电装置的服务费为私有信息，各社区无法获知其他社区的收益函数，因此完全信息博弈建模理论无法运用于不完全信息博弈场景。为此，本小节内容将利用贝叶斯博弈理论对不完全信息博弈进行建模。

假设 I 个居民社区共存在 v 种服务费收费标准 λ，社区 i 的收费标准为 v 种中的一种。假设居民社区 i 的类型空间为 $\boldsymbol{T}_i$，则该类型空间共有 $|\boldsymbol{T}_i| = v$ 个元素，此外，假设社区 i 的实际类型为 t_i。进一步，$\boldsymbol{T} = \boldsymbol{T}_1 \times \boldsymbol{T}_2 \times \cdots \times \boldsymbol{T}_I$ 表示所有社区类型的空间组合，其元素共有 $|\boldsymbol{T}|$ 个，此外，假设 I 个社区的实际类型组合为 $\boldsymbol{t} = [t_1, \cdots, t_i, \cdots, t_I]$。由于缺少其他社区类型的共有知识，社区 i 将会根据各类型的概率分布推测其他社区的类型。根据贝叶斯公式，$\text{Pr}(\boldsymbol{t}_{-i} | t_i)$ 表示社区 i 类型为 t_i 时，其他社区类型为 $\boldsymbol{t}_{-i} = [t_1, \cdots, t_{i-1}, t_{i+1}, \cdots, t_I]$ 的概率。根据以上分析，可得以下结果：

$$\text{Pr}(\boldsymbol{t}_{-i} | t_i) = \frac{\text{Pr}(\boldsymbol{t}_{-i}, t_i)}{\text{Pr}(t_i)} = \frac{\text{Pr}(\boldsymbol{t}_{-i}, t_i)}{\sum_{\boldsymbol{t}_{-i} \in \boldsymbol{T}_{-i}} \text{Pr}(\boldsymbol{t}_{-i}, t_i)} \tag{5-36}$$

式中，$\boldsymbol{T}_{-i} = \boldsymbol{T}_1 \times \cdots \times \boldsymbol{T}_{i-1} \times \boldsymbol{T}_{i+1} \cdots \times \boldsymbol{T}_I$，表示除了社区 i 以外社区的类型空间组合；$\text{Pr}(\boldsymbol{t}_{-i}, t_i) = \text{Pr}(\boldsymbol{t})$，表示当所有社区类型组合为 $\boldsymbol{t}$ 时的联合概率分布。基于贝叶斯博弈理

论,不完全信息博弈可根据类型组合及其概率分布将其转化为完全信息博弈。也就是说,不完全信息博弈可划分为 $|T_{-i}|$ 个完全信息博弈,而社区的收益即为 $|T_{-i}|$ 个完全信息博弈收益的期望。根据式(5-34)所示的完全信息博弈模型,类型为 t_i 的社区 i 的收益函数可表示为:

$$EP_i(t_i) = \sum_{t_{-i} \in T_{-i}} P_i(t_i, \boldsymbol{x}_i(t_i), \boldsymbol{x}_{-i}(t_{-i})) \cdot \Pr(\boldsymbol{t}_{-i} \mid t_i) \tag{5-37}$$

式中, $\boldsymbol{x}_i(t_i) = [x_i^c(t_i), x_i^d(t_i)]$ 表示居民社区 i 类型为 t_i 时的电动汽车充放电策略集;相应地, $\boldsymbol{x}_{-i}(t_{-i}) = [x_{-i}^c(t_{-i}), x_{-i}^d(t_{-i})]$ 表示其他所有社区类型组合为 $\boldsymbol{t}_{-i}$ 时电动汽车的充放电策略集。各社区目标是基于博弈对手的策略集 $\boldsymbol{x}_{-i}(t_{-i})$,通过调节策略 $\boldsymbol{x}_i(t_i)$ 优化式(5-37)的期望收益,直到所有社区的策略不再改变。此时,该状态称为贝叶斯纳什均衡,即

$$EP_i(\boldsymbol{x}_i^*(t_i), \boldsymbol{x}_{-i}^*(t_{-i})) \leqslant EP_i(\boldsymbol{x}_i(t_i), \boldsymbol{x}_{-i}^*(t_{-i})) \tag{5-38}$$

式中, $[\boldsymbol{x}_i^*(t_i), \boldsymbol{x}_{-i}^*(t_{-i})]$ 即为类型组合为 $\boldsymbol{t} = [t_1, \cdots, t_i, \cdots, t_I]$ 时的贝叶斯纳什均衡。一旦各社区达到贝叶斯纳什均衡,其中任一社区将不会再去改变充放电策略。由于社区 i 共有 $|T_i|$ 个类型,因此社区 i 共有 $|T_i|$ 个类似于式(5-37)的支付函数,即需要求解 $|T_i|$ 个优化问题。然而,当上述所构建的贝叶斯博弈满足以下几个条件时,社区 i 的 $|T_i|$ 个优化问题可转化为一个优化问题:

(1) 参与贝叶斯博弈的参与者类型为有限个数;

(2) 类型空间服从一定的联合概率分布;

(3) 参与者任一类型的概率必须满足 $\Pr(t_i) > 0$。

基于以上3个条件,社区 i 的支付函数可表示为:

$$\overline{EP_i} = \sum_{t_i \in T_i} EP_i(t_i) \cdot \Pr(t_i) \tag{5-39}$$

由于 $\Pr(\boldsymbol{t}) = \Pr(\boldsymbol{t}_{-i} \mid t_i) \cdot \Pr(t_i)$,因此,式(5-39)可表示为

$$\overline{EP_i} = \sum_{t \in T} P_i(t_i, x_i(t_i), x_{-i}(t_{-i})) \cdot \Pr(\boldsymbol{t}) \tag{5-40}$$

同理,社区 i 的目标为通过调节所有类型下的策略 $x_i(t_i)$ 求取式(5-40)的最大值。

3) 贝叶斯纳什均衡

贝叶斯纳什均衡 $x_i^*(t_i) = [x_i^{c*}(t_i), x_i^{d*}(t_i)]$ 取决于社区类型,不同社区类型会有不同的均衡解。本小节内容将会针对类型为 $t_i \in T_i$ 的社区 $i \in I$,对其贝叶斯纳什均衡的存在性与唯一性进行证明。

在证明贝叶斯纳什均衡存在之前,我们将首先分析前文构建的完全信息博弈模型纳什均衡的存在性。在完全信息博弈模型中,其目标为搜寻最优的充放电策略 x_i^{c*} 和 x_i^{d*}。其中,最优放电策略 x_i^{d*} 不仅意味着放电时段的最优化,还意味着一天内向电网售电量 $\sum_{j=1}^{J_i} Q_{ij}^d$ 为最优值。因此,社区内每个用户的电动汽车售电量 Q_{ij}^d 也存在一个最优值,

使得用户日费用达到最小。基于上述分析,完全信息博弈纳什均衡的存在性证明如定理 5-1 所示。

定理 5-1: 针对社区 $i \in I$, 对于反向售电量最优值 $\sum_{j=1}^{J_i} Q_{ij}^d$, 完全信息博弈(5-34)分别存在充放电均衡策略 x_i^{c*} 和 x_i^{d*}。

证明: 由于支付函数 $P_i(x_i^c, x_i^d, x_{-i}^c, x_{-i}^d)$ 为连续函数,其在 x_i^c 和 x_i^d 上分别连续可导。为了证明纳什均衡解的存在性,首先需要证明 $P_i(x_i^c, x_i^d, x_{-i}^c, x_{-i}^d)$ 在 x_i^c 和 x_i^d 上为凹函数,即证明 $P_i(x_i^c, x_i^d, x_{-i}^c, x_{-i}^d)$ 的 Hessian 矩阵在 x_i^c 和 x_i^d 上为正定矩阵。

经计算, $P_i(x_i^c, x_i^d, x_{-i}^c, x_{-i}^d)$ 在 x_i^c 和 x_i^d 上的 Hessian 矩阵为:

$$\nabla_{x_i^c}^2 P_i = \mathrm{diag}\left[\ddot{p}_h(L_h)(x_{i,h}^c + \sum_{j=1}^{J_i} b_{ij,h}) + 2\,\dot{p}_h(L_h)\right]_{h=1}^H \tag{5-41}$$

$$\nabla_{x_i^d}^2 P_i = -\mathrm{diag}\left[\ddot{p}_h^d(L_h^d)\,x_{i,h}^d + 2\,\dot{p}_h^d(L_h^d)\right]_{h=1}^H \tag{5-42}$$

由于 $a_h > 0$ 且 $a_h^d < 0$, 所以式(5-41)和(5-42)均为所有元素为正的对角矩阵。因此,两个 Hessian 矩阵均为正定矩阵,即 $P_i(x_i^c, x_i^d, x_{-i}^c, x_{-i}^d)$ 在 x_i^c 和 x_i^d 上均为凹函数。根据文献 [15] 中的定理 1 可知,博弈模型(5-41)存在纳什均衡解;进一步,根据文献 [15] 中的定理 3 可知,该纳什均衡解唯一存在。

定理 5-2: 对于如式(5-37)所示的不完全信息博弈中类型为 t_i 的社区 i, 存在当且唯一存在贝叶斯纳什均衡解 $x_i^*(t_i) = [x_i^{c*}(t_i), x_i^{d*}(t_i)]$。

证明: 由式(5-37)和定理 5-1 可知,对于任一类型组合 $t \in T$, 居民社区 i 的支付函数 $P_i(t_i, x_i(t_i), x_{-i}(t_{-i})) \cdot \mathrm{Pr}(t_{-i} \mid t_i)$ 必定存在纳什均衡解。因此,如式(5-34)所示的完全信息博弈纳什均衡解的存在是不完全信息博弈式(5-37)存在的必要条件。基于定理 5-1, 要证明贝叶斯纳什均衡解唯一存在,只需证明 $EP_i(t_i)$ 的 Hessian 矩阵在 $x_i^c(t_i)$ 和 $x_i^d(t_i)$ 上为正定矩阵。

经计算, $EP_i(t_i)$ 在 x_i^c 和 x_i^d 上的 Hessian 矩阵为:

$$\nabla_{x_i^c}^2 EP_i(t_i) = \sum_{t_{-i} \in T_{-i}} \mathrm{Pr}(t_{-i} \mid t_i) \cdot \nabla_{x_i^c}^2 P_i \tag{5-43}$$

和

$$\nabla_{x_i^d}^2 EP_i(t_i) = \sum_{t_{-i} \in T_{-i}} \mathrm{Pr}(t_{-i} \mid t_i) \cdot \nabla_{x_i^d}^2 P_i \tag{5-44}$$

式(5-43)和式(5-44)所得矩阵的所有元素均为正的对角矩阵,所以存在当且唯一存在贝叶斯纳什均衡解。

实际上,式(5-37)求解的结果 $x_i^*(t_i)$ 与式(5-40)所得结果一致。为了求得式(5-40)的均衡解,可以通过求解下列优化问题的全局最优解而得到 $x_i^*(t_i)$。

$$\underset{x_i(t_i)}{\mathrm{minimize}}\left(\overline{EU}_i = \sum_{t \in T} U_i(x_i(t_i), x_{-i}(t_{-i})) \cdot \mathrm{Pr}(t)\right) \tag{5-45}$$

由于 $x_i^*(t_i)=[x_i^{c*}(t_i), x_i^{d*}(t_i)]$ 为如式(5-40)所示社区 i 中类型 t_i 的均衡解,所以

$$\overline{EP_i}(x_i^*(t_i), \boldsymbol{x}_{-i}^*(\boldsymbol{t}_{-i})) \leqslant \overline{EP_i}(x_i(t_i), \boldsymbol{x}_{-i}^*(\boldsymbol{t}_{-i})) \tag{5-46}$$

考虑到

$$\overline{EP_i} = \overline{EU_i} \tag{5-47}$$

所以

$$\overline{EU_i}(x_i^*(t_i), \boldsymbol{x}_{-i}^*(\boldsymbol{t}_{-i})) \leqslant \overline{EU_i}(x_i(t_i), \boldsymbol{x}_{-i}^*(\boldsymbol{t}_{-i})) \tag{5-48}$$

因此,居民社区不完全信息博弈纳什均衡解即为式(5-45)的全局最优解。由此,本小节设计了算法 5-1 以解决式(5-45)的全局最优问题,该算法由各社区控制中心执行。在算法第 7 步中,由于式(5-45)为严格凹函数,所以可通过内点法进行求解。在求解类型为 t_i 的社区 i 中的最优策略时,给定 $\boldsymbol{x}_{-i}(\boldsymbol{t}_{-i})$,此时式(5-45)中仅有变量 $\boldsymbol{x}_i(t_i)$,因此可通过内点法求解出在其他社区策略为 $\boldsymbol{x}_{-1}(\boldsymbol{t}_{-i})$ 时社区 i 的最优策略 $\boldsymbol{x}_i(t_i)$。

基于以上分析可知,每个社区在策略制定过程中需要不断更新调节自身策略直至达到均衡状态,而这样的动态调节过程均是在算法中自行完成。当社区 i 独立执行算法时,其动态决策过程主要为:

算法 5-1: 由社区 $i \in I$ 的控制中心执行

输入:基本信息、电价政策、社区类型及其概率分布

输出:社区不完全信息博弈纳什均衡解

1 初始化:各社区充放电策略 $\boldsymbol{x}_i(t_i)$

2 Repeat

3 $i = 1$;

4 for $i \leqslant I$ do

5 　　$n = 1$;

6 　　while $n \leqslant |T_i|$ do

7 　　　　通过内点法求解式(5-45),更新类型为 n 的社区 i 的充放电策略;

8 　　　　$n = n + 1$;

9 　　end

10 　　$i = i + 1$;

11 end

12 Until 没有社区更新充放电策略;

13 返回类型为 t_i 的社区 i 的最优策略 $\boldsymbol{x}_i^*(t_i)$。

---

(1) 社区 i 初始化自身策略 $\boldsymbol{x}_i(t_i)$;

(2) 基于自身策略,计算优化其他社区的最优策略 $\boldsymbol{x}_{-1}(\boldsymbol{t}_{-i})$;

（3）基于其他社区最优策略，社区 i 优化自身策略使自身收益最大；

（4）重复步骤（2）～（3）直至达到均衡状态。

同理，其他社区也有类似决策过程。也就是说，每个社区均会得到一个包含所有社区最优策略的贝叶斯纳什均衡解。但是由于社区之间的博弈均衡状态唯一存在，所以各社区求解出的纳什均衡解实为同一个均衡解。

5.3.3 算例分析

假设所构建场景中共有 5 个居民社区参与博弈，为了便于分析每个用户的负荷需求和电能费用情况，假设每个社区有 10 个用户。考虑到每个用户电能需求不同，假设用户刚性负荷需求在如图 5-4 所示上下限中取随机值。此外，假设电动汽车在 6:00—17:00 之间只能用作交通工具，在 17:00—24:00 之间可进行充放电，但在次日 0:00—6:00 之间只能处于充电模式。由图 5-4 可知，居民负荷需求可分为 3 个时段：高峰时段 17:00—22:00；平时段 6:00—17:00 以及 22:00—24:00；低谷时段 0:00—6:00。在算例仿真中，各时段购电和售电价格参数如表 5-7 所示。

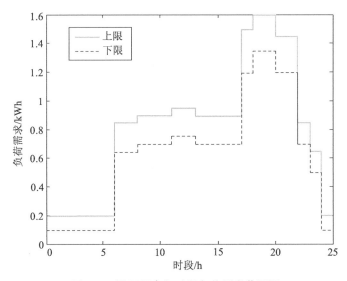

图 5-4　居民用户各时段负荷需求范围图

表 5-7　购、售电电价参数表

时段	0:00—6:00	17:00—22:00	6:00—17:00,22:00—24:00
a_h /(美元·kWh^{-2})	0.000 2	0.000 4	0.000 3
b_h /(美元·kWh^{-1})	0.053	0.179	0.111
a_h^d /(美元·kWh^{-2})	/	−0.000 5	−0.000 6
b_h^d /(美元·kWh^{-1})	/	0.132	0.098

假设本算例中 5 个居民社区共存在 2 种收费标准,即 $\lambda = 0.0012$ 美元/kWh 和 $\lambda = 0.0024$ 美元/kWh。因此,社区 $i \in I$ 的类型空间可表示为 $\boldsymbol{T}_i = [1,2]$,其中类型 1 代表 $\lambda = 0.0012$ 美元/kWh,类型 2 代表 $\lambda = 0.0024$ 美元/kWh。假设每个社区为类型 1 或 2 的概率相同,均为 0.5。由于本算例共有 5 个社区,因此类型组合共有 2^5 种可能性。即 5 个居民社区的联合概率分布可表示为 $\Pr(t_1, t_2, t_3, t_4, t_5) = 0.5^5$,其中 $t_i = 1, 2$ $(i = 1, 2, 3, 4, 5)$。此外,假设每个电动汽车配置的电池容量为 $Q_{ij} = 15$ kWh,在路上消耗的电能服从对数正态分布,最大充电功率 $x_{ij}^{\text{cmax}} = 6$ kWh,最大放电功率 $x_{ij}^{\text{dmax}} = 7$ kWh,充放电效率均为 92%。考虑到电池的放电深度影响电池的使用寿命,假设最大放电深度为 80%,即 $Q_{ij}^r \geqslant Q_{ij} \times 20\% = 3$ kWh。

1) 贝叶斯纳什均衡解

电动汽车一天内放电和充电总量最优策略如图 5-5 所示。从图中可以看出社区的类型对社区充放电策略具有一定的影响。5 个社区为类型 1 时的放电量都大于社区为类型 2 时的放电量。造成这种差异的主要原因是社区为类型 2 时收取的服务费较高,社区中用户反向放电获取的收益较小。各居民社区日费用随算法迭代次数变化情况如图 5-6 所示,从图中可以看出在第一次迭代后社区费用会急剧下降,然后在小范围内波动,直到迭代 10 次以后趋于稳定。电动汽车在路上消耗电量并向电网反向放电后,50 个用户电动汽车电池剩余电能情况如图 5-7 所示。从图中可以看出社区为类型 2 时的电动汽车剩余能量要高于为类型 1 时的剩余能量。例如,用户 1 的电动汽车在社区为类型 1 和 2 时的剩余能量分别为 4.1 kWh 和 5.1 kWh。此外,无论社区类型为 1 或 2,电动汽车剩余能量都大于最大放电深度 3 kWh,这表明电动汽车放电量达到最大放电深度不利于用户获取更多的收益。这是因为随着放电总量的增加,反向售电电价逐步降低,继续放电无法获取更多的收益。

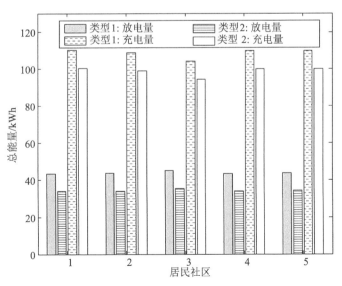

图 5-5　电动汽车日最优放电和充电量

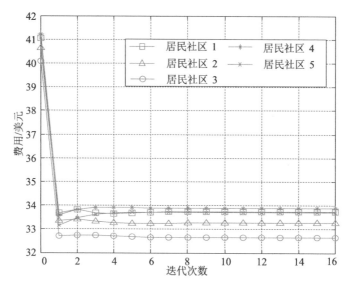

图 5-6 居民社区费用随迭代次数变化情况

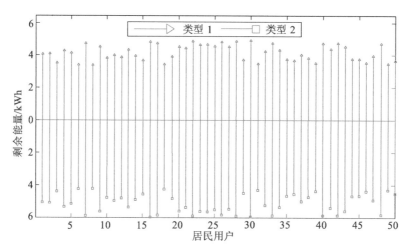

图 5-7 不同类型下各用户电动汽车剩余电能

本算例中共有 5 个社区,每个社区都有两种与其类型对应的最优策略,即 5 个社区共有 10 种充放电策略。由于篇幅所限,这里不对所有社区策略进行赘述,本算例只取其中一种情况进行分析。假设 5 个社区中的 3 个社区实际类型为:社区 1 为类型 1;社区 3 为类型 2;社区 5 为类型 1。各社区用能调度结果如图 5-8 所示,其中负值表示反向售电给电网的电能。图 5-8(a)、(b)和(c)分别表示社区 1、3 和 5 的用能调度结果。从图中可以看出,各社区电动汽车反向放电时段均集中在用电高峰时段,而充电时段集中在用电低谷时段,这是因为高峰时段反向售电价格最高,而低谷时段充电价格最低,通过高峰放电低谷充电的手段可以最大限度保证社区收益。通过比较图 5-8(a)、(b)和(c)的调度结果可以看出,社区 1 和社区 5 的电动汽车充放电时段和放电量具有相似的结果,而为类型 2 的社区 3 则在高峰时段每个时段的放电量均小于其他两个社区,所以在低谷时段各个时段的购电量明显要低于其他两个社区。此外,为了证明本文所提算法能够适用于不同规模居民社区博弈,表5-8给出了不同数目社区参与博弈时算法运行的时间。需要说明的是,该算例算法在 Intel（R）Core（TM）i3-4150 CPU @ 3.50 GHz 且 RAM 为 5.00 GB 的个人计算机上由 MATLAB R2012b 仿真平台执行。从表中数据可以发现,随着参与博弈的社区数目的增加,算法运行时间也逐渐增加。特别地,当社区数目达到15个时,算法运行时间已达到231.65 s。由此可见,所设计的算法在个人计算机上执行规模达到几十或上百个社区博弈时会消耗更多的时

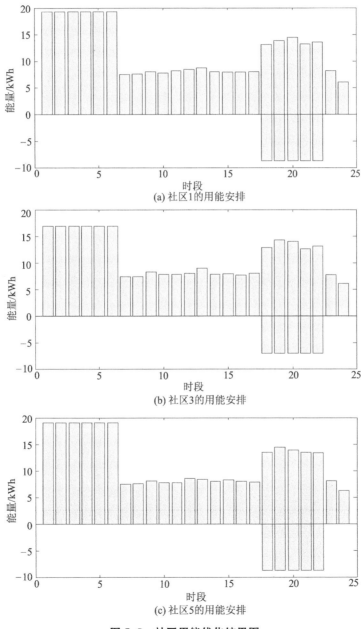

图5-8　社区用能优化结果图

间。但是由于本节所构建场景为日前调度安排,对算法执行效率的要求要远远低于超短期调度算法,此外,当该算法在大型服务器上执行时,算法运行时间也会大大降低。因此,本节所设计的分布式算法5-1可以用于求解不同博弈规模下的贝叶斯纳什均衡解。

表5-8　不同数目社区参与博弈时算法运行的时间表

社区数目	算法 5-1 的运行时间/s
5	27.22
10	108.79
15	231.65

2) 电网和社区效益分析

本节所提的居民社区博弈方法既有利于降低社区用户的电能费用,又可以降低电网PAR 值。图 5-9 所示为 5 个社区在不同类型组合情况下的电网总负荷需求 PAR 值。图中,横坐标数字 1~32 分别表示 5 个社区的 32 种类型组合,其中数字 1 表示类型组合为 (1, 1, 1, 1, 1),数字 32 表示类型组合为(2, 2, 2, 2, 2),其他情况依次类推。为了说明本节所构建贝叶斯博弈的优越性,仿真中引入了其他两个对比算例:一种为社区不参与 DR,用户负荷随意安排;另一种为社区参与 DR,但在决策优化时并不考虑其他社区的决策对自身造成的影响。从图 5-9 可以看出,当社区参与 DR 后,电网总负荷需求 PAR 值大幅度降低。与参与 DR 前对比发现,PAR 值在参与 DR 但不考虑其他社区决策影响时为 1.92(降低了 32%),而当社区参与到贝叶斯博弈后,PAR 值降低至[1.52, 1.61]之间(降低了 43%~46%)。PAR 值处于较低水平时表明所有社区总负荷需求在各时段的波动较低,从而有利于电网的安全稳定运行。由此可知,对于电网而言,会鼓励居民社区参与贝叶斯博弈用能管理。

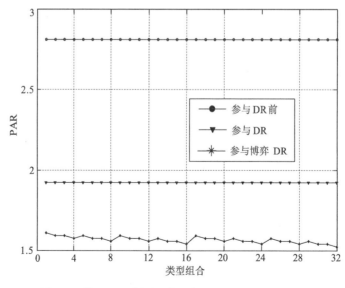

图 5-9　社区不同类型组合时电网总负荷需求 PAR 值

图5-10为各个居民社区在参与DR前、参与DR以及参与博弈DR三种情况下的费用对比情况。从图中可以看出,与不参与DR相比,社区在参与DR后费用降低至36美元左右(降低了12%),而在社区决策时考虑其他社区决策对自身影响时,即参与博弈DR后,其费用进一步降低至33美元左右(降低了19%)。由此可见,社区在参与博弈后,其费用得到了最大限度降低。当社区总费用和社区内各用户能耗量确定后,即可将总费用分配至各个用户。根据图5-10给出的各社区总费用结果,可得如图5-11所示的50个居民用户每天需要支出的电能费用。从图中可以看出,3种情况下50个用户需要支出的平均费用分别为5.08美元、3.63美元和3.35美元,且所有用户在参与DR后费用均下降,未发现有用户费用在参与DR

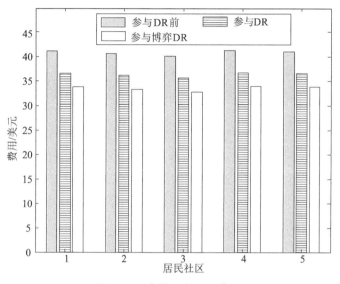

图5-10 各居民社区总费用

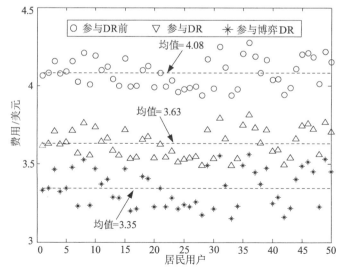

图5-11 各居民用户日电能费用

后出现增加的现象。特别地,当居民社区参与到本文所构建的贝叶斯博弈中后,社区内各个用户费用均达到最低。由此可知,对于居民社区而言,会具有很高的积极性参与贝叶斯博弈 DR。

3)电动汽车参与度以及 λ 值影响分析

在上述算例分析中,社区充放电装置服务费收费标准 λ 取值为 0.001 2 和 0.002 4,用户电动汽车为 100% 参与 DR。为了更全面分析所建立的贝叶斯博弈模型,本小节内容主要针对电动汽车不同参与度和不同 λ 值情况下,各社区博弈结果、PAR 值以及电能费用展开分析。

如图 5-12 所示为随着 λ 值逐步上升,5 个社区总放电量以及费用变化情况。从图中可以看出,随着 λ 值的变大,5 个社区的总放电量逐步减小,而电能费用逐步增加,其费用从 167.2 美元逐步增长到 170.3 美元。这主要是因为 λ 值的变大表明社区服务费增加,即表明社区用户电动汽车充放电成本增加,而反向售电电价随着放电量增加也会逐渐下降,进而导致用户售电收益显著下降,所以社区放电量减小,电能费用增加。此外,假设用户电动汽车在 17:00—24:00 期间参与度从 0% 到 100% 逐渐提高,对应参与度下的电网总负荷需求 PAR 值和社区总费用如图 5-13 所示。此处需要说明的是,图中给出的 PAR 值为社区类型组合为 (1, 2, 1, 2, 1) 情况下的值。从图中可以看出,随着电动汽车参与度的提高,社区总费用逐渐下降,但 PAR 值则先下降后上升。社区总费用下降的原因显而易见,主要是因为电动汽车参与度增加,反向售电量增加,售电收益也跟着增加,从而使总费用降低。而电网总负荷需求 PAR 值先下降后上升,主要是因为当大量电动汽车参与高峰时段反向售电时,会导致高峰时段负荷需求下降而低谷时段负荷需求增加,从而导致 PAR 值上升。因此,电动汽车在反向售电过程中,电网需要合理控制其反向售电量,以防对电网造成负面影响。

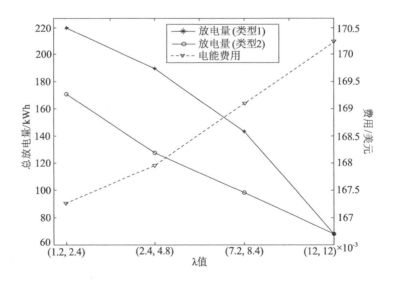

图 5-12 不同 λ 值时居民社区总放电量和费用变化图

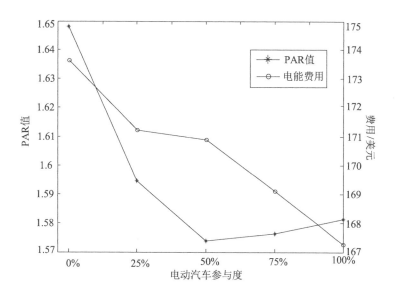

图 5-13 电动汽车不同参与度时居民社区的总费用和 PAR 值

5.4 居民 DR 资源日前投标决策不完全信息博弈优化

本节所构建的考虑用户违约可能的居民 DR 资源日前投标决策典型场景如图 5-14 所示,市场中共存在 N 个有资格参与 DR 日前市场投标的社区运营商和 1 个 DR 资源购买者,其中,DR 资源购买者在实际系统中可以是电力公司调度部门或者售电公司。社区运营商作

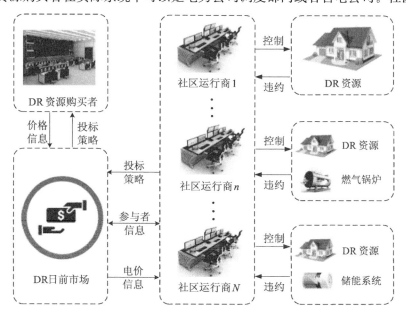

图 5-14 考虑用户违约可能的居民 DR 资源日前投标决策典型场景

为 DR 资源购买者和居民用户中间机构,主要负责聚合社区内部用户柔性负荷资源并将其售卖给购买者以获取一定的收益。此外,各居民社区除了用户 DR 资源外,一些社区运营商还配备了燃气锅炉和储能系统等辅助设备。

本节所构建的场景中,在实施 DR 项目前,社区运营商会和居民用户签订合约。签订合约后,社区运营商可获得用户柔性负荷控制权,而用户会得到社区运营商给予的经济补偿。社区运营商参与 DR 基本流程为:在日前市场,愿意参与日后 DR 项目的社区运营商会根据自身 DR 资源情况进行投标决策,从而获得 DR 资源计划售卖量;在获得竞标量后,社区运营商安排居民负荷调度计划,并将该计划告知需接受调控的用户;在实时调度阶段,社区运营商根据调度计划对用户负荷实施调控,以完成日前投标量。然而,考虑到用户用电行为的随机不确定性,所以用户群体中必定存在部分用户在社区运营商进行实际调度时拒绝响应运营商调控策略,从而出现部分用户毁约的情况。一旦用户出现毁约,社区运营商将无法按计划完成日前投标量,进而会受到市场惩罚,即需要赔付买家一定的违约费用。因此,在 DR 日前投标市场中,社区运营商在制定投标策略时必须要考虑到用户违约的可能。由于用户违约将会导致社区运营商无法完成日前投标量,用户违约量越大,实时调度量与投标量偏差就越大,即可视为社区运营商聚合的 DR 资源等级越低。DR 市场为了提高 DR 资源质量,市场上等级高的资源售价会高于等级低的资源。鉴于此,社区运营商会通过配置的燃气锅炉和储能系统等辅助设备来提高所聚合 DR 资源的等级,从而可以获得更大的利润。而配置不同辅助设备的社区运营商所售卖的 DR 资源会有不同的资源特性,所以可根据配置辅助设备的不同将社区运营商划分为不同类型。社区运营商参与 DR 日前市场投标的流程为:首先,DR 资源购买者会通过市场向各社区运营商发布不同等级 DR 资源的价格信息;其次,社区运营商根据发布的价格信息决定是否参加日后的 DR,若参加则将自身信息报备给市场;再次,市场汇总搜集的信息后将参与市场投标的基本信息发布给社区运营商;最后,各社区运营商根据这些基本信息优化自身投标量,并通过市场上报给购买者。考虑到对参与市场投标的社区运营商私有信息的保护,市场向运营商发布的基本信息不会涵盖参与投标者的所有信息,主要包括参与市场投标的运营商数目、运营商类型概率分布以及辅助设备的一些基本参数。基于获取的市场基本信息,社区运营商通过不完全信息博弈相关理论来构建投标决策模型,进而获得最优日前投标策略。

此外,上述所提 DR 市场机制需要相关系统平台的支撑,本节假设:

① 市场侧:DR 资源购买者、DR 日前市场和社区运营商间均已安装通信设备,以便于及时发布价格以及投标等信息。

② 用户侧:用户均已安装包括智能电表、双向通信网络以及量测数据管理系统在内的高级量测体系,可以控制柔性负荷开断状态以及传输负荷数据。

5.4.1 市场投标及社区 DR 基本模型

假设图 5-14 所构建的场景中,共有 N 个社区运营商,其集合可表示为 $N = \{1, 2, \cdots, N\}$。DR 资源购买者在 $T = \{1, 2, \cdots, T\}$ 时段内需要向社区运营商购买 DR 资源,DR 资源被划分为 $I = \{1, 2, \cdots, I\}$ 个等级。

1) 投标价格模型

为了保证 DR 日前投标市场的稳定,DR 资源购买者需要制定合理的投标价格模型以保证社区运营商在投标市场上能够公平、有序地进行投标。假设第 i 类 DR 资源在时段 t 内的投标价格为 p_i^t,所有运营商在时段 t 内第 i 类资源的投标总量为 x_i^t。 本节参考 PJM 市场相关规则,社区运营商参与市场投标后,其收益由现货市场价格进行计算。本节规定该价格的形成并不考虑发电侧市场竞争的影响,仅假设其与负荷水平之间存在线性关系[16]。 鉴于此,DR 资源投标价格可设计为:

$$p_i^t = a_i^t x_i^t + b_i^t \tag{5-49}$$

式中,$a_i^t < 0$ 和 $b_i^t > 0$ 为第 i 类 DR 资源的价格参数。此处需要指出的是,当社区运营商 n 有第 i 类 DR 资源时,可以和其他也拥有第 i 类资源的运营商一起参与第 i 类资源的市场投标,若运营商 n 没有第 i 类 DR 资源,则无资格参与第 i 类资源的市场投标。

2) 燃气锅炉模型

燃气锅炉通过燃烧化石燃料为居民用户提供热负荷需求,如用户的热水需求。本节所构建场景中,燃气锅炉以消耗天然气作为能量来源。当居民用户使用热水器等电热负荷来满足热需求时,此时燃气锅炉可以取代电热负荷来满足用户同样的需求。因此,若用户在运营商实施调控时需使用电热负荷满足热需求时,运营商可通过燃气锅炉为用户提供热需求,从而使电热负荷可以继续响应运营商的调控策略,进而可以降低 DR 资源违约量。假设社区 n 内的用户在 t 时段内因需使用电热负荷而造成的违约量为 h_n^t,根据燃气锅炉出力特性可得[17]:

$$h_n^t = \eta_b \lambda_{gas} \gamma_n^t \tag{5-50}$$

式中,η_b 为燃气锅炉的制热效率;λ_{gas} 为天然气热值;γ_n^t 为 t 时段内天然气消耗量。

3) 储能系统模型

同燃气锅炉相似,储能系统可以在用户拒绝响应社区运营商调控策略时为用户提供电能供应,从而可以降低 DR 资源违约量。假设储能系统在 t 时段的初始时刻储能状态为 Soc_n^t,考虑到储能工作过程中能量转换损失,假设储能的充放电效率分别为 η_{ch} 和 η_{dis}。 因此,当储能系统在 t 时段的开始时刻的储能状态为 Soc_n^{t-1} 时,则储能状态 Soc_n^t 为:

$$Soc_n^t = Soc_n^{t-1} + \eta_{ch} e_n^{ch,\,t} - 1/\eta_{dis} e_n^{dis,\,t} \tag{5-51}$$

式中,$\eta_{ch} > 0$,$\eta_{dis} < 1$,$e_n^{ch,\,t}$ 和 $e_n^{dis,\,t}$ 分别为 t 时段内储能系统的充放电量。由于本节主要考虑利用 DR 资源来削减高峰负荷,所以在时段 T 内储能主要处于放电模式,$e_n^{ch,\,t}$ 在 t 时段内的值为 0。

4) DR 资源违约模型

由于居民用户用电行为的随机不确定性,在实时调度阶段,所有用户不可能完全接受社区运营商的调控,必定存在部分用户拒绝响应运营商的调控策略,从而导致运营商因无法完成日前投标量而造成违约。假设在 DR 日前市场中,社区运营商 n 在 t 时段内某一类 DR 资源的投标量为 x_n^t,社区内用户违约总量为 δ_n^t。 显然,用户违约量 δ_n^t 介于 $[0, x_n^t]$。 鉴于此,本节采用截断正态分布来模拟用户违约量 δ_n^t。

假设 $\delta \sim N(\mu, \sigma^2)$,$\delta_l$ 和 δ_u 为正实数,当 δ 满足 $\delta_l \leqslant \delta \leqslant \delta_u$ 时,则称 δ 服从截断正态分布,可表示为 $\delta \sim N(\mu, \sigma^2, \delta_l, \delta_u)$,其概率密度函数为[18]:

$$f(u, \sigma^2, \delta_l, \delta_u) = \begin{cases} \dfrac{\varphi\left(\dfrac{\delta - u}{\sigma}\right)}{\sigma\left[\phi\left(\dfrac{\delta_u - u}{\sigma}\right) - \phi\left(\dfrac{\delta_l - u}{\sigma}\right)\right]} & \delta_l \leqslant \delta \leqslant \delta_u \\ \\ 0 & \delta < \delta_l, \delta > \delta_u \end{cases} \quad (5\text{-}52)$$

式中,$\varphi(\bullet)$ 和 $\phi(\bullet)$ 分别表示标准正态分布的概率密度函数和累积分布函数。结合社区内用户的违约量 δ_n^t,显然,$\delta = \delta_n^t$,$\delta_l = 0$,$\delta_u = x_n^t$。因此,社区内用户违约量的期望为:

$$E\delta_n^t = \mu + \sigma \frac{\varphi\left(\dfrac{-u}{\sigma}\right) - \varphi\left(\dfrac{x_n^t - u}{\sigma}\right)}{\phi\left(\dfrac{x_n^t - u}{\sigma}\right) - \phi\left(\dfrac{-u}{\sigma}\right)} \quad (5\text{-}53)$$

上述分析均为社区运营商投标量 $x_n^t > 0$ 的情况。当运营商投标量 $x_n^t = 0$ 时,显然,用户违约量 δ_n^t 也等于 0。此外,根据以上分析可对 DR 资源等级进行定义,引入 DR 资源违约比例 $\gamma_n = E\delta_n^t / x_n^t$。DR 资源具体的等级划分标准如下:当 DR 资源违约比例 γ_n 满足 $\gamma_i^{\min} < \gamma_n \leqslant \gamma_i^{\max}$ 时,其中,$\gamma_i^{\min}$ 和 $\gamma_i^{\max}$ 分别为第 i 类 DR 资源违约比例的上下限,此时,该类资源即可视为第 i 类 DR 资源。

5.4.2　社区运营商不完全信息投标决策模型

为了能够在 DR 市场上获得更高的收益,各社区运营商将会在日前市场中与其他对手一同参与 DR 资源投标量的竞争。由于每个运营商都是以实现自身利益最大化为目标,所以运营商之间的策略性竞争可以通过非合作博弈来描述。因此,本小节内容首先基于社区运营商利润模型构建完全信息非合作博弈模型,并进一步建立起考虑信息不完全情况下的贝叶斯博弈模型。

1) 社区运营商利润模型

社区运营商的收益主要来源于两个方面:一方面通过向 DR 资源购买者售卖资源获取收益;另一方面通过燃气锅炉和储能系统向用户提供能量获取收益。而社区运营商在各环节需要支付的费用主要包括 DR 资源违约费用,用户经济补偿,购置电、气能源费用以及燃气锅炉和储能系统的投资运维费用。因此,社区运营商的利润可通过以下数学模型表示。

(1) DR 资源收益模型

社区运营商在和 DR 资源购买者进行交易时,其收益按照投标量和当前时段价格结算,而 DR 资源违约费用按照违约量期望值和当前类型资源违约惩罚价格结算,用户经济补偿按照实际响应量结算。因此,社区运营商售卖 DR 资源的收益为:

$$W_n^{\mathrm{DR}} = \sum_{t=1}^{T} \left[p_i^t x_n^t - q_i E \delta_n^t - c_u (x_n^t - E \delta_n^t) \right] \tag{5-54}$$

式中，q_i 为第 i 类 DR 资源违约市场惩罚价格；c_u 为运营商给予用户的经济补偿价格。

（2）燃气锅炉收益模型

社区运营商配置的燃气锅炉可替代电热负荷为用户提供热需求，从而可以为用户节省电能费用，但是用户需要向运营商支付热能费用，而社区运营商则需要向天然气公司支付购气费用，且还需支付燃气锅炉的投资运维费用。因此，社区运营商利用燃气锅炉可获收益为：

$$W_n^{\mathrm{GB}} = \sum_{t=1}^{T} (s_n^h h_n^t - c_{\mathrm{gas}} r_n^t) - C_n^{\mathrm{GB}} \tag{5-55}$$

式中，s_n^h 为运营商向用户收取的热能价格；c_{gas} 为天然气价格；C_n^{GB} 为燃气锅炉的投资运维费用，具体为：

$$C_n^{\mathrm{GB}} = \frac{1}{365} k_{\mathrm{GB}}^{\mathrm{in}} \frac{r(1+r)^{y_{\mathrm{GB}}}}{(1+r)^{y_{\mathrm{GB}}} - 1} S_n^{\mathrm{GB}} + \sum_{t=1}^{T} k_{\mathrm{GB}}^{\mathrm{on}} h_n^t \tag{5-56}$$

式中，$k_{\mathrm{GB}}^{\mathrm{in}}$ 和 $k_{\mathrm{GB}}^{\mathrm{on}}$ 分别表示燃气锅炉单位容量的投资成本和单位出力运维成本；r 表示折现率；y_{GB} 表示燃气锅炉的使用寿命；S_n^{GB} 表示燃气锅炉的容量。

（3）储能系统收益模型

社区运营商配置的储能系统可在短时间内替代电网为用户的电负荷供能，但是用户需要向运营商支付电能费用，而社区运营商则需要在 DR 时段之外为储能充电并向电网支付相应的电费。此外，运营商也需要支付储能系统的投资运维费用。因此，社区运营商利用储能系统可获收益为：

$$W_n^{\mathrm{ES}} = \sum_{t=1}^{T} \left\{ s_n^e e_n^{\mathrm{dis},t} - c_{\mathrm{ele}} \frac{e_n^{\mathrm{dis},t}}{\eta_{\mathrm{ch}} \eta_{\mathrm{dis}}} \right\} - C_n^{\mathrm{ES}} \tag{5-57}$$

式中，s_n^e 为运营商向用户收取的电能价格；c_{ele} 为储能系统充电价格；C_n^{ES} 为储能系统的投资运维费用，具体为：

$$C_n^{\mathrm{ES}} = \frac{1}{365} k_{\mathrm{ES}}^{\mathrm{in}} \frac{r(1+r)^{y_{\mathrm{ES}}}}{(1+r)^{y_{\mathrm{ES}}} - 1} S_n^{\mathrm{ES}} + \sum_{t=1}^{T} k_{\mathrm{ES}}^{\mathrm{on}} \left(e_n^{\mathrm{dis},t} + \frac{e_n^{\mathrm{dis},t}}{\eta_{\mathrm{ch}} \eta_{\mathrm{dis}}} \right) \tag{5-58}$$

式中，$k_{\mathrm{ES}}^{\mathrm{in}}$ 和 $k_{\mathrm{ES}}^{\mathrm{on}}$ 分别表示储能系统单位容量的投资成本和单位出力运维成本；y_{ES} 表示储能系统的使用寿命；S_n^{ES} 表示储能系统的容量。

2）完全信息投标决策模型

在完全信息投标决策中，社区运营商完全知悉其他运营商的收益函数。各运营商通过推测对手的投标策略来优化自身策略从而最大化自身收益。因此，基于式（5-54）～式（5-58）所示的收益模型，社区运营商完全信息投标决策博弈模型可以构建为如下形式：

● 参与者：所有社区运营商。
● 策略：社区运营商 $n \in N$ 在 DR 日前市场投标策略 x_n^t。

● 收益函数：社区运营商 n 的收益函数定义为以下形式

$$P_n(\boldsymbol{x}_n, \boldsymbol{x}_{\neg n}) = W_n^{\text{DR}} + k_n^{\text{GB}} W_n^{\text{GB}} + k_n^{\text{ES}} W_n^{\text{ES}} \tag{5-59}$$

式中，$\boldsymbol{x}_n = [x_n^1, x_n^2, \cdots, x_n^T]$ 表示社区运营商 n 在各时段的投标策略集；$\boldsymbol{x}_{\neg n} = [x_1, \cdots, x_{n-1}, x_{n+1}, \cdots, x_{N-1}]$ 表示除运营商 n 以外所有运营商的市场投标策略；$k_n^{\text{GB}} = 1$ 和 $k_n^{\text{ES}} = 1$ 分别表示社区运营商 n 配有燃气锅炉和储能系统，否则 $k_n^{\text{GB}} = 0$ 和 $k_n^{\text{ES}} = 0$。

社区运营商 n 为了最大化收益需要根据对手的策略不断调节自身投标策略，直到所有用户策略不再发生改变时，该状态则为纳什均衡解。即：

$$P_n(\boldsymbol{x}_n^*, \boldsymbol{x}_{\neg n}^*) \geqslant P_n(\boldsymbol{x}_n, \boldsymbol{x}_{\neg n}^*) \tag{5-60}$$

式中，$(\boldsymbol{x}_n^*, \boldsymbol{x}_{\neg n}^*)$ 为社区运营商完全信息博弈纳什均衡。一旦达到该均衡状态，就没有运营商会再改变投标策略，否则其收益必定受损。

3) 不完全信息投标决策模型

在上述完全信息博弈中，各社区运营商完全知悉其他运营商参与投标的 DR 资源等级等信息。但是，本节所构建场景出于对市场参与者隐私的保护，DR 日前市场并不会公布参与者的所有信息，参与竞标的社区运营商只知道参与竞标的运行商数目、运营商类型概率分布以及辅助设备的一些基本参数。而 DR 市场发布的这些信息不足以帮助运营商构建起完全信息博弈模型，也就无法通过推测对手投标策略来优化自身投标策略。鉴于此，本小节内容将通过贝叶斯博弈对不完全信息场景进行建模。

社区运营商配置燃气锅炉和储能系统来辅助参与 DR 时，会因辅助设备的不同而使其售卖的 DR 资源有不同的特性。例如，配置不同容量的燃气锅炉或者储能系统时，运营商可售卖的 DR 资源等级分布就不同。因此，可根据社区运营商辅助设备配置情况将运营商划分为不同类型。假设社区运营商的类型可分为 $\boldsymbol{J} = [1, 2, \cdots, J]$ 种，运营商 n 的类型空间为 $\boldsymbol{J}_n$，其实际类型为 j_n。进一步，$\boldsymbol{J} = \boldsymbol{J}_1 \times \boldsymbol{J}_2 \times \cdots \times \boldsymbol{J}_N$ 表示所有社区运营商类型空间组合，且 N 个运营商的实际类型组合为 $\boldsymbol{j} = [j_1, \cdots, j_i, \cdots, j_N]$。由于缺少其他运营商类型的共有知识，运营商 n 将会根据各类型的概率分布推测其他运营商的类型。根据贝叶斯公式，$\Pr(\boldsymbol{j}_{\neg n} \mid j_n)$ 表示运营商 n 的类型为 j_n 时，其他运营商的类型为 $\boldsymbol{j}_{\neg n} = [j_1, \cdots, j_{i-1}, j_{i+1}, \cdots, j_N]$ 的概率。根据以上分析，可得以下结果：

$$\Pr(\boldsymbol{j}_{\neg n} \mid j_n) = \frac{\Pr(\boldsymbol{j}_{\neg n}, j_n)}{\Pr(j_n)} = \frac{\prod\limits_{n=1}^{N} \Pr(j_n)}{\Pr(j_n)} \tag{5-61}$$

式中，$\Pr(\boldsymbol{j}_{\neg n}, j_n) = \Pr(\boldsymbol{j})$ 表示当所有社区运营商的类型组合为 $\boldsymbol{j}$ 时的联合概率分布。式 (5-61) 成立的条件是各社区运营商属于某一类型为相互独立事件，而运营商在参与市场投标前辅助设备配置均已确定，所以各运营商类型所属均为独立事件。至于社区运营商类型概率 $\Pr(j_n)$ 的取值，则可通过市场中社区运营商各类型所占比例进行确定。例如，N 个社区运营商参与市场投标，其中共有 N_j 个运营商属于类型 j，则从 N 个运营商中任意挑选一个运营商 n，其类型属于 j 的概率可表示为 $\Pr(j_n) = N_j/N$。根据式 (5-61)，不完全信息博弈可划分为多个完全信息博弈,完全信息博弈数目则由类型空间 $\boldsymbol{J}_{\neg n}$ 中元素数目决定。根据式(5-59)所示的完全信息博弈模型,类型为 j_n 的社区运营商 n 的收益函数可表示为

$$EP_n(\boldsymbol{x}_n(j_n), \boldsymbol{x}_{\neg n}(\boldsymbol{j}_{\neg n})) = \sum_{\boldsymbol{j}_{\neg n} \in \boldsymbol{J}_{\neg n}} P_n[\boldsymbol{x}_n(j_n), \boldsymbol{x}_{\neg n}(\boldsymbol{j}_{\neg n})] \Pr(\boldsymbol{j}_{\neg n} \mid j_n) \qquad (5\text{-}62)$$

式中, $\boldsymbol{x}_n(j_n)$ 表示社区运营商 n 类型为 j_n 时的投标策略集; $\boldsymbol{x}_{\neg n}(\boldsymbol{j}_{\neg n})$ 表示其他社区运营商实际类型组合为 $\boldsymbol{j}_{\neg n}$ 时的投标策略集; $\boldsymbol{J}_{\neg n} = \boldsymbol{J}_1 \times \cdots \times \boldsymbol{J}_{n-1} \times \boldsymbol{J}_{n+1} \cdots \times \boldsymbol{J}_N$ 表示其他社区运营商类型空间组合。同理,各社区运营商的目标是基于博弈对手策略集 $\boldsymbol{x}_{\neg n}(\boldsymbol{j}_{\neg n})$,通过调节策略 $\boldsymbol{x}_n(j_n)$ 优化式(5-62)的期望收益,直到所有运营商的策略不再改变。此时,该状态就称为贝叶斯纳什均衡,即:

$$EP_n[\boldsymbol{x}_n^*(j_n), \boldsymbol{x}_{\neg n}^*(\boldsymbol{j}_{\neg n})] \geqslant EP_n[\boldsymbol{x}_n(j_n), \boldsymbol{x}_{\neg n}^*(\boldsymbol{j}_{\neg n})] \qquad (5\text{-}63)$$

式中, $[\boldsymbol{x}_n^*(j_n), \boldsymbol{x}_{\neg n}^*(\boldsymbol{j}_{\neg n})]$ 即为类型组合为 $\boldsymbol{j}$ 时的贝叶斯纳什均衡。一旦各社区运营商达到贝叶斯纳什均衡,其中任一运营商将不会再去改变投标策略。本节贝叶斯纳什均衡解的存在性证明与5.3节类似,此处不再赘述。基于式(5-62),社区运营商的目标为在其他运营商策略为 $\boldsymbol{x}_{\neg n}(\boldsymbol{j}_{\neg n})$ 的情况下,搜寻最优投标策略 $\boldsymbol{x}_n^*(j_n)$ 从而使其收益最大。即解决以下最优化问题:

$$\max_{\boldsymbol{x}_n(j_n)} EP_n[\boldsymbol{x}_n(j_n), \boldsymbol{x}_{\neg n}(\boldsymbol{j}_{\neg n})] \qquad (5\text{-}64)$$

为了保证在可行域内搜寻均衡解,最优化问题(5-64)需要满足以下约束条件:

(1) DR 资源等级约束

社区运营商通过使用燃气锅炉和储能系统来降低 DR 资源违约量,即提高 DR 资源等级。其中,燃气锅炉通过替代电热负荷降低违约量,储能系统通过提供电能弥补违约量。因此,当运营商配置了燃气锅炉或储能系统后,DR 资源实际违约量的期望值为

$$E\delta_n^{\pi} = \int_0^{\Delta e} 0 \mathrm{d}\delta + \int_{\Delta e}^{x_n^h} (\delta - \Delta e) f(\mu, \sigma^2, \delta_l, \delta_u) \mathrm{d}\delta \qquad (5\text{-}65)$$

式中, Δe 表示运营商通过燃气锅炉或储能系统对资源违约的弥补量,具体为:

$$\Delta e = k_n^{\mathrm{GB}} h_n^t / \eta_e^{\mathrm{h}} + k_n^{\mathrm{ES}} e_n^{\mathrm{dis}, t} \qquad (5\text{-}66)$$

式中, η_e^{h} 为用户电热负荷的能效比。基于式(5-65)和式(5-66),相较于日前投标量 x_n^t ,DR 资源实际违约量已降低至 $E\delta_n^{\pi}$,即 DR 资源实际违约比例变为 $\gamma_n^{\pi} = E\delta_n^{\pi} / x_n^t$ 。当社区运营商 n 参与第 i 类资源投标时,其资源违约比例 γ_n^{π} 必须要满足

$$\begin{cases} \gamma_n^{\pi} = E\delta_n^{\pi} / x_n^t \\ \gamma_i^{\min} \leqslant \gamma_n^{\pi} \leqslant \gamma_i^{\max} \end{cases} \qquad (5\text{-}67)$$

(2) 辅助设备出力约束

燃气锅炉和储能系统各时段出力需要小于设备的最大出力,假设燃气锅炉在时段

$\forall t \in T$ 内最大出力为 $h_n^{\text{dis, max}}$，储能系统最大出力为 $e_n^{\text{dis, max}}$，即：

$$\begin{cases} 0 \leqslant e_n^{\text{dis, }t} \leqslant e_n^{\text{dis, max}} \\ 0 \leqslant h_n^t \leqslant h_n^{\text{dis, max}} \end{cases} \tag{5-68}$$

此外，储能系统的储能状态还需要满足：

$$(1-DoD)\, S_n^{\text{ES}} \leqslant Soc_n^t \leqslant S_n^{\text{ES}} \tag{5-69}$$

式中，DoD 表示储能系统的最大放电深度。

（3）日前投标量约束

在 DR 日前市场上，各社区运营商根据自身可聚合的 DR 资源量进行投标决策。由于社区用户可参与 DR 的柔性负荷在总负荷中的占比有限，所以可聚合的 DR 资源也有限。因此，社区运营商日前投标量需要满足：

$$0 \leqslant x_n^t \leqslant x_n^{t,\text{ max}} \tag{5-70}$$

式中，$x_n^{t,\text{ max}}$ 表示社区运营商 n 在时段 t 内可聚合的 DR 资源最大值。

4）分布式算法

基于以上分析，可通过算法 5-2 求解式（5-64）得到社区运营贝叶斯博弈均衡解。在算法第 7 步中，由于求解运营商 n 最优策略时，给定了 $\boldsymbol{x}_{-n}(\boldsymbol{j}_{-n})$，所以可通过内点法获得式（5-64）中仅有变量 $\boldsymbol{x}_n(j_n)$ 的最优值。社区运营商在贝叶斯博弈过程中投标策略的动态调节过程主要分为以下几个步骤：

（1）社区运营商 n 初始化自身投标策略 $\boldsymbol{x}_n(j_n)$；

（2）基于自身策略，运营商 n 优化出其他参与竞标的运营商最优策略 $\boldsymbol{x}_{-n}(\boldsymbol{j}_{-n})$；

算法 5-2：由社区运营商 $n \in N$ 执行

　　输入：价格电价政策、社区运营商的类型及其概率分布
　　输出：社区运营商贝叶斯博弈纳什均衡解
1 初始化：各运营商投标策略 $\boldsymbol{x}_n(j_n)$
2 Repeat
3 $m=1$；
4 for $m \leqslant N-1$　do
5 　　$j=1$；
6 　　while $j \leqslant |\, J_m\,|$ do
7 　　　　通过内点法求解式（5-64），更新运营商 n 的投标策略；
8 　　　　$j = j+1$；
9 　　end
10 　　$m = m+1$；
11 end
12 Until 没有运营商更新投标策略；
13 返回运营商 n 的最优投标策略 $\boldsymbol{x}_n^*(j_n)$。

（3）基于其他运营商的最优策略，运营商 n 优化自身策略使自身收益最大；

（4）重复步骤（2）～（3）直至达到均衡状态。

需要指出的是，在日前市场参与竞标的每个社区运营商均有类似博弈过程，而均衡状态的唯一性可以保证各运营商得到的均衡解均为相同解。

5.4.3　算例分析

假设电网调度部门作为 DR 资源购买者，会根据日前负荷预测结果来判断第二日具体哪些时段需要负荷削减。假设日后 18:00—21:00 期间需要进行负荷削减，调度周期为 15 min，即共有 12 个时段 $T=\{1, 2, \cdots, 12\}$。此外，DR 市场上将 DR 资源共分为 3 个等级：等级 1 资源违约率范围 $\gamma_1^{\min}=0$，$\gamma_1^{\max}=3\%$；等级 2 资源违约率范围 $\gamma_2^{\min}=3\%$，$\gamma_2^{\max}=8\%$；等级 3 资源违约率范围 $\gamma_3^{\min}=8\%$，$\gamma_3^{\max}=13\%$。电网调度部门向市场发布的相关价格参数详见表 5-9。

表 5-9　DR 日前市场相关价格参数表

DR 资源等级	18:00—19:00	19:00—20:00	20:00—21:00
等级 1	$a=-0.01$ $b=1.44$ $q=1.8$ $c_{\text{ele}}=0.3$	$a=-0.03$ $b=1.8$ $q=2.2$ $c_{\text{ele}}=0.5$	$a=-0.01$ $b=1.44$ $q=1.8$ $c_{\text{ele}}=0.3$
等级 2	$a=-0.02$ $b=1.2$ $q=1.8$ $c_{\text{ele}}=0.3$	$a=-0.04$ $b=1.5$ $q=2.2$ $c_{\text{ele}}=0.5$	$a=-0.02$ $b=1.2$ $q=1.8$ $c_{\text{ele}}=0.3$
等级 3	$a=-0.03$ $b=0.86$ $q=1.8$ $c_{\text{ele}}=0.3$	$a=-0.05$ $b=1.08$ $q=2.2$ $c_{\text{ele}}=0.5$	$a=-0.03$ $b=0.86$ $q=1.8$ $c_{\text{ele}}=0.3$

假设共有 3 个社区运营商会参与时段 $T=\{1, 2, \cdots, 12\}$ 的日前市场投标，然后 DR 日前市场会将 3 个运营商的基本情况发布给各市场竞标者，包括参与投标者数目、存在的类型数目及其概率分布情况。假设每个运营商的类型为下列 3 种类型中的一种：类型 1 运营商配置了燃气锅炉；类型 2 运营商配置了储能系统；类型 3 运营商未配置燃气锅炉或储能系统，仅有聚合的 DR 资源。各社区运营商为每个类型的概率相同，即等于 1/3。实际上，各社区运营商对于自己所属类型具有清楚的认识，但是并不知道其他运营商的具体类型。因此，我们假设社区运营商 1 实际上配置了燃气锅炉（类型 1），运营商 2 配置了储能系统（类型 2），运营商 3 未配置任何辅助设备（类型 3）。考虑到用户用能行为具有较大的随机性，假设 DR 资源违约 δ_n^t 服从的截断正态分布中 $\mu=0$，$\sigma=0.15x_n^t$。此外，储能系统在每个时段 t 内最大放电量为 0.4 MWh，用户热能需求在 18:00—21:00 期间占总负荷需求的 20%～60%。参与日前投标的 3 个社区运营商在各时段可聚合的 DR 资源最大量如图 5-15 所示。

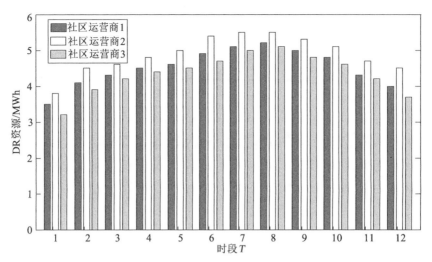

图 5-15 社区运营商各时段 DR 资源投标上限

1）投标决策均衡解

根据算法 5-2 可知,各社区运营商通过竞标对手类型的概率分布推测出类型组合情况,从而优化出最优投标策略。3 个社区运营商日前投标最优策略如图 5-16 所示,从图中可以看出,运营商 2 在 18:00—21:00 期间获得了最高的市场份额,而运营商 3 在竞标中所获份额最少。从 DR 资源等级看,在没有燃气锅炉和储能系统的辅助下,运营商 3 只能参与到第 3 等级 DR 资源市场投标,而在 18:00—21:00 绝大多数时间段内,运营商 1 和 2 可以参与到第 2 等级的资源市场投标。由于用户热需求占总负荷需求的比例有限且储能系统放电功率

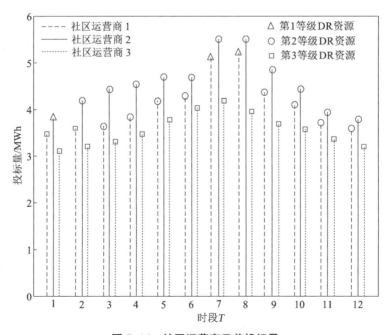

图 5-16 社区运营商日前投标量

受限,所以社区运营商1和2只能在少数时段(运营商1为时段7～8,运营商2为时段1)参与到第一等级的DR资源投标。此外,在时段5～8期间,运营商3在每个时段内的投标量只能达到最大投标量的$50\%\sim60\%$,而运营商2可以达到DR资源投标上限的90%。出现该现象的主要原因有两个:一是运营商1和2配置了燃气锅炉和储能系统,因此他们可以通过提升DR资源等级来降低违约惩罚成本,从而可以竞争更多的投标量;二是配置辅助设备的社区DR资源等级不只集中在某一等级资源上,可分布在3个不同等级上,因此他们可以参与3个不同等级的资源竞争,若他们拥有市场比较稀缺的等级资源,则会最大化投标策略。但是,对于社区运营商3而言,由于仅有违约率高的原始DR资源,若其争取更多的投标量,则必定会面临较高的违约惩罚。

表5-10所示为3个社区运营商的收益情况。显然,运营商2获得了最高的收益,而运营商3收益最低。表5-10中数据表明,配置了辅助设备的社区运营商会比不配置设备的运营商收益高。此外,由于储能系统的投资以及运维费用较高,社区运营商2在储能系统方面的收益为负值。但实际上,储能系统对运营商2的贡献并非为负值,这是因为储能系统的引入大大提升了DR资源等级,从而可以使得运营商2在售卖资源方面获得更高的收益,从表中可以看出运营商2在DR资源方面的收益最高。对于运营商2来说,若想在储能方面也有所收益,可通过提高售卖给用户的电能价格就可实现盈利,原则上是只要不高于电网电价就行。为了验证本所所构建场景贝叶斯博弈的有效性,将表5-10运营商收益结果和运营商未经优化时的随机投标策略下的收益进行对比。经计算,3个社区运营商随机策略下的收益如下所示:运营商1为28.39×10^3美元;运营商2为30.72×10^3美元;运营商3为7.55×10^3美元。从对比结果可以看出,通过贝叶斯博弈优化后,每个社区运营商在日收益方面均会有较大的改善。因此,社区运营商必定会以较高的积极性参与投标策略博弈优化。

表5-10 社区运营商收益表($\times10^3$美元)

社区运营商收益	运营商1	运营商2	运营商3
DR资源收益	31.54	36.41	9.97
燃气锅炉收益	1.23	0	0
储能系统收益	0	-0.63	0
总收益	32.77	35.78	9.97

2) 储能系统容量影响分析

通过上节内容分析可知,虽然社区运营商1和2配置了燃气锅炉和储能系统,但只能在较少时段参与第一等级资源的市场投标,其主要原因就是受热需求和储能出力限制。考虑到用户热需求占总需求的比例一般会稳定在一定范围内,因此,配置燃气锅炉的社区运营商很难进一步提升DR资源等级。而配置储能系统的社区运营商则可通过扩大储能放电功率来提高资源等级。鉴于此,本小节内容主要着重于讨论不同储能配置对市场参与者投标决策以及收益的影响。

图5-17和5-18分别为不同储能配置下社区运营商总收益和3个等级DR资源投标量情况。仿真中,社区运营商2所配置储能在15 min内放电量分别设置为0 MWh,

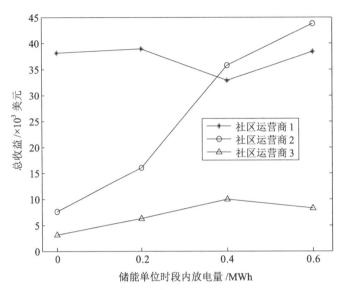

图 5-17　不同储能配置下社区运营商总收益

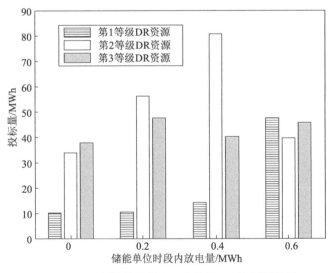

图 5-18　不同储能配置下 3 个等级 DR 资源投标量

0.2 MWh，0.4 MWh，0.6 MWh，对应储能容量分别设置为 0 MWh，2.5 MWh，5 MWh，5 MWh。从图 5-17 可以看出，随着储能单位时段内放电量的增加，运营商 2 的收益逐渐增加，而运营商 1 和 3 的收益会受不同程度影响。显然，运营商 2 收益增加主要是因为随着储能系统容量配置不断增加，其 DR 资源等级也逐渐从第二、三等级过渡到第一等级，因而运营商 2 在售卖 DR 资源时也会获得更高的利润，所以其总体收益也会得到稳步提升。然而，由于储能配置的变化会改变市场中 DR 资源等级分布情况，进而会影响各个等级资源市场价格，同时也会影响到其他社区运营商的收益。例如，当储能放电量从 0.2 MWh 变为

0.4 MWh时,DR资源等级在绝大多数时段会从第三等级转变为第二等级。因此,市场中第三等级DR资源价格会上涨,第二等级资源价格会下降。所以,社区运营商1的利润会下降,而运营商3的利润会上升。如图5-18所示的不同等级DR资源投标量也佐证了图5-17所示结果。通过分析不同储能配置对投标决策以及收益的影响可以看出,储能系统的配置对于社区运营商及DR市场起着极其重要的作用。

3) 辅助设备效益分析

基于上述两节内容分析可知,社区运营商因配置了储能系统和燃气锅炉等辅助设备而产生了不同类型。本小节内容将对3种不同场景进行优化,并和所构建场景进行对比。3种场景分别为:

(a) 场景1为社区运营商只有原始DR资源,即3个社区运营商都属于类型3;

(b) 场景2为社区运营商均配置了燃气锅炉,即3个社区运营商都属于类型1;

(c) 场景3为社区运营商均配置了储能系统,即3个社区运营商都属于类型2。

从另一个角度看,上述(a)~(c)3个场景均已由不完全信息博弈蜕变为完全信息博弈,具体优化结果及其对比分析如下所示。此处需要说明的是,场景3中的储能系统容量按照15 min放电量0.6 MWh进行配置。

如图5-19所示为不同场景下3个等级DR资源投标量情况,从图中可以看出,辅助设备对社区运营商投标策略有很大影响。特别地,当运营商未配置任何辅助设备时,由于原始DR资源具有较高的违约率,所以各运营商只能参与第三等级DR资源的市场投标;而当运营商都配置储能系统时,第一等级DR资源将成为市场上的主要资源。如图5-20所示为场景1下社区运营商各时段的DR资源投标量。和图5-19对比可以看出,各运营商在各时段的投标量均已下降,其主要原因是由于3个运营商都参与到同等级DR资源竞标中,从而导致该等级资源的竞标价格急速下降,但市场违约惩罚成本依然很高,所以运营商不得不降低

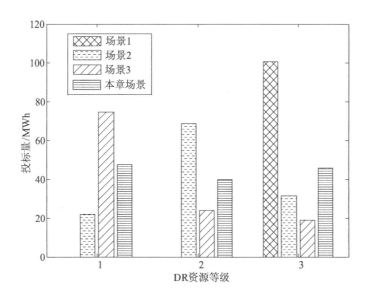

图5-19　不同场景下3个等级DR资源投标量

投标量以保证自身收益的最大化。根据各时段投标量可得3个社区运营商不同场景下的收益情况,具体详见表5-11。在场景1中,运营商由于有相同的投标策略,所以其收益也相同,并且收益在所有场景中最小。通过比较场景1和本节构建场景的优化结果可以看出,社区运营商1和2收益急剧下降主要是因为不配置辅助设备导致资源等级下降,从而影响了收益;而运营商3虽然在两个场景下均未配置辅助设备,但其收益也下降了约60%,主要是因为场景1中第三等级DR资源大量涌入市场,从而造成了该等级资源价格的下滑。同理,通过比较场景2和本节构建场景的优化结果可以发现,社区运营商1虽然在两个场景下都配置了燃气锅炉,但其收益也会有一定程度的下降。通过以上分析可以看出,辅助设备对于社区运营商改善聚合资源等级以及提高收益具有重要作用。因此,随着所构建DR机制的持续运行,参与DR的社区运营商会通过配置储能系统或燃气锅炉逐步向类型1或2转变,类型3将会逐渐被淘汰。但是,随着DR市场中类型1和2社区运营商逐渐饱和,运营商的收益回报率将会低于DR机制运营初始阶段的回报率,DR市场也会达到稳定状态。

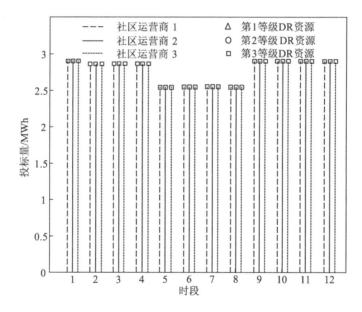

图5-20　场景1下社区运营商的DR资源投标量

表5-11　不同场景下社区运营商收益表(×10³美元)

场景	运营商1	运营商2	运营商3
场景1	3.55	3.55	3.55
场景2	29.68	31.27	28.93
场景3	31.67	33.10	30.78
本节场景	38.34	43.69	8.28

参考文献

[1] 李欢欢，张晨，吴静，等. 售电放开政策下发电商售电策略与交易谈判优化模型[J]. 电力建设，2017，38(3)：123-129.

[2] Eksin C, Delic H K, Ribeiro A. Demand response management in smart grids with heterogeneous consumer preferences[J]. IEEE Transactions on Smart Grid, 2015, 6(6)：3082-3094.

[3] 梅生伟，刘锋，魏韡. 工程博弈论基础及电力系统应用[M]. 北京：科学出版社，2016：78-86.

[4] 吴诚. 基于博弈论的大用户直购电双边决策研究[D].南京：东南大学，2017.

[5] Rashedi N, Tajeddini M A, Kebriaei H. Markov game approach for multi-agent competitive bidding strategies in electricity market[J]. IET Generation, Transmission and Distribution, 2016, 10(15)：3756-3763.

[6] Wang H W, Huang T W, Liao X F, et al. Reinforcement learning for constrained energy trading games with incomplete information[J]. IEEE Transactions on Cybernetics, 2017, 47(10)：3404-3416.

[7] Wang J H, Shahidehpour M, Li Z Y, et al. Strategic generation capacity expansion planning with incomplete information[J]. IEEE Transactions on Power Systems, 2009, 24(2)：1002-1010.

[8] 杨彦，陈皓勇，张尧，等. 计及分布式发电和不完全信息可中断负荷选择的电力市场模型[J]. 中国电机工程学报，2011，31(28)：15-24.

[9] 杨彦. 基于博弈论的考虑输电网络约束电力市场均衡分析[D]. 广州：华南理工大学，2011.

[10] 刘晓峰. 基于居民用电行为特征的需求侧博弈优化技术研究[D].南京：东南大学,2019.

[11] Atzeni I, Ordóñez L G, Scutari G, et al. Noncooperative and cooperative optimization of distributed energy generation and storage in the demand-side of the smart grid[J]. IEEE Transactions on Signal Processing, 2013, 61(10)：2454-2472.

[12] Mohsenian-Rad A H, Wong V W S, Jatskevich J, et al. Autonomous demand-side management based on game-theoretic energy consumption scheduling for the future smart grid[J]. IEEE Transactions on Smart Grid, 2010, 1(3)：320-331.

[13] 张洪财，胡泽春，宋永华，等. 考虑时空分布的电动汽车充电负荷预测方法[J]. 电力系统自动化，2014，38(1)：13-20.

[14] 王辉，文福拴，辛建波. 电动汽车充放电特性及其对配电系统的影响分析[J]. 华北电力大学学报（自然科学版），2011，38(5)：17-24.

[15] Rosen J B. Existence and uniqueness of equilibrium points for concave n-person games [J]. Econometrica, 1965, 33(3)：520.

[16] 朱兆霞，邹斌. PJM 日前市场电价的统计分析[J]. 电力系统自动化，2006，30(23)：53-57.

[17] Gao B T, Liu X F, Chen C, et al. Economic optimization for distributed energy network with cooperative game[J]. Journal of Renewable and Sustainable Energy, 2018, 10(5)：055101.

[18] Pender J. The truncated normal distribution：Applications to queues with impatient customers[J]. Operations Research Letters, 2015, 43(1)：40-45.

第六章 电力演化博弈优化

本章首先阐述了演化博弈基本理论知识;然后基于居民用户电力需求响应演化、综合需求响应演化等典型场景,提出电力演化博弈优化的对象建模、博弈优化设计,并分析了不同价格策略下的演化趋势。

6.1 演化博弈理论知识

6.1.1 演化博弈基本理论

博弈论作为现代数学的一个重要分支,主要用于当多个主体之间存在利益关系或冲突时,各方根据自己拥有的信息量和能力大小,如何做出最有利于自身的决策[1-2]。博弈论源于经济学,但其在军事、社会、工程等领域也有广泛的应用。例如在电力市场中,在智能电网的环境下,无论是供给侧还是需求侧,各方的行为都更加具有主动性和灵活性,如何分析各方的决策动向并给出最佳的决策建议,克服传统优化理论主体单一的缺陷,是博弈论的优势所在。

经典博弈论假设参与方都是完全理性的,然而在现实生活中,参与者由于受到其教育程度、信息获取等因素的影响,很难做到完全理性,同时,参与者的行为具有一定的随机性和不可预测性,因此,在运用经典博弈论分析电力用户需求响应时,存在着一定的缺陷。总的来说,可以概括为假设缺陷和方法缺陷,假设缺陷是指假定参与方完全理性,完全理性是指参与方了解策略集、博弈结构、博弈规则,具有计算能力;方法缺陷分为两点,一是不能解释博弈的过程,不关心博弈如何趋于平衡;二是无法抵抗随机突变,当参与方策略集内的策略随机突变时影响已有的博弈平衡[3-4]。

在生物进化论中,"适者生存"和"物竞天择"一直是无可动摇的自然规律,举几个例子:有重污染工厂边生活的白色飞蛾在十年后基本消失不见,取而代之的是能够借助被熏成深色的树干有效隐匿自己的黑色飞蛾;而当工厂搬走,栖息在浅色树干上极易被天敌发现的黑色飞蛾又逐渐被白色飞蛾所代替。草原上生活着猎杀兔子的狼,啃食草皮的兔子和按照一定速度生长的草,狼与兔的进食和繁殖策略影响着整个环境的生态平衡,任何一方数量的急剧增长或者减少都将导致另一方数量的变化。

通过以上两个示例可以看出,自然界同一种生物之间或者不同种生物之间的生息繁衍其实存在着类似策略选择、参与博弈并最终达到均衡的现象。而很明显,这种博弈行为和经典博弈论中拥有完全理性的参与者做出的策略选择行为具有一定的差别。

20世纪60年代,由Maynard Smith等人提出的演化博弈论摒弃了完全理性的假设,他们观察生物界种群的资源竞争,发现生物个体都是有限理性的,每个个体只能从自身利益出发,难以有全局观和牺牲精神,由此建立的博弈模型很好地解释了生物种群的策略和数量的演变过程。该模型强调了人类在做出策略选择时存在类似动物选择生存策略的"非理性"特点,提出了一种当参与博弈的各方在并无能力知晓博弈全局细节和其他博弈参与者的偏好时,分析各方如何通过试错和模仿等行为最终达到稳定均衡点的策略演化方式。

后来,在演化博弈的进一步发展下,有学者提出了演化的基本模式,即复制动态方程。演化博弈的基本内涵是各个参与方种群内策略和种群数量的不断变化、适应和稳定的过程[5-7]。

演化博弈论存在三个基本假设:一是策略的重复性。对比各个策略,收益高的策略相比于收益低的策略更加有可能被重复采纳,同时收益高的策略具有参考性,会使得越来越多的参与者采用。参与者之间也会互相比较,参与者的策略改变可能性较高,突变性较强。二是策略的模仿性。即收益低的参与者会主动地去模仿高收益的用户策略,由于参与者是有限理性的,因此其在初期并不一定会选择最优的策略,在不断地比较和改进过程中,参与者会逐渐将自己的策略调整到最适合自己的方向上来。三是策略的变更性。即参与者会主动总结过去策略给自己带来收益的大小,并由此变更自己的策略。正是因为参与者是不完全理性的,因此其在策略的变更上不可能一步到位,只有在演化的过程中,通过自己的观察、分析和总结,不断适应新的形势,才能向着最优目标不断靠拢。

可以认为演化博弈理论是经典博弈论和生物进化学进行有机结合后的结果。例如在生物进化学中,适应度函数刻画了基因或种群在某种环境下的繁殖能力,适应度高的个体能产生适应度高的后代。而在演化博弈论中,适应度函数可类比对应到经典博弈论中的"支付"概念,刻画参与者在选择策略后获取的对应收益。

演化博弈的结构包含以下四个方面:

(1)参与者集合:与经典博弈论中关注个体的策略选择不同,演化博弈论往往关注的是一个群体中选择不同策略的比例变化过程。

(2)策略集:演化博弈策略与经典博弈论一致,包含纯策略和混合策略。

(3)支付函数:演化博弈中的适应度函数(支付)对应生物进化论中的适应度函数。

(4)均衡:与经典博弈论不同,演化博弈论强调的是演化过程的动态性和稳定性,均衡指的是演化稳定策略及演化均衡。

演化博弈的参与者对该博弈的结构和其他参与者无法做到完全了解,参与者所拥有的知识是有限的,它们只能通过某种传递机制(比如模仿他人,比如随机选择)去非完全理性地进行策略选择。由此可见,和经典博弈论相比,演化博弈的假设条件更为接近现实情况。

复制动态方程和演化稳定策略是演化博弈中最为重要的两个概念,其中,复制动态方程揭示了选择不同策略的参与者占据群体比例的演化规律,演化稳定策略则指向演化博弈最终的演化结果。

1) 复制动态方程

对应生物进化论中的遗传突变理论,演化博弈中存在选择和突变两个重要机制,用于刻画群体规模和策略频率的演化过程。

选择机制是演化过程的建模基础。在当前时间段,参与者群体中选择了可以获得较高收益策略的参与者将在下一个时段继续选择此策略,而选择其他策略的参与者可以通过模仿或者学习更改至收益更高的策略。即当策略所对应的收益超过群体平均收益时,选择该策略的群体数量将上升,反之将下降直至被完全淘汰。该机制的核心是假定使用某一策略的个体数目的增长率等于使用该策略时所得的收益与群体平均收益之差,通过建立不同策略下个体数目演化的动态方程,刻画群体中不同策略比例的变化趋势。演化博弈论中刻画这种群体行为变化过程的模型称为复制者动态模型。

设定种群中个体可选择的纯策略为:

$$s_i \in S, s = (s_1, s_2, \cdots, s_n) \tag{6-1}$$

令 $x_i(t)$ 表示 t 时刻采用策略 s_i 的个体数量,即

$$x = (x_1, x_2, \cdots, x_n) \tag{6-2}$$

群体总数为:

$$N = \sum_{i=1}^{n} x_i \tag{6-3}$$

设选择策略 s_i 的个体数占总个体数的比例为 p_i,

$$p_i = \frac{x_i}{N}, 且 \sum_{i=1}^{n} p_i = 1 \tag{6-4}$$

设 $f_i(s, x)$ 是采用策略 s_i 的适应度函数,群体平均适应度为:

$$\bar{f} = \sum_{i=1}^{n} p_i f_i(s, x) \tag{6-5}$$

考虑连续情形:

$$\dot{x}_i = f_i(s, x) \cdot x_i \tag{6-6}$$

由增长率定义:

$$\dot{p}_i = [f_i(s, x) - \bar{f}] \cdot p_i \tag{6-7}$$

以上建模可理解为:如果个体收益少于平均收益,则选择该策略的个体数增长率为负;反之为正。如果选择的策略所得收益正好等于群体平均收益,则选择该策略的个体数保持不变。

突变的概念同样来自生物学,但在演化博弈中,突变仅仅是策略的改变,而不是产生新的策略。突变将导致收益或支付的变化,使收益增加的突变将得到保留,使收益减少的突变将自然消亡。考虑突变机制之后,复制动态方程可改写为:

$$\dot{p}_i = \sum_{j \neq i}^{n} [w(i \mid j) p_j - w(j \mid i) p_i] + [f_i(s, x) - \bar{f}] \cdot p_i \tag{6-8}$$

其中，$w(i \mid j)$ 为策略 s_i 突变为策略 j_i 的概率，$w(j \mid i)$ 为策略 j_i 突变为策略 s_i 的概率。

2）演化稳定策略

演化稳定策略的定义如下所述：

若 $\forall y \in S$ 且 $y \neq x$，均存在某个正数 $\bar{\varepsilon}_y \in (0,1)$，使得关于策略为 x 的群体的适应度函数 f 满足：

$$f[x, \varepsilon y + (1-\varepsilon)x] > f[y, \varepsilon y + (1-\varepsilon)x], \ \forall \varepsilon \in (0, \bar{\varepsilon}_y) \tag{6-9}$$

称 $x \in S$ 为演化稳定策略。

可以这样理解：该策略一旦被接受，它将能抵抗任何变异的干扰。若整个种群的每一个成员都采取此策略，则在自然选择的作用下，不存在一个突变策略能够入侵这个种群，该种群中的任何个体也不会愿意单方面改变其策略。

6.1.2　演化博弈类型

1）两方两策略演化博弈

考虑 2×2 演化博弈属于重复博弈，其博弈矩阵如表 6-1 所示[8]。其中，y^{s1} 表示群体 A^{s1} 中选择策略一的比例，$1-y^{s1}$ 表示群体 A^{s1} 中选择策略二的比例，x^{s1} 表示群体 B^{s1} 中选择策略一的比例，$1-x^{s1}$ 表示群体 B^{s1} 中选择策略二的比例，a^{s1}、b^{s1}、c^{s1}、d^{s1} 为群体 A^{s1} 在各种策略下的收益，e^{s1}、f^{s1}、g^{s1}、h^{s1} 为群体 B^{s1} 在各种策略下的收益。

表 6-1　2×2 演化博弈收益矩阵

		群体 B^{s1}	
		策略二 $B_1^{s1}(1-x^{s1})$	策略一 $B_2^{s1}(x^{s1})$
群体 A^{s1}	策略一 $A_1^{s1}(y^{s1})$	a^{s1}, e^{s1}	b^{s1}, f^{s1}
	策略二 $A_2^{s1}(1-y^{s1})$	c^{s1}, g^{s1}	d^{s1}, h^{s1}

群体 A^{s1} 采取纯策略 A_1^{s1} 和 A_2^{s1} 的收益期望为

$$E(A_1^{s1}) = a^{s1}(1-x^{s1}) + b^{s1}x^{s1} \tag{6-10}$$

$$E(A_2^{s1}) = c^{s1}(1-x^{s1}) + d^{s1}x^{s1} \tag{6-11}$$

群体 A^{s1} 以概率 y^{s1} 和 $1-y^{s1}$ 采取 A_1^{s1}、A_2^{s1} 混合策略的收益期望为

$$\begin{aligned} E(A^{s1}) &= y^{s1}E(A_1^{s1}) + (1-y^{s1})E(A_2^{s1}) \\ &= y^{s1}[a^{s1}(1-x^{s1}) + b^{s1}x^{s1}] + (1-y^{s1})[c^{s1}(1-x^{s1}) + d^{s1}x^{s1}] \end{aligned} \tag{6-12}$$

群体 B^{s1} 采取纯策略 B_1^{s1} 和 B_2^{s1} 的收益期望为

$$E(B_1^{s1}) = e^{s1}y^{s1} + g^{s1}(1-y^{s1}) \tag{6-13}$$

$$E(B_2^{s1}) = f^{s1}y^{s1} + h^{s1}(1-y^{s1}) \tag{6-14}$$

群体 B^{s1} 以概率 x^{s1} 和 $1-x^{s1}$ 采取 B_1^{s1}、B_2^{s1} 混合策略的收益期望为

$$
\begin{aligned}
E(B^{s1}) &= (1-x^{s1})E(B_1^{s1}) + x^{s1}E(B_2^{s1}) \\
&= (1-x^{s1})[e^{s1}y^{s1}+g^{s1}(1-y^{s1})]+x^{s1}[f^{s1}y^{s1}+h^{s1}(1-y^{s1})] \quad (6\text{-}15)
\end{aligned}
$$

群体中选择策略 A_1^{s1} 的演变趋势可以由下式表示

$$
\mathrm{d}y^{s1}/\mathrm{d}t = [E(A_1^{s1})-E(A^{s1})]y^{s1} \quad (6\text{-}16)
$$

该式可以看作群体 A^{s1} 中采取策略 A_1^{s1} 的用户增长率等于该策略当前的收益期望与总体混合策略的收益期望之差。

类似地,群体中选择策略 B_2^{s1} 的演变趋势可以表示为

$$
\mathrm{d}x^{s1}/\mathrm{d}t = [E(B_2^{s1})-E(B^{s1})]x^{s1} \quad (6\text{-}17)
$$

综合式(6-3)、式(6-6)、式(6-7)、式(6-8),可以得到两个群体中选择策略一的演化动态方程组为

$$
\begin{cases}
\dot{x}^{s1}=x^{s1}[E(B_2^{s1})-E(B^{s1})]=x^{s1}(1-x^{s1})[(f^{s1}-e^{s1}+g^{s1}-h^{s1})y^{s1}-(g^{s1}-h^{s1})] \\
\dot{y}^{s1}=y^{s1}[E(A_1^{s1})-E(A^{s1})]=y^{s1}(1-y^{s1})[(a^{s1}-c^{s1})-(a^{s1}-c^{s1}+d^{s1}-b^{s1})x^{s1}]
\end{cases}
$$
$$
\begin{cases}
\dot{x}^{s1}=x^{s1}[E(B_2^{s1})-E(B^{s1})]=x^{s1}(1-x^{s1})[(f^{s1}-e^{s1}+g^{s1}-h^{s1})y^{s1}-(g^{s1}-h^{s1})] \\
\dot{y}^{s1}=y^{s1}[E(A_1^{s1})-E(A^{s1})]=y^{s1}(1-y^{s1})[(a^{s1}-c^{s1})-(a^{s1}-c^{s1}+d^{s1}-b^{s1})x^{s1}]
\end{cases}
$$
$$(6\text{-}18)$$

上述微分方程组的解曲线就是动态演化过程,其稳定解即为均衡点,当均衡点满足定理6-1的演化稳定均衡判据时,该均衡点为演化稳定均衡点,即能够抵抗微小突变的侵略。

定理6-1 若某演化均衡点满足下式,则其为演化稳定均衡点。

$$
\begin{cases}
\det(\boldsymbol{J}) > 0 \\
\mathrm{tr}(\boldsymbol{J}) < 0
\end{cases} \quad (6\text{-}19)
$$

式中,$\boldsymbol{J}$ 为复制动态方程对应的雅可比矩阵,$\det(\boldsymbol{J})$ 为该雅可比矩阵的行列式,$\mathrm{tr}(\boldsymbol{J})$ 为该雅可比矩阵的迹。该判据通过判断该系统相应雅可比矩阵的局部稳定性来分析系统在这些均衡点的局部稳定性。

可以解出该方程组的所有均衡点 $E_1^{s1}(0,0)$, $E_2^{s1}(1,0)$, $E_3^{s1}(0,1)$, $E_6^{s1}(1,1)$,当 $0<(a^{s1}-c^{s1})/(a^{s1}-c^{s1}+d^{s1}-b^{s1})$, $(g^{s1}-h^{s1})/(f^{s1}-e^{s1}+g^{s1}-h^{s1})<1$ 时,$E_5^{s1}[(a^{s1}-c^{s1})/(a^{s1}-c^{s1}+d^{s1}-b^{s1})$, $(g^{s1}-h^{s1})/(f^{s1}-e^{s1}+g^{s1}-h^{s1})]$ 也是一个均衡点,分别对应着一个演化博弈均衡。表6-2表示出了在不同参数条件下各均衡点的稳定性情况,图6-1示出了这些情况下的相图。

表 6-2 不同参数条件下各均衡点的稳定性情况

序号	参数条件	均衡点	稳定均衡点	不稳定均衡点	鞍点
1	$a^{s1}>c^{s1}, b^{s1}>d^{s1}, e^{s1}>f^{s1}, g^{s1}<h^{s1}$	$E_1^{s1}, E_2^{s1}, E_3^{s1}, E_6^{s1}$	E_3^{s1}	E_1^{s1}	E_2^{s1}, E_6^{s1}
2	$a^{s1}<c^{s1}, b^{s1}<d^{s1}, e^{s1}<f^{s1}, g^{s1}>h^{s1}$	$E_1^{s1}, E_2^{s1}, E_3^{s1}, E_6^{s1}$	E_1^{s1}	E_3^{s1}	E_2^{s1}, E_6^{s1}
3	$a^{s1}<c^{s1}, b^{s1}>d^{s1}, e^{s1}<f^{s1}, g^{s1}<h^{s1}$	$E_1^{s1}, E_2^{s1}, E_3^{s1}, E_6^{s1}$	E_6^{s1}	E_3^{s1}	E_1^{s1}, E_2^{s1}
4	$a^{s1}>c^{s1}, b^{s1}<d^{s1}, e^{s1}>f^{s1}, g^{s1}>h^{s1}$	$E_1^{s1}, E_2^{s1}, E_3^{s1}, E_6^{s1}$	E_3^{s1}	E_6^{s1}	E_1^{s1}, E_2^{s1}
5	$a^{s1}<c^{s1}, b^{s1}<d^{s1}, e^{s1}>f^{s1}, g^{s1}<h^{s1}$	$E_1^{s1}, E_2^{s1}, E_3^{s1}, E_6^{s1}$	E_2^{s1}	E_6^{s1}	E_1^{s1}, E_3^{s1}
6	$a^{s1}>c^{s1}, b^{s1}>d^{s1}, e^{s1}<f^{s1}, g^{s1}>h^{s1}$	$E_1^{s1}, E_2^{s1}, E_3^{s1}, E_6^{s1}$	E_6^{s1}	E_2^{s1}	E_1^{s1}, E_3^{s1}
7	$a^{s1}<c^{s1}, b^{s1}>d^{s1}, e^{s1}>f^{s1}, g^{s1}>h^{s1}$	$E_1^{s1}, E_2^{s1}, E_3^{s1}, E_6^{s1}$	E_1^{s1}	E_2^{s1}	E_3^{s1}, E_6^{s1}
8	$a^{s1}>c^{s1}, b^{s1}<d^{s1}, e^{s1}<f^{s1}, g^{s1}<h^{s1}$	$E_1^{s1}, E_2^{s1}, E_3^{s1}, E_6^{s1}$	E_2^{s1}	E_1^{s1}	E_3^{s1}, E_6^{s1}
9	$a^{s1}>c^{s1}, b^{s1}>d^{s1}, e^{s1}<f^{s1}, g^{s1}<h^{s1}$	$E_1^{s1}, E_2^{s1}, E_3^{s1}, E_6^{s1}$	E_6^{s1}	E_1^{s1}	E_2^{s1}, E_3^{s1}
10	$a^{s1}<c^{s1}, b^{s1}<d^{s1}, e^{s1}>f^{s1}, g^{s1}>h^{s1}$	$E_1^{s1}, E_2^{s1}, E_3^{s1}, E_6^{s1}$	E_1^{s1}	E_6^{s1}	E_2^{s1}, E_3^{s1}
11	$a^{s1}<c^{s1}, b^{s1}<d^{s1}, e^{s1}<f^{s1}, g^{s1}<h^{s1}$	$E_1^{s1}, E_2^{s1}, E_3^{s1}, E_6^{s1}$	E_2^{s1}	E_3^{s1}	E_1^{s1}, E_6^{s1}
12	$a^{s1}>c^{s1}, b^{s1}>d^{s1}, e^{s1}>f^{s1}, g^{s1}>h^{s1}$	$E_1^{s1}, E_2^{s1}, E_3^{s1}, E_6^{s1}$	E_3^{s1}	E_2^{s1}	E_1^{s1}, E_6^{s1}
13	$a^{s1}>c^{s1}, b^{s1}<d^{s1}, e^{s1}>f^{s1}, g^{s1}<h^{s1}$	$E_1^{s1}, E_2^{s1}, E_3^{s1}, E_6^{s1}, E_5^{s1}$	E_2^{s1}, E_3^{s1}	E_1^{s1}, E_6^{s1}	E_5^{s1}
14	$a^{s1}<c^{s1}, b^{s1}>d^{s1}, e^{s1}<f^{s1}, g^{s1}>h^{s1}$	$E_1^{s1}, E_2^{s1}, E_3^{s1}, E_6^{s1}, E_5^{s1}$	E_1^{s1}, E_6^{s1}	E_2^{s1}, E_3^{s1}	E_5^{s1}
15	$a^{s1}<c^{s1}, b^{s1}>d^{s1}, e^{s1}>f^{s1}, g^{s1}<h^{s1}$	$E_1^{s1}, E_2^{s1}, E_3^{s1}, E_6^{s1}, E_5^{s1}$	E_5^{s1} 为中心的非渐近稳定		$E_1^{s1}, E_2^{s1}, E_3^{s1}, E_6^{s1}$
16	$a^{s1}>c^{s1}, b^{s1}<d^{s1}, e^{s1}<f^{s1}, g^{s1}>h^{s1}$	$E_1^{s1}, E_2^{s1}, E_3^{s1}, E_6^{s1}, E_5^{s1}$	E_5^{s1} 为中心的非渐近稳定		$E_1^{s1}, E_2^{s1}, E_3^{s1}, E_6^{s1}$

可以看出,在 2×2 演化博弈的情况下,所有的渐近稳定点均位于 x^{s1} , y^{s1} 取值区间的顶点处,且与 x^{s1} , y^{s1} 所取初值无关,不存在(0,1)之间的稳定均衡点,且存在定理 6-2。

定理 6-2:在序号 15 及序号 16 的参数条件下, E_5^{s1} 为非渐近稳定中心点。

证明如下:

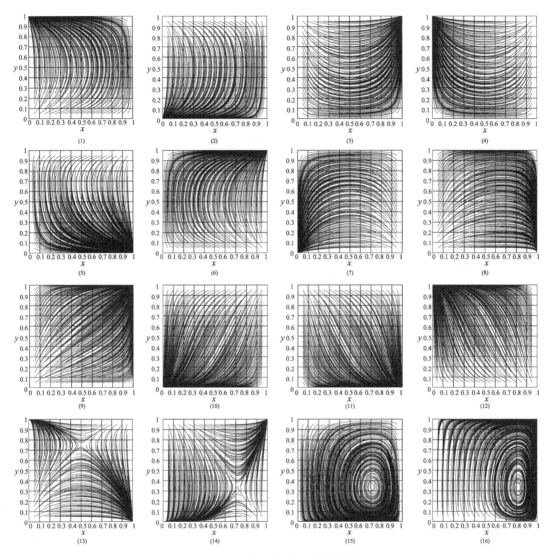

图 6-1　不同参数条件下演化博弈相图

令 $\alpha^{s1} = h^{s1} - g^{s1}$，$\beta^{s1} = h^{s1} - g^{s1} + e^{s1} - f^{s1}$，$\gamma^{s1} = -(a^{s1} - c^{s1} + d^{s1} - b^{s1})$，$\delta^{s1} = -(a^{s1} - c^{s1})$。可以看出，$\alpha^{s1}$，$\beta^{s1}$，$\gamma^{s1}$，$\delta^{s1} > 0$，$\beta^{s1} - \alpha^{s1} = e^{s1} - f^{s1} > 0$，$\gamma^{s1} - \delta^{s1} = b^{s1} - d^{s1} > 0$，则式(6-16)、式(6-17)可以改写成

$$\mathrm{d}x^{s1}/\mathrm{d}t = x^{s1}(1 - x^{s1})(\alpha^{s1} - \beta^{s1}y^{s1}) \tag{6-20}$$

$$\mathrm{d}y^{s1}/\mathrm{d}t = y^{s1}(1 - y^{s1})(\gamma^{s1}x^{s1} - \delta^{s1}) \tag{6-21}$$

那么，直线 $x^{s1} = \delta^{s1}/\gamma^{s1}$ 和 $y^{s1} = \alpha^{s1}/\beta^{s1}$ 将区域 $\Phi^{s1} = [0, 1] \times [0, 1]$ 分为四个部分：在右上部分，$\mathrm{d}x^{s1}/\mathrm{d}t < 0$，$\mathrm{d}y^{s1}/\mathrm{d}t > 0$；在左上部分，$\mathrm{d}x^{s1}/\mathrm{d}t < 0$，$\mathrm{d}y^{s1}/\mathrm{d}t < 0$；在左下部分，$\mathrm{d}x^{s1}/\mathrm{d}t > 0$，$\mathrm{d}y^{s1}/\mathrm{d}t < 0$；在右下部分，$\mathrm{d}x^{s1}/\mathrm{d}t > 0$，$\mathrm{d}y^{s1}/\mathrm{d}t > 0$。

由于直线 x^{s1} 和直线 y^{s1} 的交点即为 E_5^{s1}，因此，对于任意的 $[x^{s1}(0), y^{s1}(0)] \in \Phi^{s1}$，其

演化轨迹$[x^{s1}(t), y^{s1}(t)] \in \Phi^{s1}$且在$\Phi^{s1}$内以$E_5^{s1}$为中心逆时针方向演化,也就是说$E_5^{s1}$为非渐近稳定中心点。

下面,令$\Gamma^{s1}(x^{s1}, y^{s1}) = (\delta^{s1} - \gamma^{s1})\ln(1 - x^{s1}) - \delta^{s1}\ln x^{s1} + (\alpha^{s1} - \beta^{s1})\ln(1 - y^{s1}) - \alpha^{s1}\ln y^{s1}, (x^{s1}, y^{s1}) \in \Phi^{s1}$,则

$$
\begin{aligned}
\mathrm{d}\Gamma^{s1}/\mathrm{d}t &= (\partial\Gamma^{s1}/\partial x^{s1})(\mathrm{d}x^{s1}/\mathrm{d}t) + (\partial\Gamma^{s1}/\partial y^{s1})(\mathrm{d}y^{s1}/\mathrm{d}t) \\
&= [(\gamma^{s1} - \delta^{s1})/(1 - x^{s1}) - \delta^{s1}/x^{s1}]x^{s1}(1 - x^{s1})(\alpha^{s1} - \beta^{s1}y^{s1}) + \\
&\quad [(\beta^{s1} - \alpha^{s1})/(1 - y^{s1}) - \alpha^{s1}/y^{s1}]y^{s1}(1 - y^{s1})(\gamma^{s1}x^{s1} - \delta^{s1}) \\
&\equiv 0
\end{aligned}
\tag{6-22}
$$

因此Γ在动态复制方程的解曲线上为常数。

又存在

$$
\partial\Gamma^{s1}(\delta^{s1}/\gamma^{s1}, \alpha^{s1}/\beta^{s1})/\partial x^{s1} = 0 \tag{6-23}
$$

$$
\partial\Gamma^{s1}(\delta^{s1}/\gamma^{s1}, \alpha^{s1}/\beta^{s1})/\partial y^{s1} = 0 \tag{6-24}
$$

$$
\partial\Gamma^{s1}/\partial x^{s1} > 0, x^{s1} \in (\delta^{s1}/\gamma^{s1}, 1), y^{s1} \in (0, 1) \tag{6-25}
$$

$$
\partial\Gamma^{s1}/\partial x^{s1} < 0, x^{s1} \in (0, \delta^{s1}/\gamma^{s1}), y^{s1} \in (0, 1) \tag{6-26}
$$

$$
\partial\Gamma^{s1}/\partial y^{s1} > 0, x^{s1} \in (0, 1), y^{s1} \in (\alpha^{s1}/\beta^{s1}, 1) \tag{6-27}
$$

$$
\partial\Gamma^{s1}/\partial y^{s1} < 0, x^{s1} \in (0, 1), y^{s1} \in (0, \alpha^{s1}/\beta^{s1}) \tag{6-28}
$$

因此,Γ^{s1}的唯一驻点E_5^{s1}为Γ^{s1}的严格极小值点。由此可以构造出E_5^{s1}的一个李雅普诺夫函数

$$
\Lambda^{s1}(x^{s1}, y^{s1}) = \Gamma^{s1}(x^{s1}, y^{s1}) - \Gamma^{s1}(E_5^{s1}) \tag{6-29}
$$

其满足

$$
\Lambda^{s1}(E_5^{s1}) = 0, \Lambda^{s1}(\bar{\omega}^{s1}) > 0, \bar{\omega}^{s1} \neq E_5^{s1}, \bar{\omega}^{s1} \in \Phi^{s1} \tag{6-30}
$$

$$
\mathrm{d}\Lambda^{s1}(\bar{\omega}^{s1})/\mathrm{d}\bar{\omega}^{s1} \equiv 0, \bar{\omega}^{s1} \in \Phi^{s1} \tag{6-31}
$$

由此可知E_5^{s1}为平衡点但非渐近稳定。

序号16证明同理。

2) 三方两策略演化博弈

考虑$2\times2\times2$演化博弈同样属于重复博弈,其博弈矩阵如表6-3、表6-4所示。其中,x^{s2}表示群体A^{s2}中选择策略一的比例,$1 - x^{s2}$表示群体A^{s2}中选择策略二的比例,y^{s2}表示群体B^{s2}中选择策略一的比例,$1 - y^{s2}$表示群体B^{s2}中选择策略二的比例,z^{s2}表示群体C^{s2}中选择策略一的比例,$1 - z^{s2}$表示群体C^{s2}中选择策略二的比例,a^{s2}、b^{s2}、c^{s2}、d^{s2}、m^{s2}、n^{s2}、o^{s2}、p^{s2}为群体A^{s2}在各种策略下的收益,e^{s2}、f^{s2}、g^{s2}、h^{s2}、q^{s2}、r^{s2}、s^{s2}、t^{s2}为群体B^{s2}在各种策略下的收益,i^{s2}、j^{s2}、k^{s2}、l^{s2}、u^{s2}、v^{s2}、w^{s2}、ε^{s2}为群体C^{s2}在各种策略下的收益。

表 6-3　2×2×2 演化博弈收益矩阵一

群体 C^{s2} 策略一 $C_1^{s2}(z^{s2})$			群体 B^{s2}	
			策略一 $B_1^{s2}(y^{s2})$	策略二 $B_2^{s2}(1-y^{s2})$
	群体 A^{s2}	策略一 $A_1^{s2}(x^{s2})$	a^{s2}, e^{s2}, i^{s2}	b^{s2}, f^{s2}, j^{s2}
		策略二 $A_2^{s2}(1-x^{s2})$	c^{s2}, g^{s2}, k^{s2}	d^{s2}, h^{s2}, l^{s2}

表 6-4　2×2×2 演化博弈收益矩阵二

群体 C^{s2} 策略二 $C_2^{s2}(1-z^{s2})$			群体 B^{s2}	
			策略一 $B_1^{s2}(y^{s2})$	策略二 $B_2^{s2}(1-y^{s2})$
	群体 A^{s2}	策略一 $A_1^{s2}(x^{s2})$	m^{s2}, q^{s2}, u^{s2}	n^{s2}, r^{s2}, v^{s2}
		策略二 $A_2^{s2}(1-x^{s2})$	o^{s2}, s^{s2}, w^{s2}	p^{s2}, t^{s2}, ε^{s2}

群体 A^{s2} 采取纯策略 A_1^{s2} 和 A_2^{s2} 的收益期望为：

$$E(A_1^{s2}) = z^{s2}y^{s2}a^{s2} + z^{s2}(1-y^{s2})b^{s2} + (1-z^{s2})y^{s2}m^{s2} + (1-z^{s2})(1-y^{s2})n^{s2}$$
(6-32)

$$E(A_2^{s2}) = z^{s2}y^{s2}c^{s2} + z^{s2}(1-y^{s2})d^{s2} + (1-z^{s2})y^{s2}o^{s2} + (1-z^{s2})(1-y^{s2})p^{s2}$$
(6-33)

群体 A^{s2} 以概率 x^{s2} 和 $1-x^{s2}$ 采取 A_1^{s2}、A_2^{s2} 混合策略的收益期望为

$$
\begin{aligned}
E(A^{s2}) &= x^{s2}E(A_1^{s2}) + (1-x^{s2})E(A_2^{s2}) \\
&= x^{s2}[z^{s2}y^{s2}a^{s2} + z^{s2}(1-y^{s2})b^{s2} + (1-z^{s2})y^{s2}m^{s2} + (1-z^{s2})(1-y^{s2})n^{s2}] \\
&\quad + (1-x^{s2})[z^{s2}y^{s2}c^{s2} + z^{s2}(1-y^{s2})d^{s2} + (1-z^{s2})y^{s2}o^{s2} \\
&\quad + (1-z^{s2})(1-y^{s2})p^{s2}]
\end{aligned}
$$
(6-34)

群体 B^{s2} 采取纯策略 B_1^{s2} 和 B_2^{s2} 的收益期望为：

$$E(B_1^{s2}) = x^{s2}z^{s2}e^{s2} + (1-x^{s2})z^{s2}g^{s2} + x^{s2}(1-z^{s2})q^{s2} + (1-x^{s2})(1-z^{s2})s^{s2}$$
(6-35)

$$E(B_2^{s2}) = x^{s2}z^{s2}f^{s2} + (1-x^{s2})z^{s2}h^{s2} + x^{s2}(1-z^{s2})r^{s2} + (1-x^{s2})(1-z^{s2})t^{s2}$$
(6-36)

群体 B^{s2} 以概率 y^{s2} 和 $1-y^{s2}$ 采取 B_1^{s2}、B_2^{s2} 混合策略的收益期望为

$$
\begin{aligned}
E(B^{s2}) &= yE(B_1^{s2}) + (1-y)E(B_2^{s2}) \\
&= y^{s2}[x^{s2}z^{s2}e^{s2} + (1-x^{s2})z^{s2}g^{s2} + x^{s2}(1-z^{s2})q^{s2} + (1-x^{s2})(1-z^{s2})s^{s2}] \\
&\quad + (1-y^{s2})[x^{s2}z^{s2}f^{s2} + (1-x^{s2})z^{s2}h^{s2} + x^{s2}(1-z^{s2})r^{s2} \\
&\quad + (1-x^{s2})(1-z^{s2})t^{s2}]
\end{aligned}
$$
(6-37)

群体 C^{s2} 采取纯策略 C_1^{s2} 和 C_2^{s2} 的收益期望为：

$$E(C_1^{s2}) = x^{s2}y^{s2}i^{s2} + x^{s2}(1-y^{s2})j^{s2} + (1-x^{s2})y^{s2}k^{s2} + (1-x^{s2})(1-y^{s2})l^{s2}$$

$$(6-38)$$

$$E(C_2^{s2}) = x^{s2}y^{s2}u^{s2} + x^{s2}(1-y^{s2})v^{s2} + (1-x^{s2})y^{s2}w^{s2} + (1-x^{s2})(1-y^{s2})\varepsilon^{s2}$$

$$(6-39)$$

群体 C^{s2} 以概率 z^{s2} 和 $1-z^{s2}$ 采取 C_1^{s2}、C_2^{s2} 混合策略的收益期望为:

$$
\begin{aligned}
E(C^{s2}) &= z^{s2}E(C_1^{s2}) + (1-z^{s2})E(C_2^{s2}) \\
&= z^{s2}[x^{s2}y^{s2}i^{s2} + x^{s2}(1-y^{s2})j^{s2} + (1-x^{s2})y^{s2}k^{s2} + (1-x^{s2})(1-y^{s2})l^{s2}] \\
&\quad + (1-z^{s2})[x^{s2}y^{s2}u^{s2} + x^{s2}(1-y^{s2})v^{s2} + (1-x^{s2})y^{s2}w^{s2} \\
&\quad + (1-x^{s2})(1-y^{s2})\varepsilon^{s2}]
\end{aligned}
$$

$$(6-40)$$

那么,群体中选择策略 A_1^{s2}、策略 B_1^{s2}、策略 C_1^{s2} 的演变趋势可以由式(6-41)、式(6-42)、式(6-43)表示:

$$\mathrm{d}x^{s2}/\mathrm{d}t = [E(A_1^{s2}) - E(A^{s2})]x^{s2}$$

$$(6-41)$$

$$\mathrm{d}y^{s2}/\mathrm{d}t = [E(B_1^{s2}) - E(B^{s2})]y^{s2}$$

$$(6-42)$$

$$\mathrm{d}z^{s2}/\mathrm{d}t = [E(C_1^{s2}) - E(C^{s2})]z^{s2}$$

$$(6-43)$$

综合式(6-34)、式(6-37)、式(6-40)、式(6-41)、式(6-42)、式(6-43),可以得到三个群体中选择策略一的演化动态方程组为:

$$
\begin{cases}
\dot{x} = [E(A_1^{s2}) - E(A^{s2})]x^{s2} \\
\quad = x^{s2}\{z^{s2}y^{s2}a^{s2} + z^{s2}(1-y^{s2})b^{s2} + (1-z^{s2})y^{s2}m^{s2} + (1-z^{s2})(1-y^{s2})n^{s2} \\
\quad - x^{s2}[z^{s2}y^{s2}a^{s2} + z^{s2}(1-y^{s2})b^{s2} + (1-z^{s2})y^{s2}m^{s2} + (1-z^{s2})(1-y^{s2})n^{s2}] \\
\quad - (1-x^{s2})[z^{s2}y^{s2}c^{s2} + z^{s2}(1-y^{s2})d^{s2} + (1-z^{s2})y^{s2}o^{s2} + (1-z^{s2})(1-y^{s2})p^{s2}]\} \\
\dot{y} = [E(B_1^{s2}) - E(B^{s2})]y^{s2} \\
\quad = y^{s2}\{x^{s2}z^{s2}e^{s2} + (1-x^{s2})z^{s2}g^{s2} + x^{s2}(1-z^{s2})q^{s2} + (1-x^{s2})(1-z^{s2})s^{s2} \\
\quad - y^{s2}[x^{s2}z^{s2}e^{s2} + (1-x^{s2})z^{s2}g^{s2} + x^{s2}(1-z^{s2})q^{s2} + (1-x^{s2})(1-z^{s2})s^{s2}] \\
\quad - (1-y^{s2})[x^{s2}z^{s2}f^{s2} + (1-x^{s2})z^{s2}h^{s2} + x^{s2}(1-z^{s2})r^{s2} + (1-x^{s2})(1-z^{s2})t^{s2}]\} \\
\dot{z} = [E(C_1^{s2}) - E(C^{s2})]z^{s2} \\
\quad = z^{s2}\{x^{s2}y^{s2}u^{s2} + x^{s2}(1-y^{s2})v^{s2} + (1-x^{s2})y^{s2}w^{s2} + (1-x^{s2})(1-y^{s2})\varepsilon^{s2} \\
\quad - z^{s2}[x^{s2}y^{s2}i^{s2} + x^{s2}(1-y^{s2})j^{s2} + (1-x^{s2})y^{s2}k^{s2} + (1-x^{s2})(1-y^{s2})l^{s2}] \\
\quad - (1-z^{s2})[x^{s2}y^{s2}u^{s2} + x^{s2}(1-y^{s2})v^{s2} + (1-x^{s2})y^{s2}w^{s2} + (1-x^{s2})(1-y^{s2})\varepsilon^{s2}]\}
\end{cases}
$$

$$(6-44)$$

上述微分方程组的解曲线就是此博弈的动态演化过程,当其稳定解满足演化稳定均衡判据时,该稳定解为演化稳定均衡点。

3) 两方三策略演化博弈

考虑 3×3 演化博弈,其博弈矩阵如表 6-5 所示。其中,x_1^{s3} 表示群体 A^{s3} 中选择策略一的比例,x_2^{s3} 表示群体 A^{s3} 中选择策略二的比例,$1-x_1^{s3}-x_2^{s3}$ 表示群体 A^{s3} 中选择策略三的比例,y_1^{s3} 表示群体 B^{s3} 中选择策略一的比例,y_2^{s3} 表示群体 B^{s3} 中选择策略二的比例,$1-y_1^{s3}-y_2^{s3}$ 表示群体 B^{s3} 中选择策略三的比例,a^{s3}、b^{s3}、c^{s3}、d^{s3}、e^{s3}、f^{s3}、g^{s3}、h^{s3}、i^{s3} 为群体 A^{s3} 在各种策略下的收益,j^{s3}、k^{s3}、l^{s3}、m^{s3}、n^{s3}、o^{s3}、p^{s3}、q^{s3}、r^{s3} 为群体 B^{s3} 在各种策略下的收益。

表 6-5 3×3 演化博弈收益矩阵

		群体 B^{s3}		
		策略一 $B_1^{s3}(y_1^{s3})$	策略二 $B_2^{s3}(y_2^{s3})$	策略三 $B_3^{s3}(1-y_1^{s3}-y_2^{s3})$
群体 A^{s3}	策略一 $A_1^{s3}(x_1^{s3})$	a^{s3}, j^{s3}	b^{s3}, k^{s3}	c^{s3}, l^{s3}
	策略二 $A_2^{s3}(x_2^{s3})$	d^{s3}, m^{s3}	e^{s3}, n^{s3}	f^{s3}, o^{s3}
	策略三 $A_3^{s3}(1-x_1^{s3}-x_2^{s3})$	g^{s3}, p^{s3}	h^{s3}, q^{s3}	i^{s3}, r^{s3}

群体 A^{s3} 采取纯策略 A_1^{s3}、A_2^{s3} 和 A_3^{s3} 的收益期望为

$$E(A_1^{s3})=a^{s3}y_1^{s3}+b^{s3}y_2^{s3}+c^{s3}(1-y_1^{s3}-y_2^{s3}) \tag{6-45}$$

$$E(A_2^{s3})=d^{s3}y_1^{s3}+e^{s3}y_2^{s3}+f^{s3}(1-y_1^{s3}-y_2^{s3}) \tag{6-46}$$

$$E(A_3^{s3})=g^{s3}y_1^{s3}+h^{s3}y_2^{s3}+i^{s3}(1-y_1^{s3}-y_2^{s3}) \tag{6-47}$$

群体 A^{s3} 以概率 x_1^{s3}、x_2^{s3} 和 $1-x_1^{s3}-x_2^{s3}$ 采取 A_1^{s3}、A_2^{s3} 和 A_3^{s3} 混合策略的收益期望可以表示为

$$\begin{aligned}E(A)&=x_1^{s3}E(A_1^{s3})+x_2^{s3}E(A_2^{s3})+(1-x_1^{s3}-x_2^{s3})E(A_3^{s3})\\&=x_1^{s3}[a^{s3}y_1^{s3}+b^{s3}y_2^{s3}+c^{s3}(1-y_1^{s3}-y_2^{s3})]+x_2^{s3}[d^{s3}y_1^{s3}+e^{s3}y_2^{s3}+f^{s3}(1-y_1^{s3}-y_2^{s3})]\\&\quad+(1-x_1^{s3}-x_2^{s3})[g^{s3}y_1^{s3}+h^{s3}y_2^{s3}+i^{s3}(1-y_1^{s3}-y_2^{s3})]\end{aligned} \tag{6-48}$$

群体 B^{s3} 采取纯策略 B_1^{s3}、B_2^{s3} 和 B_3^{s3} 的收益期望为

$$E(B_1^{s3})=j^{s3}x_1^{s3}+k^{s3}x_2^{s3}+l^{s3}(1-x_1^{s3}-x_2^{s3}) \tag{6-49}$$

$$E(B_2^{s3})=m^{s3}x_1^{s3}+n^{s3}x_2^{s3}+o^{s3}(1-x_1^{s3}-x_2^{s3}) \tag{6-50}$$

$$E(B_3^{s3})=p^{s3}x_1^{s3}+q^{s3}x_2^{s3}+r^{s3}(1-x_1^{s3}-x_2^{s3}) \tag{6-51}$$

群体 B^{s3} 以概率 y_1^{s3}、y_2^{s3} 和 $1-y_1^{s3}-y_2^{s3}$ 采取 B_1^{s3}、B_2^{s3} 和 B_3^{s3} 混合策略的收益期望可以表示为

$$\begin{aligned}E(B)&=y_1^{s3}E(B_1^{s3})+y_2^{s3}E(B_2^{s3})+(1-y_1^{s3}-y_2^{s3})E(B_3^{s3})\\&=y_1^{s3}[j^{s3}x_1^{s3}+k^{s3}x_2^{s3}+l^{s3}(1-x_1^{s3}-x_2^{s3})]+y_2^{s3}[m^{s3}x_1^{s3}+n^{s3}x_2^{s3}+o^{s3}(1-x_1^{s3}-x_2^{s3})]\\&\quad+(1-y_1^{s3}-y_2^{s3})[p^{s3}x_1^{s3}+q^{s3}x_2^{s3}+r^{s3}(1-x_1^{s3}-x_2^{s3})]\end{aligned} \tag{6-52}$$

那么,群体中选择策略 A_1^{s3} 和策略 A_2^{s3} 的演变趋势可以由式(6-53)表示

$$\mathrm{d}x_1^{s3}/\mathrm{d}t = [E(A_1^{s3}) - E(A^{s3})]x_1^{s3} \tag{6-53}$$

$$\mathrm{d}x_2^{s3}/\mathrm{d}t = [E(A_2^{s3}) - E(A^{s3})]x_2^{s3} \tag{6-54}$$

类似地,群体中选择策略 B_1^{s3} 和策略 B_2^{s3} 的演变趋势可以表示为

$$\mathrm{d}y_1^{s3}/\mathrm{d}t = [E(B_1^{s3}) - E(B^{s3})]y_1^{s3} \tag{6-55}$$

$$\mathrm{d}y_2^{s3}/\mathrm{d}t = [E(B_2^{s3}) - E(B^{s3})]y_2^{s3} \tag{6-56}$$

综合式(6-48)、式(6-52)、式(6-55)、式(6-56),可以得到两个群体中分别选择策略一和策略二的演化动态方程组,如式(6-57)所示。

$$\begin{cases}
\dot{x}_1^{s3} = x_1^{s3}[E(A_1^{s3}) - E(A^{s3})] \\
\quad = x_1^{s3}\{a^{s3}y_1^{s3} + b^{s3}y_2^{s3} + c^{s3}(1-y_1^{s3}-y_2^{s3}) \\
\qquad - x_1^{s3}[a^{s3}y_1^{s3} + b^{s3}y_2^{s3} + c^{s3}(1-y_1^{s3}-y_2^{s3})] \\
\qquad - x_2^{s3}[d^{s3}y_1^{s3} + e^{s3}y_2^{s3} + f^{s3}(1-y_1^{s3}-y_2^{s3})] \\
\qquad - (1-x_1^{s3}-x_2^{s3})[g^{s3}y_1^{s3} + h^{s3}y_2^{s3} + i^{s3}(1-y_1^{s3}-y_2^{s3})]\} \\
\dot{x}_2^{s3} = x_2^{s3}[E(A_2^{s3}) - E(A^{s3})] \\
\quad = x_2^{s3}\{d^{s3}y_1^{s3} + e^{s3}y_2^{s3} + f^{s3}(1-y_1^{s3}-y_2^{s3}) \\
\qquad - x_1^{s3}[a^{s3}y_1^{s3} + b^{s3}y_2^{s3} + c^{s3}(1-y_1^{s3}-y_2^{s3})] \\
\qquad - x_2^{s3}[d^{s3}y_1^{s3} + e^{s3}y_2^{s3} + f^{s3}(1-y_1^{s3}-y_2^{s3})] \\
\qquad - (1-x_1^{s3}-x_2^{s3})[g^{s3}y_1^{s3} + h^{s3}y_2^{s3} + i^{s3}(1-y_1^{s3}-y_2^{s3})]\} \\
\dot{y}_1^{s3} = y_1^{s3}[E(B_1^{s3}) - E(B^{s3})] \\
\quad = y_1^{s3}\{j^{s3}x_1^{s3} + k^{s3}x_2^{s3} + l^{s3}(1-x_1^{s3}-x_2^{s3}) \\
\qquad - y_1^{s3}[j^{s3}x_1^{s3} + k^{s3}x_2^{s3} + l^{s3}(1-x_1^{s3}-x_2^{s3})] \\
\qquad - y_2^{s3}[m^{s3}x_1^{s3} + n^{s3}x_2^{s3} + o^{s3}(1-x_1^{s3}-x_2^{s3})] \\
\qquad - (1-y_1^{s3}-y_2^{s3})[p^{s3}x_1^{s3} + q^{s3}x_2^{s3} + r^{s3}(1-x_1^{s3}-x_2^{s3})]\} \\
\dot{y}_2^{s3} = y_2^{s3}[E(B_2^{s3}) - E(B^{s3})] \\
\quad = y_2^{s3}\{m^{s3}x_1^{s3} + n^{s3}x_2^{s3} + o^{s3}(1-x_1^{s3}-x_2^{s3}) \\
\qquad - y_1^{s3}[j^{s3}x_1^{s3} + k^{s3}x_2^{s3} + l^{s3}(1-x_1^{s3}-x_2^{s3})] \\
\qquad - y_2^{s3}[m^{s3}x_1^{s3} + n^{s3}x_2^{s3} + o^{s3}(1-x_1^{s3}-x_2^{s3})] \\
\qquad - (1-y_1^{s3}-y_2^{s3})[p^{s3}x_1^{s3} + q^{s3}x_2^{s3} + r^{s3}(1-x_1^{s3}-x_2^{s3})]\}
\end{cases} \tag{6-57}$$

上述微分方程组的解曲线就是此博弈的动态演化过程,当其稳定解满足演化稳定均衡判据时,该稳定解为演化稳定均衡点。

在演化博弈论中,存在定理 6-3。

定理 6-3：当且仅当策略 Θ 是严格纳什均衡时,其在多方多策略演化博弈的动态复制系统中才是渐近稳定的[8-9]。

由此可知,如果演化均衡策略 Θ 是渐近稳定点,则 Θ 一定是严格纳什均衡,而严格纳什均衡又是纯策略纳什均衡,因此对于多方多策略演化博弈的动态复制方程,只需讨论取值空间端点处的渐近稳定情况,其他都是非渐近稳定点。

6.2　基于居民用电行为的智能需求响应演化博弈优化

利用演化博弈论对智能用电下居民的需求响应进行分析的基本框架如图 6-2 所示。首先,可以对居民用户的用电效用进行分析,并进一步对其用电策略和用电收益进行评估,建立策略与收益函数模型;在确定了博弈的参与方、策略和收益的基础上,若不考虑居民用户间的区别,居民将选择何种用电策略,由此对居民群体内部的对称演化博弈进行分析;其次,各类居民用户间也存在着博弈,由于其情况不尽相同,居民将分别选择何种用电策略,由此考虑居民用户间的不对称演化博弈;最后,若售电公司提供多种售电方案,居民可以自由选择不同的售电方案,则演化博弈模型扩展为多方多策略不对称情形,由此需要分析居民用户间的多方多策略不对称演化博弈[10]。

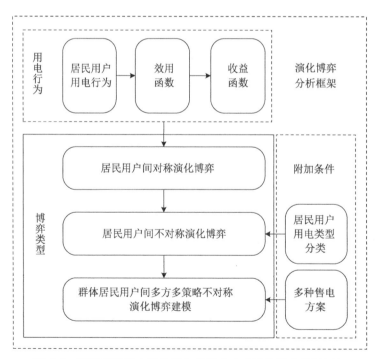

图 6-2　基于居民用电行为的智能需求响应演化博弈分析框架

6.2.1 群体居民用户间对称演化博弈模型

假设博弈参与者是若干居民用户组成的单一群体,居民用户安装有智能用电终端,售电公司提供参与智能用电和不参与智能用电两种售电方案,每户居民可以自主选择是否参与智能用电,控制系统采集用户决策比例后作为需求侧响应上传至售电公司,售电公司根据需求侧响应情况制定新的电价激励,博弈结构如图 6-3 所示。由此,可以构造居民的策略集,如式(6-58)所示:

$$S = \{s_1, s_2\} \tag{6-58}$$

式中,s_1 为居民用户不参与智能用电,s_2 为居民用户参与智能用电。假设全体居民用户中,参与智能用电的比例为 $\alpha_e (0 \leqslant \alpha_e \leqslant 1)$,不参与智能用电的比例为 $1 - \alpha_e$。

假设居民用户在策略的选择上是由收益驱使的,即若参与智能用电能够获得更高的收益,则采用参与智能用电的策略,若不参与智能用电的收益更高,则不参与智能用电。支付模型包含两部分,一是经济支出,二是舒适度收益。经济支出由是否参与智能用电的电价获得,如式(6-59)所示:

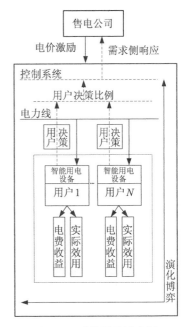

图 6-3 群体居民用户间对称演化博弈结构

$$P_c(s) = \begin{cases} -p_{set}, & s = s_1 \\ -p_{con}, & s = s_2 \end{cases} \tag{6-59}$$

式中,$P_c(s)$ 为用户的电价经济收益,p_{con} 为用户选择参与智能用电时售电公司给出的协议电价,p_{set} 为用户不参与智能用电时售电公司的固定电价,s 为用户采取的策略。

协议电价可由式(6-60)表示:

$$p_{con} = \kappa_1 / (\alpha_e + 1) + \kappa_2 \tag{6-60}$$

可以看出,协议电价与居民参与智能用电的程度成反比,即参与程度越高,电价越低。

舒适度收益/支付为居民用户在参与智能用电的过程中用电实际效用和心理满足感的体现,可用式(6-61)表示:

$$P_s = \begin{cases} \omega_e x_e - \dfrac{a_{ad}}{2} x_e^2 - b_{ad}(e^{-\alpha_e} + \delta_r) & s = s_1 \\ -\left[\omega_e x_e - \dfrac{a_{ad}}{2} x_e^2 - b_{ad}(e^{-\alpha_e} + \delta_r)\right] & s = s_2 \end{cases} \tag{6-61}$$

式中,ω_e 为效用收益系数,x_e 为预测的用电量,a_{ad} 和 b_{ad} 为调节系数,δ_r 为环境影响的随机变量。

居民用户的总收益如式(6-62)所示：

$$P_\Sigma = P_c + P_s \tag{6-62}$$

由此，收益矩阵如表 6-6 所示，其中，$P_{\Sigma 1}=P_c(s_1)+P_{s12}$，$P_{\Sigma 2}=P_c(s_1)+P_{s11}$，$P_{\Sigma 3}=P_c(s_2)+P_{s22}$，$P_{\Sigma 4}=P_c(s_2)+P_{s12}$，$P_{\Sigma 5}=P_c(s_2)+P_{s12}$，$P_{\Sigma 6}=P_c(s_1)+P_{s11}$，$P_{\Sigma 7}=P_c(s_2)+P_{s22}$，$P_{\Sigma 8}=P_c(s_1)+P_{s12}$。可以看出，$P_{\Sigma 1}=P_{\Sigma 8}$，$P_{\Sigma 2}=P_{\Sigma 6}$，$P_{\Sigma 3}=P_{\Sigma 7}$，$P_{\Sigma 4}=P_{\Sigma 5}$。

表 6-6 群体居民用户间对称演化博弈收益矩阵

居民用户群体		居民用户群体	
		策略 $s_2(\alpha_e)$	策略 $s_1(1-\alpha_e)$
居民用户群体	策略 $s_1(1-\alpha_e)$	$p_{\Sigma 1}, p_{\Sigma 5}$	$p_{\Sigma 2}, p_{\Sigma 6}$
	策略 $s_2(\alpha_e)$	$p_{\Sigma 3}, p_{\Sigma 7}$	$p_{\Sigma 4}, p_{\Sigma 8}$

对于选择不参与智能用电的居民用户来说，其收益期望为

$$\begin{aligned}E(s_1)&=\alpha_e P_{\Sigma 1}+(1-\alpha_e)P_{\Sigma 2}\\&=\alpha_e[P_c(s_1)+P_{s1}]+(1-\alpha_e)[P_c(s_1)+P_{s11}]\end{aligned} \tag{6-63}$$

对于选择参与智能用电的居民用户来说，其收益期望为

$$\begin{aligned}E(s_2)&=\alpha_e P_{\Sigma 3}+(1-\alpha_e)P_{\Sigma 4}\\&=\alpha_e[P_c(s_2)+P_{s22}]+(1-\alpha_e)[P_c(s_2)+P_{s12}]\end{aligned} \tag{6-64}$$

则全体居民用户的平均收益期望为

$$E(s)=(1-\alpha_e)E(s_1)+\alpha_e E(s_2) \tag{6-65}$$

选择参与智能用电的居民用户的复制动态方程为

$$\begin{aligned}F(\alpha_e)&=d\alpha_e/dt\\&=\alpha_e[E(s_2)-E(s)]\\&=\alpha_e[E(s_2)-(1-\alpha_e)E(s_1)-\alpha_e E(s_2)]\\&=\alpha_e(1-\alpha_e)[E(s_2)-E(s_1)]\\&=\alpha_e(1-\alpha_e)[\alpha_e(P_{\Sigma 2}+P_{\Sigma 3}-P_{\Sigma 1}-P_{\Sigma 4})+P_{\Sigma 4}-P_{\Sigma 2}]\end{aligned} \tag{6-66}$$

令 $F(\alpha_e)=0$，就能够解除该复制动态方程的所有均衡点，如下式所示：

$$x_1=0 \tag{6-67}$$

$$x_2=1 \tag{6-68}$$

$$x_3=(P_{\Sigma 2}-P_{\Sigma 4})/(P_{\Sigma 2}+P_{\Sigma 3}-P_{\Sigma 1}-P_{\Sigma 4}) \tag{6-69}$$

在演化博弈中,复制动态方程的解不一定具有稳定均衡性,因此需要对各个均衡点进行稳定性验证,由于对称演化博弈解析解的结构清晰,可以考虑该均衡点是否对微小突变具有抵抗作用,即当演化过程少量偏离均衡点时是否还能在后续的迭代过程中回归到平衡点上,因此需要满足判据式(6-61)。

$$F'(\alpha_e) < 0 \tag{6-70}$$

对于本模型来说,存在下式:

$$F'(\alpha_e) = -3(P_{\Sigma2} + P_{\Sigma3} - P_{\Sigma1} - P_{\Sigma4})\alpha_e^2 + 2(2P_{\Sigma2} + P_{\Sigma3} - P_{\Sigma1} - 2P_{\Sigma4})\alpha_e + P_{\Sigma4} - P_{\Sigma2} \tag{6-71}$$

下面对复制动态方程进行分析:

(1) 当 $P_{\Sigma2} - P_{\Sigma4} - P_{\Sigma1} + P_{\Sigma3} > 0$ 时:

当 $P_{\Sigma2} - P_{\Sigma4} > P_{\Sigma1} - P_{\Sigma3} > 0$ 时: $x_3 > 1$,可知 x_3 不是稳定均衡解,博弈仅存在 x_1、x_2 两种可能的稳定均衡状态。$F'(0) = -P_{\Sigma2} + P_{\Sigma4} < 0$,$F'(1) = P_{\Sigma1} - P_{\Sigma3} > 0$,即 x_1 是该博弈唯一的演化稳定均衡点,表示所有居民用户都会选择不参与智能用电的策略。

当 $P_{\Sigma1} - P_{\Sigma3} < P_{\Sigma2} - P_{\Sigma4} < 0$ 时: $x_3 < 0$,可知 x_3 不是稳定均衡解,博弈仅存在 x_1、x_2 两种可能的稳定均衡状态。$F'(0) = -P_{\Sigma2} + P_{\Sigma4} > 0$,$F'(1) = P_{\Sigma1} - P_{\Sigma3} < 0$,即 x_2 是该博弈唯一的演化稳定均衡点,表示所有居民用户都会选择参与智能用电的策略。

当 $1 > P_{\Sigma2} - P_{\Sigma4} > P_{\Sigma1} - P_{\Sigma3} > 0$ 时: $0 \leqslant x_3 \leqslant 1$,博弈存在 x_1、x_2、x_3 三种可能的稳定均衡状态。此时,$F'(0) = -P_{\Sigma2} + P_{\Sigma4} < 0$,$F'(1) = P_{\Sigma1} - P_{\Sigma3} < 0$,$F'[(P_{\Sigma2} - P_{\Sigma4})/(P_{\Sigma2} - P_{\Sigma4} - P_{\Sigma1} + P_{\Sigma3})] > 0$,可知 x_1、x_2 是演化稳定均衡点,此时的演化方向和演化稳定的结果取决于初始状态。当初始值 $x \in (0, (P_{\Sigma2} - P_{\Sigma4})/(P_{\Sigma2} - P_{\Sigma4} - P_{\Sigma1} + P_{\Sigma3}))$ 时,演化动态趋于稳定均衡状态 $x_1 = 0$;当初始值 $x \in ((P_{\Sigma2} - P_{\Sigma4})/(P_{\Sigma2} - P_{\Sigma4} - P_{\Sigma1} + P_{\Sigma3}), 1)$ 时,演化动态趋于稳定均衡状态 $x_2 = 1$。这表示演化博弈的稳定均衡过程和结果与参与方的初始决策比例相关,最终所有居民用户将一起选择参与智能用电的策略,或者一起选择不参与智能用电的策略。

(2) 当 $P_{\Sigma2} - P_{\Sigma4} - P_{\Sigma1} + P_{\Sigma3} < 0$ 时:

当 $P_{\Sigma2} - P_{\Sigma4} < P_{\Sigma1} - P_{\Sigma3} < 0$ 时: $x_3 > 1$,可知 x_3 不是稳定均衡解,博弈仅存在 x_1、x_2 两种可能的稳定均衡状态。$F'(0) = -P_{\Sigma2} + P_{\Sigma4} > 0$,$F'(1) = P_{\Sigma1} - P_{\Sigma3} < 0$,即 x_2 是该博弈唯一的演化稳定均衡点,表示所有居民用户都会选择参与智能用电的策略。

当 $P_{\Sigma1} - P_{\Sigma3} > P_{\Sigma2} - P_{\Sigma4} > 0$ 时: $x_3 < 0$,可知 x_3 不是稳定均衡解,博弈仅存在 x_1、x_2 两种可能的稳定均衡状态。$F'(0) = -P_{\Sigma2} + P_{\Sigma4} < 0$,$F'(1) = P_{\Sigma1} - P_{\Sigma3} > 0$,即 x_1 是该博弈唯一的演化稳定均衡点,表示所有居民用户都会选择不参与智能用电的策略。

当 $P_{\Sigma2} - P_{\Sigma4} < 0$ 且 $P_{\Sigma1} - P_{\Sigma3} > 0$ 时: $0 \leqslant x_3 \leqslant 1$,博弈存在 x_1、x_2、x_3 三种可能的稳定均衡状态。此时,$F'(0) = -P_{\Sigma2} + P_{\Sigma4} > 0$,$F'(1) = P_{\Sigma1} - P_{\Sigma3} > 0$,$F'[(P_{\Sigma2} - P_{\Sigma4})/(P_{\Sigma2} - P_{\Sigma4} - P_{\Sigma1} + P_{\Sigma3})] < 0$,可知 x_3 是稳定均衡点,这表示最终居民用户选择参与智能用电策略的比例占 $(P_{\Sigma2} - P_{\Sigma4})/(P_{\Sigma2} - P_{\Sigma4} - P_{\Sigma1} + P_{\Sigma3})$。

6.2.2 群体居民用户间不对称演化博弈模型

群体居民可以根据其用电行为的差异分为不同的类别,由于每个类别之间在生活习惯等方面的差异,其对电价、用电舒适度等的关心和敏感程度也会不一样,因此有必要将不同类别居民之间的差异性考虑到群体居民用电的博弈结构中。

如图 6-4 所示,本节考虑的博弈结构在上节的基础上增加了用户的种类,假设用户可以分为 1 至 M_c 类,每类用户都有一定的数量保证演化博弈结构的成立。首先,仍然考虑如式 (6-58) 所示的居民用电策略集,由此,该居民用电演化博弈扩展为 M_c 方二策略博弈。

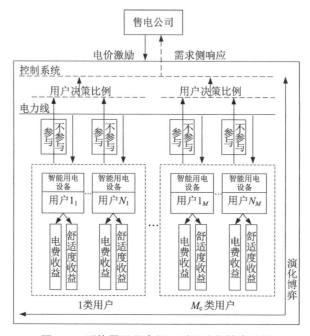

图 6-4 群体居民用户间不对称演化博弈结构

以下标 T 记第 i_c 类($i_c \in \{1, 2, \cdots, M_c\}$)用户选择参与智能用电的收益为 P_{iTj},以下标 F 记选择不参与智能用电的收益为 P_{iFj}。其中,$j \in \{1, 2, \cdots, n\}$,$n = 2^{M_c-1}$。不同策略的用户收益如图 6-5 所示,可以得到第 i_c 类用户的收益矩阵 $\boldsymbol{D}_i$,如下式所示:

$$\boldsymbol{D}_i = \begin{bmatrix} P_{iT1} & P_{iT2} & \cdots & P_{iTn} \\ P_{iF1} & P_{iF2} & \cdots & P_{iFn} \end{bmatrix} \tag{6-72}$$

接着,需要建立居民用电的收益模型,假设第 i_c 类居民群体中有比例为 β_{ei} 的用户选择参与智能用电,有比例 $1-\beta_{ei}$ 的用户选择不参与智能用电。可以得到:

(1) 第 i_c 类居民用户选择不参与智能用电的收益期望如下所示:

$$\begin{aligned}
E_{ics1} = &\beta_{e1}\beta_{e2}\cdots\beta_{e(i-1)}\beta_{e(i+1)}\cdots\beta_{e(Mc-1)}\beta_{eMc}P_{iT1} \\
&+ \beta_{e1}\beta_{e2}\cdots\beta_{e(i-1)}\beta_{e(i+1)}\cdots\beta_{e(Mc-1)}(1-\beta_{eMc})P_{iT2} + \cdots \\
&+ (1-\beta_{e1})(1-\beta_{e2})\cdots(1-\beta_{e(i-1)})(1-\beta_{e(i+1)})\cdots(1-\beta_{e(Mc-1)})(1-\beta_{eMc})P_{iTn}
\end{aligned}$$

$$\tag{6-73}$$

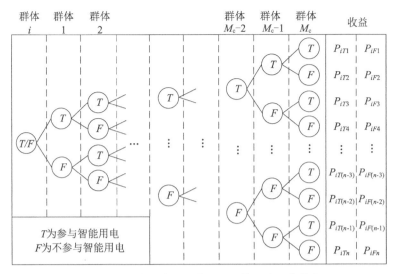

图6-5　两策略情况下选择不同策略的用户收益

（2）第 i_c 类居民用户选择参与智能用电的收益期望如下所示：

$$
\begin{aligned}
E_{ics2} =\ & \beta_{e1}\beta_{e2}\cdots\beta_{e(i-1)}\beta_{e(i+1)}\cdots\beta_{e(Mc-1)}\beta_{eMc}P_{iF1}\\
& + \beta_{e1}\beta_{e2}\cdots\beta_{e(i-1)}\beta_{e(i+1)}\cdots\beta_{e(Mc-1)}(1-\beta_{eMc})P_{iF2}\\
& + \cdots\\
& + (1-\beta_{e1})(1-\beta_{e2})\cdots(1-\beta_{e(i-1)})(1-\beta_{e(i+1)})\cdots(1-\beta_{e(Mc-1)})(1-\beta_{eMc})P_{iFn}
\end{aligned}
\tag{6-74}
$$

（3）第 i_c 类居民用户的平均收益如下式所示：

$$
E_c = (1-\beta_{ei})E_{ics1} + \beta_{ei}E_{ics2}
\tag{6-75}
$$

至此，可以用式（6-76）表示在两策略情况下第 i_c 类居民群体参与智能用电比例的演化复制动态模型。

$$
F_c(i) = \beta_{ei}(E_{ics2} - E_c) = \beta'_{ei}
\tag{6-76}
$$

用户的用电行为可能会受到短时间的突发状况影响而具有不确定性或随机性，从而导致用户参与决策的变化。因此，需要在模型中考虑到用户的随机策略。根据已经构造出的用户的演化动态方程，可以得到各类用户的比例随时间变化的函数：

$$
X_i = x_i(t)
\tag{6-77}
$$

假设在这 M 类用户中在某个时间节点 T_t 有随机 $r_i^{T_t}$ 的用户更改他们的策略，即：

$$
X_i^{T_t} = X_i^{T_{t-1}} - r_i^{T_{t-1}}, \quad 0 \leqslant r_i^{T_{t-1}} \leqslant X_i^{T_{t-1}}
\tag{6-78}
$$

将 $X_i^{T_t}$ 作为 β_{ei} 代入演化模型，可以计算出 T_t+1 时的用户决策比例。

6.2.3 群体居民用户间多方多策略不对称演化博弈建模

进一步,若售电公司提供更多的售电方案供居民用户选择,例如提供参与智能用电的不同档次,以20%参与度、50%参与度、80%参与度等参与智能用电的选择,那么居民的策略集将如式(6-79)所示,该演化博弈将变为多方多策略博弈,博弈示意图如图6-6所示。

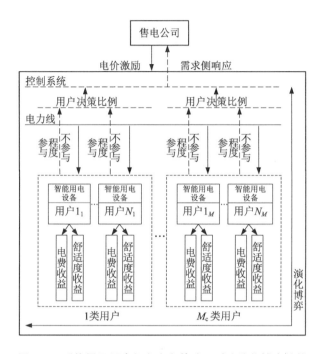

图6-6 群体居民用户间多方多策略不对称演化博弈结构

$$S = \{s_1, s_2, \cdots, s_K\} \tag{6-79}$$

用户的分类保持不变,以下标 k 记第 i_c 类($i_c \in \{1, 2, \cdots, M_c\}$)用户选择以第 k 种策略参与或不参与智能用电,居民的收益为 P_{i-k-j},可供选择的策略总数为 K。其中,$j \in \{1, 2 \cdots n^*\}$, $n^* = K^{Mc-1}$。 不同策略的用户收益如图6-7所示,可以得到第 i_c 类用户的收益矩阵 $\boldsymbol{D}_i^*$,如下所示:

$$\boldsymbol{D}_i^* = \begin{bmatrix} P_{i-1-1} & P_{i-1-2} & \cdots & P_{i-1-n^*} \\ P_{i-2-1} & P_{i-2-2} & \cdots & P_{i-2-n^*} \\ \vdots & \vdots & \vdots & \vdots \\ P_{i-K-1} & P_{i-K-2} & \cdots & P_{i-K-n^*} \end{bmatrix} \tag{6-80}$$

由此可以建立居民用电的收益模型,假设第 i_c 类居民群体中有比例为 β_{i-1} 的用户选择参与策略1,有比例为 β_{i-2} 的用户选择参与策略2,有比例为 β_{i-k} 的用户选择以策略 k 参与智能用电。可以得到:

(1)第1类居民用户选择以策略 k 参与智能用电的收益期望如下所示:

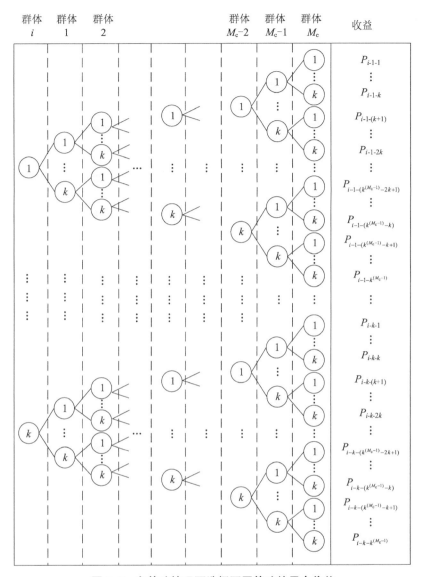

群体 i　群体 1　群体 2　群体 M_c-2　群体 M_c-1　群体 M_c　收益

图 6-7　多策略情况下选择不同策略的用户收益

$$
\begin{aligned}
E_{1-k} =\ & \beta_{2-1}\beta_{3-1}\cdots\beta_{(i-1)-1}\beta_{i-1}\beta_{(i+1)-1}\cdots\beta_{(Mc-1)-1}\beta_{Mc-1}P_{1-k-1} \\
& + \beta_{2-1}\beta_{3-1}\cdots\beta_{(i-1)-1}\beta_{i-1}\beta_{(i+1)-1}\cdots\beta_{(Mc-1)-1}\beta_{Mc-2}P_{1-k-2} \\
& + \beta_{2-1}\beta_{3-1}\cdots\beta_{(i-1)-1}\beta_{i-1}\beta_{(i+1)-1}\cdots\beta_{(Mc-1)-1}\beta_{Mc-3}P_{1-k-3} \\
& + \cdots \\
& + \beta_{2-1}\beta_{3-1}\cdots\beta_{(i-1)-1}\beta_{i-1}\beta_{(i+1)-1}\cdots\beta_{(Mc-1)-2}\beta_{Mc-1}P_{1-k-(K+1)} \\
& + \cdots \\
& + \beta_{2-K}\beta_{3-K}\cdots\beta_{(i-1)-K}\beta_{i-K}\beta_{(i+1)-K}\cdots\beta_{(Mc-1)-K}\beta_{Mc-K}P_{1-k-n*}
\end{aligned}
\tag{6-81}
$$

（2）第 2 类居民用户选择以策略 k 参与智能用电的收益期望如下所示：

$$\begin{aligned}
E_{2-k} =\ & \beta_{1-1}\beta_{3-1}\cdots\beta_{(i-1)-1}\beta_{i-1}\beta_{(i+1)-1}\cdots\beta_{(Mc-1)-1}\beta_{Mc-1}P_{2-k-1} \\
& +\beta_{1-1}\beta_{3-1}\cdots\beta_{(i-1)-1}\beta_{i-1}\beta_{(i+1)-1}\cdots\beta_{(Mc-1)-1}\beta_{Mc-2}P_{2-k-2} \\
& +\beta_{1-1}\beta_{3-1}\cdots\beta_{(i-1)-1}\beta_{i-1}\beta_{(i+1)-1}\cdots\beta_{(Mc-1)-1}\beta_{Mc-3}P_{2-k-3} \\
& +\cdots \\
& +\beta_{1-1}\beta_{3-1}\cdots\beta_{(i-1)-1}\beta_{i-1}\beta_{(i+1)-1}\cdots\beta_{(Mc-1)-2}\beta_{Mc-1}P_{2-k-(K+1)} \\
& +\cdots \\
& +\beta_{1-K}\beta_{3-K}\cdots\beta_{(i-1)-K}\beta_{i-K}\beta_{(i+1)-K}\cdots\beta_{(Mc-1)-K}\beta_{Mc-K}P_{2-k-n*}
\end{aligned} \tag{6-82}$$

（3）第 i_c 类居民用户选择以策略 k 参与智能用电的收益期望如下所示：

$$\begin{aligned}
E_{i-k} =\ & \beta_{1-1}\beta_{2-1}\cdots\beta_{(i-1)-1}\beta_{(i+1)-1}\cdots\beta_{(Mc-1)-1}\beta_{Mc-1}P_{i-k-1} \\
& +\beta_{1-1}\beta_{2-1}\cdots\beta_{(i-1)-1}\beta_{(i+1)-1}\cdots\beta_{(Mc-1)-1}\beta_{Mc-2}P_{i-k-2} \\
& +\beta_{1-1}\beta_{2-1}\cdots\beta_{(i-1)-1}\beta_{(i+1)-1}\cdots\beta_{(Mc-1)-1}\beta_{Mc-3}P_{i-k-3} \\
& +\cdots \\
& +\beta_{1-1}\beta_{2-1}\cdots\beta_{(i-1)-1}\beta_{(i+1)-1}\cdots\beta_{(Mc-1)-2}\beta_{Mc-1}P_{i-k-(K+1)} \\
& +\cdots \\
& +\beta_{1-K}\beta_{2-K}\cdots\beta_{(i-1)-K}\beta_{(i+1)-K}\cdots\beta_{(Mc-1)-K}\beta_{Mc-K}P_{i-k-n*}
\end{aligned} \tag{6-83}$$

（4）第 i_c 类居民用户的平均收益如下所示：

$$E_i = \beta_{i-1}E_{i-1} + \beta_{i-2}E_{i-2} + \cdots + \beta_{i-K}E_{i-K} \tag{6-84}$$

至此，可以用式（6-76）表示在两策略情况下第 i_c 类居民群体以策略 k 参与智能用电比例的演化复制动态模型。

$$F_{i-k} = \beta_{i-k}(E_{i-k} - E_i) = \beta'_{i-k} \tag{6-85}$$

用户决策随机性考虑同式（6-78）。

6.3　电力需求响应演化博弈模型算例分析

将某小区居民分为两类，一是可调度性低的家庭类型 A，其对需求侧管理参与度低，包括上班族家庭和空置房，二是可调度性高的家庭类型 B，其对需求侧管理参与度高，包括上班族＋老人的家庭及老人家庭。

6.3.1　情形一

1）仿真参数

为了推行智能用电，电力公司针对用户群体制定了如下的电价政策：若用户不参与智能用电，则固定电价为 $p_{set}=0.62$ 元 /(kWh)；若用户参与智能用电，则制定合同电价为 $p_{con}=0.62/(0.45x+1)$ 元 /(kWh)，并规定最低电价不低于电价成本 0.41 元 /(kWh)，其中 x 为两类用户各自参与智能用电的比例。根据调查，该小区 A 类用户的舒适度收益/支付可用以下模型表达：$p_{sA}=0.8x_e+1.5(e^{-x}+\delta)$；该小区 B 类用户的舒适度收益/支付可用以下模型表达：$p_{sB} = 0.9x_e + 1.05(e^{-x} + \delta)$。

假设经过电力公司的设施建设，目前该小区的用户满足了参与智能用电的软硬件设施要求，其中 A 类用户 13 户（不考虑空置房），B 类用户 51 户。在智能用电实施初期，只有 1 户 A 类用户和 6 户 B 类用户愿意参与，用户用电策略的调整周期以周为单位。

2) 仿真结果与分析

利用 MATLAB 进行仿真，预测下一年内（52 周）用户参与度的演变趋势。仿真结果如图 6-8、图 6-9、图 6-10 所示。

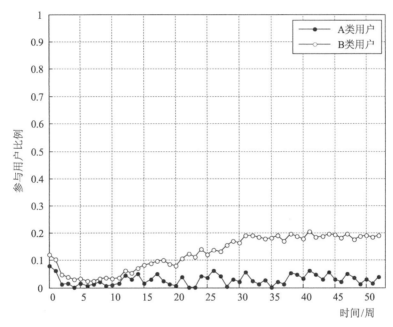

图 6-8 情形一参与智能用电的用户比例演变趋势

由图 6-8 可以看出，在情形一下，两类用户的参与度在一年的时间里都十分低迷，A 类用户几乎不参与智能用电，B 类用户的参与度增长十分缓慢。从图 6-9、图 6-10 用户的收益变化趋势中可以看出，由于 A 类用户参与智能用电获得的收益小于不参与时获得的收益，因此其整体趋于选择不参与智能用电的策略；B 类用户参与智能用电虽然能获得一定收益，但随着时间的增长，收益逐渐减小趋于 0，因此该类用户整体虽然会有倾向于选择参与智能用电策略的情况出现，但是增长是很缓慢的。对于情形一的参与度趋势变化，究其原因是电力公司对于是否参与智能用电所带来的经济性收益区分不明显导致的，也可以说是电力公司给积极参与智能用电的用户群体带来的经济让利不够大。此种情形下，该博弈的相图如图 6-11 所示。可以看出，博弈的稳定均衡点位于(0, 0)处，若想使得博弈稳定均衡点改变至(1, 1)处，则需对博弈收益结构进行调整。

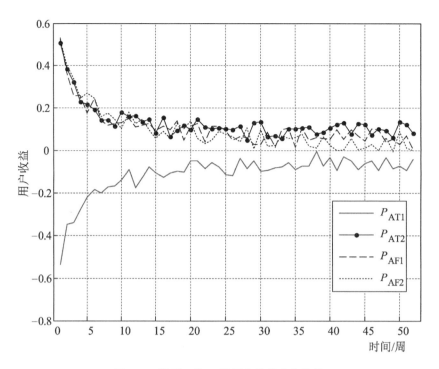

图 6-9　情形一的 A 类用户收益变化趋势

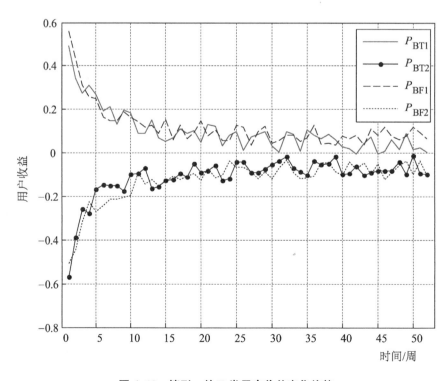

图 6-10　情形一的 B 类用户收益变化趋势

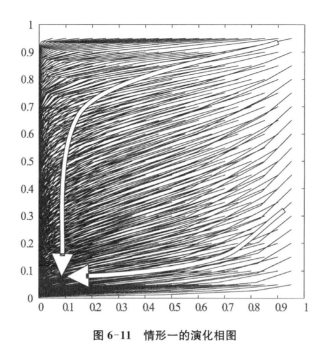

图 6-11 情形一的演化相图

6.3.2 情形二

1) 仿真参数

经过一段时间的试行之后,居民参与智能用电的反响并不强烈。因此,为了刺激用户参与,电力公司制定了新的电价政策对电力市场进行调控。

若用户不参与智能用电,则提高固定电价至 $p_{set}=0.69$ 元 /(kWh);若用户参与智能用电,则降低合同电价为 $p_{con}=0.52/(0.45x+1)$ 元 /(kWh),其中 x 为两类用户各自参与智能用电的比例。

2) 仿真结果与分析

在情形二下,利用 MATLAB 进行仿真,预测下一年内(52 周)用户参与度的演变趋势。仿真结果如图 6-12、图 6-13、图 6-14 所示。

为了解决情形一中的问题,电力公司扩大了是否参与智能用电的经济性收益的差异,同时让出更大的经济利益给参与的用户群体。从图 6-12 中可以看出,在情形二的情形下,B 类用户在一年的时间内达到了很高的智能用电参与度,而 A 类用户的参与度反响依然不高。图 6-13、图 6-14 给出了两类用户此时的收益变化趋势,可以看出,对 B 类可调度性高的用户来说,当电力公司让利足够大的时候,用户选择参与智能用电的收益要大于不参与智能用电的收益,因此用户的趋利性使得他们选择能够带来更大收益的策略;而对于 A 类可调度性低的用户来说,其用电时间段更为固定,因此其舒适度收益非常高,在此种电价方案下,用户在短时间内依然不愿意牺牲舒适度换取经济利益。

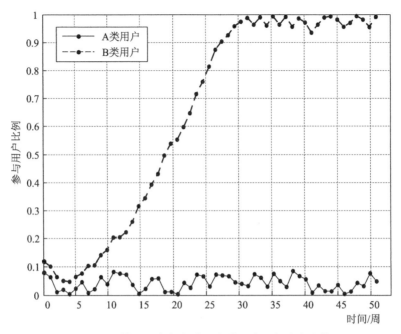

图 6-12　情形二参与智能用电的用户比例演变趋势

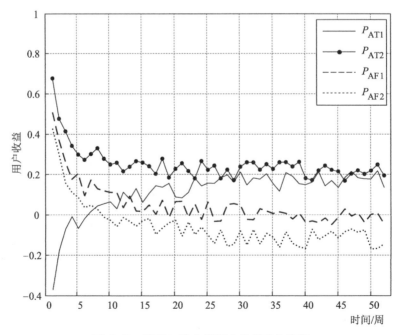

图 6-13　情形二的 A 类用户收益变化趋势

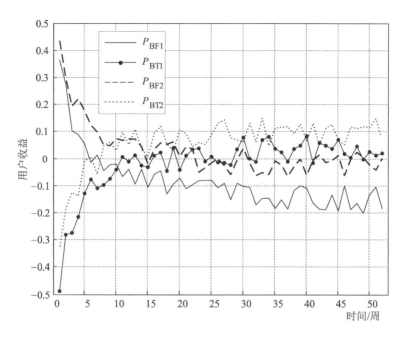

图 6-14　情形二的 B 类用户收益变化趋势

6.3.3　情形三

1）仿真参数

再次经过一段时间之后,居民参与智能用电的反响并不完全。因此,电力公司再次制定了新的电价政策对用户进行激励以调控电力市场。

若用户不参与智能用电,则提高固定电价至 $p_{set}=0.79$ 元 /(kWh);若用户参与智能用电,则合同电价为 $p_{con}=0.52/(0.45x+1)$ 元 /(kWh),其中 x 为两类用户各自参与智能用电用户的比例。

2）仿真结果与分析

在情形三下,利用 MATLAB 进行仿真,预测下一年内(52 周)用户参与度的演变趋势。仿真结果如图 6-15、图 6-16、图 6-17 所示。

为了进一步调动居民用户参与智能用电的积极程度,电力公司再次扩大了是否参与智能用电的经济性收益的差异。从图 6-15 中可以看出,在情形二下,A 类和 B 类用户在一年的时间内均逐渐达到了很高的智能用电参与度。图 6-16、图 6-17 给出了两类用户此时的收益变化趋势,可以看出,对两类用户来说,当电力公司让利足够大的时候,用户选择参与智能用电的收益要大于不参与智能用电的收益,因此用户的趋利性使得他们选择能够带来更大收益的策略。此时的 A 类可调度性低的用户,虽然其用电时间段更为固定难以调度,但由于经济利益大于其需要牺牲的舒适度,因此在经济利益的吸引下,用户逐渐愿意牺牲舒适度换取经济利益。

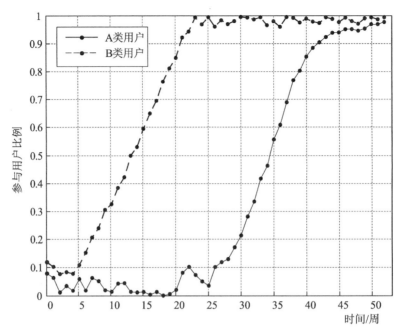

图 6-15　情形三参与智能用电的用户比例演变趋势

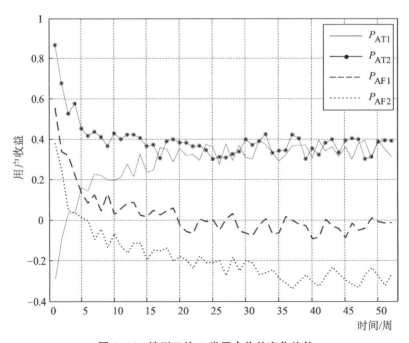

图 6-16　情形三的 A 类用户收益变化趋势

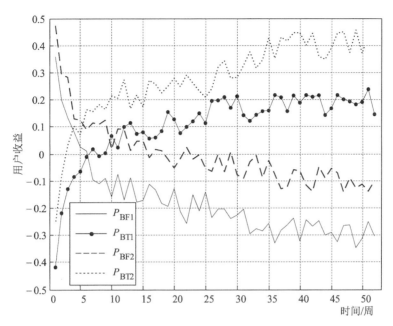

图 6-17　情形三的 B 类用户收益变化趋势

情形三的博弈相图如图 6-18 所示。从图中可以看出,在调整了博弈结构后,稳定均衡点转移至(1,1)处,可以认为,在智能需求响应的环境下,电力公司通过改变电价方案来调控居民响应是有效的。情形二的相图与情形三类似,之所以情形二的 A 类居民用户响应仍然不高,是由于其考虑的时间尺度仅为一年,若将博弈时间延长,由定理 6-1 可知,A 类居民用户最终会达到较高的参与度。

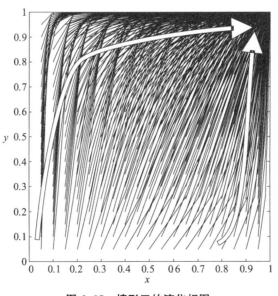

图 6-18　情形三的演化相图

从以上演化博弈的仿真结果中还可以看出,虽然在演化过程中由于外界环境或是用户的非理智参与带来了一些随机的收益波动,但是所建立的演化博弈模型能够抵抗这些波动,并且最后仍然能够趋向于一个稳定状态。

根据以上三种情形可以看出,电价刺激越强烈,居民参与度提升的时间越短。因此,电力公司综合考虑自身的电价收益和需求响应参与度之间的平衡,若在短期内 50% 的居民参与度即可满足调度要求,则会采用情形二,若需要 100% 的居民参与度才能满足调度要求,则会视时间限制采用情形三。

6.4 综合需求响应演化博弈算例分析

现将仅针对电力需求响应的智能用电项目推广至针对综合能源系统的综合需求响应项目,假设为了鼓励居民用户参与综合需求响应项目,聚合商设立了以下激励价格政策:

政策一:如果居民用户选择不参与综合需求响应项目,那么聚合商将提供固定电价 $p_{eset} = 0.79$ 元/(kWh),固定热价 $p_{hset} = 0.40$ 元/(kWh),固定冷价 $p_{cset} = 0.50$ 元/(kWh)。如果居民用户选择参与综合需求响应项目,聚合商将提供激励电价 $p_{econ} = 0.79/(0.45\alpha_e + 1)$,激励热价 $p_{hcon} = 0.40/(0.45\alpha_e + 1)$,激励冷价 $p_{ccon} = 0.50/(0.45\alpha_e + 1)$,最低的综合能源价格 p_{con}^{min} 为 1.4 元/(kWh)。

政策二:如果居民用户选择参与综合需求响应项目,聚合商将提供激励电价 $p_{econ} = 0.70/(0.45\alpha_e + 1)$,激励热价 $p_{hcon} = 0.35/(0.45\alpha_e + 1)$,激励冷价 $p_{ccon} = 0.44/(0.45\alpha_e + 1)$,最低的综合能源价格 p_{con}^{min} 为 1.4 元/(kWh)。

政策三:如果居民用户选择参与综合需求响应项目,聚合商将提供激励电价 $p_{econ} = 0.65/(0.45\alpha_e + 1)$,激励热价 $p_{hcon} = 0.32/(0.45\alpha_e + 1)$,激励冷价 $p_{ccon} = 0.40/(0.45\alpha_e + 1)$,最低的综合能源价格 p_{con}^{min} 为 1.32 元/(kWh)。

6.4.1 对称演化博弈

假设某居民社区中居住的 100 名居民用户拥有相似的家庭结构和生活习惯,居民用户的能耗舒适度指数表示为 $p_{sA} = 0.8 + 1.5(e^{-x} + \delta_r)$,其中 δ_r 是一个介于 0 到 1 之间的随机数。所有居民用户房屋内的硬件和软件设置都符合参与综合需求响应项目的需求,在初始时刻,只有 8 户居民愿意参与综合需求响应项目,每 7 天用户可以调整一次自己的策略,三种价格刺激政策下的仿真曲线如图 6-19 所示。

图 6-19(a)展示了三种价格刺激政策下居民用户的综合需求响应项目参与比例变化趋势,图 6-19(b)和(c)展示了三种价格刺激政策下居民用户的收益变化曲线。通过图 6-19(a)可知,如果聚合商采用价格政策一,直至 365 天后居民用户参与综合需求响应项目的意愿都非常低,尽管一些用户会因为随机原因在某些时间段选择参与项目的策略,但最终的演化结果表明用户整体倾向于不参与综合需求响应项目。由图 6-19(b)分析可知,居民用户不愿意参与综合需求响应项目的直接原因是聚合商所采纳的价格激励政策无法为选择参与项目的居民带来较高的收益。由于选择参与项目的收益低于选择不参与项目的收益,选择

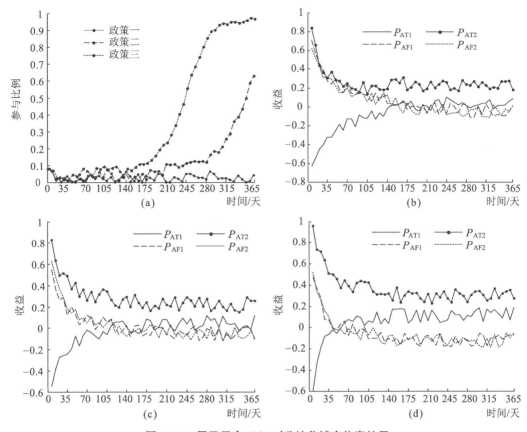

图 6-19 居民用户 2×2 对称演化博弈仿真结果

该策略的用户比例将不会持续增长,即使由于居民决策行为的随机性出现了参与比例的提升,也会很快降至 0 附近。

因此,为了有效鼓励居民用户参与,聚合商有必要采用价格激励政策二做出进一步的让利。由图 6-19(a)中政策二对应的演化曲线分析可知,当聚合商采用政策二时,居民用户参与综合需求响应项目的比例在前 280 天都处于增长缓慢的状态。由于聚合商所提供的价格政策与居民参与比例存在负相关的关系,居民用户参与项目的比例逐渐增长,使激励价格降低,参与项目的居民用户的收益逐渐增加,至 365 天后居民用户的参与比例能达到 60% 以上。由图 6-19(c)可知,居民用户参与综合需求响应项目的收益随着时间在缓慢上升,因此用户参与综合需求响应项目的意愿处于稳定增长的状态,但增长所需要的时间较长。

图 6-19(a)中政策三所对应的演化曲线表明,如果聚合商希望在更短时间内有效大幅度提升居民用户的综合需求响应项目参与度,就必须采用让利效果明显的价格刺激政策。图 6-19(d)展示了当聚合商采取政策三时居民用户的收益变化,此时居民用户参与综合需求响应项目将比采纳不参与项目的策略获取更多收益,随着参与比例的提升收益还将进一步提高,因此未参与项目的居民短时间内迅速模仿他人的高收益策略。即使由于一些原因,部分居民会在某些时间段随机改变自身的策略可能导致参与比例出现波动,但用户的趋利性也会引导他们在之后的时间段再次改变策略。

6.4.2　不对称演化博弈

在前一节分析的基础上,将居住在一个居民社区内的居民用户按照其能耗特征划分成两类,一类是仅包含上班族、可调度性较低的 A 类型;一类是对价格波动较为敏感,可调度性较高、家庭结构较为复杂的 B 类型。A 类型居民用户更加关注能耗舒适度指数,同时对热价波动更为敏感;B 类型用户更关注经济收益,同时对电价和冷价波动更为敏感。

假设该居民社区内共居住有 25 户 A 类型用户和 75 户 B 类型用户,在初始时间段,只有 2 户 A 类型用户和 8 户 B 类型用户愿意参与聚合商提供的综合需求响应项目,用户的策略调整周期为 7 天。A 类型用户和 B 类型用户的价格敏感参数分别为:$a_A = 1$,$b_A = 1.2$,$c_A = 0.8$,$a_B = 1.2$,$b_B = 0.8$,$c_B = 1.2$,A 类型用户的舒适度指数表示为 $p_{sA} = 0.8 + 1.5(e^{-x} + \delta_r)$,B 类型用户的舒适度指数表示为 $p_{sB} = 0.9 + 1.05(e^{-x} + \delta_r)$,当聚合商采取政策一时,两种居民用户的项目参与度随时间演化的仿真结果和收益变化如图 6-20 所示。

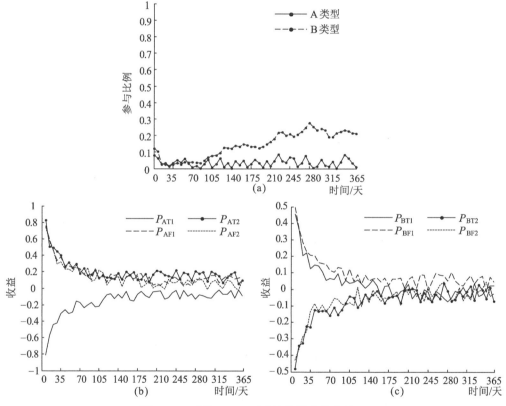

图 6-20　政策一下不对称演化博弈仿真结果

图 6-20(a)展示了两种类型的居民用户在政策一的价格刺激下 365 天内的项目参与比例演化趋势:A 类型用户最终倾向于选择不参与综合需求响应项目,B 类型用户参与比例的增长速度极慢,在 365 天后才达到 20% 的参与度。由图 6-20(b)和图 6-20(c)可知,由于参与综合需求响应项目的总体收益低于不参与综合需求响应项目的收益,A 类型用户选择参

与项目的比例无法持续增长。而即使部分 B 类型用户在最初参与综合需求响应项目时会有一些收益,但随着时间的推移,参与和不参与综合需求响应项目的收益差距逐渐趋于 0。在这种情形下,即使一些用户愿意参与项目,其比例增长也非常缓慢,而由于聚合商所提供的激励价格与参与比例相关,缓慢增长的比例无法使得用户获取的能耗价格进一步降低,因此 365 天以后,即使是更注重经济收益的 B 类型用户的项目参与度也依然维持在较低水平。

图 6-21 展示了当聚合商采用政策二时,两种居民用户的综合需求项目参与度比例随时间的演化趋势和收益变化情况。图 6-21(a)表明,在政策二的激励下,B 类型用户很快达到了较高的参与比例,而 A 类型用户在一开始增长缓慢,210 天后其参与比例才开始大幅度上升。一年后,80% 的 A 类型用户和 95% 以上的 B 类型用户都愿意参与综合需求响应项目。图 6-21(b)和图 6-21(c)分别给出了 365 日内 A 类型用户和 B 类型用户的收益变化,因为 A 类型用户对于舒适度指数有着较高的要求,他们参与综合需求响应项目获得的总收益增长不如 B 类型用户获得的总收益增长那么明显,所以 A 类型用户参与项目的增长率总体滞后于 B 类型用户。

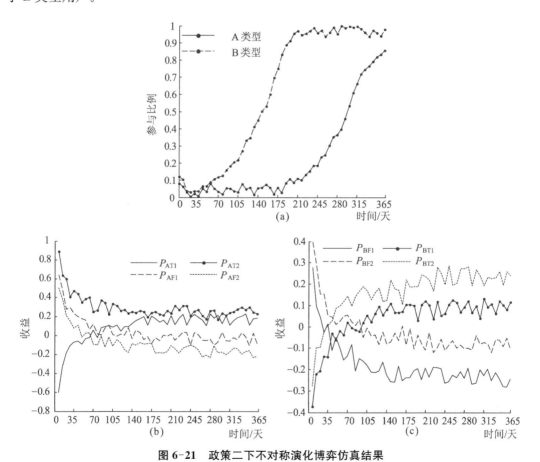

图 6-21 政策二下不对称演化博弈仿真结果

图 6-22 展示了当聚合商采用政策三时,两种类型的用户的综合需求响应参与度和收益随时间和演化情况。图 6-22(a)表示政策三可以使 A 类型用户和 B 类型用户都能在短时间

内达到较高的参与比例,A 类型用户和 B 类型用户将在 140 天内分别达到 45% 和 90% 的参与比例。聚合商较为激进地让利政策使得居民用户参与项目时可以获得明显高于不参与项目的收益,而更加注重经济收益的 B 类型用户将会更加积极地模仿可以获得更高收益的策略,即选择参与综合需求响应项目,并达到一个稳定的状态。

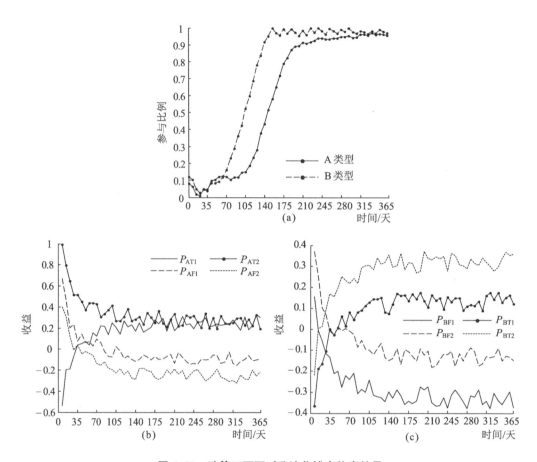

图 6-22 政策三下不对称演化博弈仿真结果

以上仿真结果可以证明,即使由于外部干扰和居民用户的随机策略行为会引起参与比例的随机变化,本章所建立的演化博弈模型可以抵抗这种扰动并在最后达到稳定均衡点。通过比较三种不同的价格政策的仿真结果,聚合商提供的让利越多,居民用户参与综合需求响应项目的比例提高得越快,但同时聚合商的利润也会因为让利行为降低。因此,聚合商需要去平衡自身的利润和其所需要的综合需求响应项目参与度:如果 50% 的居民用户参与需求响应项目时,其响应效果已经可以满足系统安全运行,政策二可以被有限采纳;如果短时间内需要更高的参与度,那么聚合商就需要考虑采纳政策三。

比较对称演化博弈算例和不对称演化博弈算例中 A 类型用户的参与度变化,他们之间的差别在于对于合同价格的敏感度参数。在同种价格政策下,敏感度参数较高的居民用户会表现出更强烈的参与综合需求响应项目的意愿。因此,聚合商可以对于居民用户的能源消费行为进行详细调研,通过分析他们对不同能源价格的敏感度,用少量价格刺激达到更好的激励效果。

参考文献

［1］梅生伟,刘锋,魏韡. 工程博弈论基础及电力系统应用［M］. 北京:科学出版社,2016.

［2］Weibull W,王永钦. 演化博弈论［M］. 上海:上海人民出版社,2006.

［3］石长华. 基于演化博弈论的大用户直接购电研究［D］. 南京:南京理工大学,2006.

［4］王乾坤,王子龙. 风电企业协同创新的演化博弈分析［J］. 科技管理研究,2014,34(5):124-130.

［5］Coninx K,Holvoet T. Darwin in smart power grids evolutionary game theory for analyzing self-organization in demand-side aggregation［C］// 2015 IEEE 9th,International Conference on Self-Adaptive and Self-Organizing Systems. IEEE,2015:101-110.

［6］Liu H X,Liu Z F,Chen W H,et al. Analysis of tripartite asymmetric evolutionary game among wind power enterprises,thermal power enterprises and power grid enterprises under new energy resources integrated［J］. Scientia Sinica Technologica,2015,45(12):1297-1303.

［7］Lu Q,Chen L,Mei S. Typical applications and prospects of game theory in power system［J］. Proceedings of the CSEE,2014,34(29):5009-5017.

［8］孙庆文,陆柳,严广乐,等. 不完全信息条件下演化博弈均衡的稳定性分析［J］. 系统工程理论与实践,2003,23(7):11-16.

［9］曾德宏. 多群体演化博弈均衡的渐近稳定性分析及其应用［D］. 广州:暨南大学,2012.

［10］朱振宇. 智能需求响应下的居民用电行为与演化博弈［D］. 南京:东南大学,2018.

第七章　基于智能家居的电力博弈优化实验平台

本文第二章至第六章均为理论建模分析,为了验证电力博弈优化的可行性,本章基于居民负荷能量管理系统对完全信息博弈和不完全博弈优化方法进行了实验研究。为此,首先,简要介绍所设计实验系统的软硬件构成;然后,结合实验系统,基于合作博弈整体居民利益最优的思想分析了优化前和优化后居民负荷的用电安排;最后,针对完全信息非合作博弈和不完全信息非合作博弈的智能家具能量优化,利用平台进行实验验证和分析。

7.1　居民负荷能量管理系统设计

7.1.1　系统整体方案

居民负荷能量管理系统总体结构如图 7-1 所示,包括一个上位机和 i 个模拟家庭用户(本文实验系统中 $i=3$),上位机为 PC,用于接收或发布需求响应信号,可执行集中式优化算法,模拟现实中的电力公司或需求侧管理中心。

考虑到实验系统的安全性和经济性,系统电压等级均为 12 V DC,即市电通过 AC/DC 模块由 220 V 交流电转化为 12 V 直流电后给上位机和模拟家庭用户供电,模拟家庭用户内部的设备包括光伏板、蓄电池、控制器、智能插座、中央处理器以及模拟负荷。其中,蓄电池、控制器、智能插座、中央处理器及模拟负荷的额定电压均为 12 V。

控制器具有光伏、电池及负荷三个接口,可防止反接、短路、过流,控制器的负荷接口经智能插座接电力线;智能插座具备直流电压电流采集、功率电能计量、负荷控制及通信功能,无线通信方式选用 Wi-Fi 通信;中央处理器具备电能计量、数据处理、控制及通信功能,其可外接 LCD 显示屏模块,无线通信方式同样采用 Wi-Fi 通信。

中央处理器类似于现实生活中的智能电表,在实验系统设计过程中,其硬件功能基本上和智能插座类似,只是额外增加了数据整合和转发功能(即"中继"),因而,在实际实现过程中,本文仅采用了作为路由的 Wi-Fi 通信模块替代,实现所需的中继功能;实验系统中的模拟负荷,其中,照明负荷由 12 V 直流灯泡加功率电阻模拟,冰箱、洗衣机、洗碗机负荷由 12 V 直流电机加功率电阻模拟,电动汽车负荷由 12 V 直流电机、功率电阻和 12 V 锂电池模拟,以上功率电阻的功率大小均可选。

针对如图 7-1 所示的实验系统,重点模拟单元包括光伏发电系统、智能插座、通信模块、系统建筑模型、PC 上位机软件等,后续内容将对这些单元的设计做详细介绍。

228

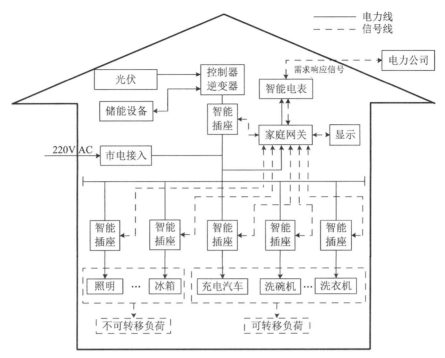

图 7-1　居民负荷能量管理系统的总体结构图

7.1.2　硬件部分

1）光伏发电系统设计

这里的光伏发电系统中的蓄电池,仅供短时存储光伏板发出的电能,或给实验系统中的模拟负荷供电,不考虑在低电价时段从电网购电存储。如图 7-1 中所示的光伏发电光伏系统中,光伏板的开路电压为 18 V,蓄电池的额定电压为 12 V。光伏板的输出首先连接到光伏控制器,控制器的两路输出分别用于对 12 V 蓄电池充电以及对 12 V 负载供电,光伏控制器的运作电压为 12 V,最大允许充放电电流为 3 A,具备蓄电池过充、过放、短路、过压、反接保护功能。

2）智能插座设计

智能插座主要由 MCU[1,2] 及其最小系统模块(电源、时钟、复位电路)、信号调理电路、继电器电路以及通信模块组成,具备电压/电流测量、通信、负荷控制和数据存储等功能,其硬件结构如图 7-2 所示。其中,电源模块由两级稳压电路组成,均采用了稳压芯片,由 12 V 输入电压得到 5 V、3.3 V 输出,给智能插座的各个模块提供工作电压。智能插座实物如图 7-3 所示。

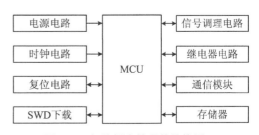

图 7-2　智能插座的硬件结构图

图 7-3　智能插座的实物正反面照片

3）系统建筑模型设计

利用 3D 绘图软件 SketchUp 建立实验系统中家庭用户的房屋建筑模型图，进而确定出模型各部分的具体尺寸，包括建筑模型的俯视图，第一层和第二层视图、左侧视图、右侧视图，以及家用设备的布局摆放位置等，各部分具体尺寸如图 7-4 所示。

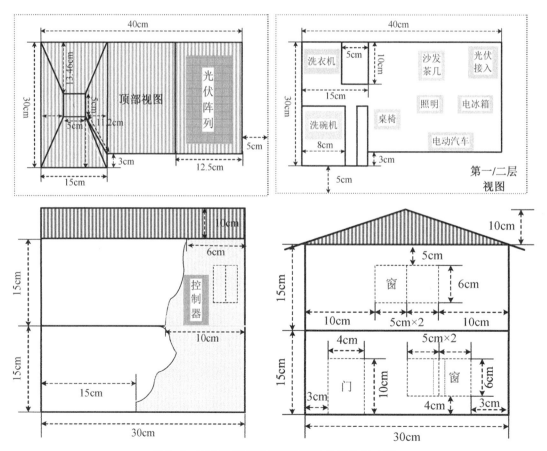

图 7-4　实验系统建筑模型各部分的具体尺寸图

基于上述建立的建筑模型,利用硬纸板、PVC板、瓦楞纸等材料搭建出3个实验模型,实验模型照片如图7-5所示。模型均内部走线,包含负荷安装点和光伏发电系统。

图7-5　家庭用户建筑框架的实验模型照片

7.1.3　软件部分

上位机软件系统基于MATLAB 2014b平台进行开发。其中,负荷调度优化算法基于MATLAB环境下YALMIP平台并调用Cplex求解器,软件界面基于图形用户界面(Graphical User Interface,GUI)开发环境[3]。Cplex求解器内置高性能优化程序,对于解决线性规划、二次方程规划、二次方程约束规划和混合整型规划等问题具有极高的效率。而本实验系统中需要精确求解出各负荷在各时段的开关状态,即需求解0-1整数规划问题,所以可直接调用Cplex求解器进行求解。对于Cplex模型求解问题,此处不再赘述,下面对居民负荷能量管理系统用户界面相关内容做进一步介绍。

MATLAB GUI为设计者提供了一系列控件用于图形用户界面的开发,本实验系统用户界面需要使用到的控件主要包括按钮、可编辑文本、表格、坐标轴、面板等。为了满足实验需求,居民负荷能量管理系统用户界面整体框架结构如图7-6所示,主要包括登录界面、实验系统主界面,主界面中包括日前调度和实时调控两个模块。其中,日前调度包括负荷优化和负荷曲线两个子模块,实时调控包括负荷控制和负荷曲线两个子模块。负荷优化模块主要用来调用居民负荷博弈优化算法,优化各负荷用电安排,该模块主要用来模拟实际系统中日前调度环节;日前调度负荷曲线模块主要用来绘制负荷用电安排曲线,便于直观显示居民负荷各时段的用电量安排;负荷控制模块主要基于负荷日前调度优化结果,对负荷的开关状态实施控制,该模块主要用来模拟实际系统中实时调控环节;实时调控负荷曲线模块主要用来显示负荷调控后的实际负荷曲线。

用户登录界面如图7-7所示,包含"用户名"和"密码"两个输入项,以及"登录""注册""修改密码"三个按键。首次使用软件需先注册,注册完成后,"用户名"和"密码"两项均输入正确即可进入实验系统的主界面,通过"修改密码"按键用户可重新设置密码。

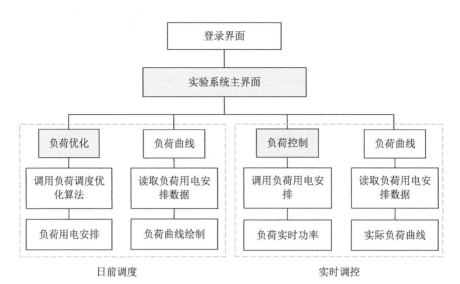

图 7-6 居民负荷能量管理系统用户界面整体框架

图 7-7 上位机软件的用户登录界面

7.2 居民负荷合作博弈优化实验验证

7.2.1 实测验证步骤

结合搭建的居民负荷能量管理系统,基于合作博弈的思想,以居民整体利益最优为目的,设计实验对居民负荷能量优化进行实验验证。整个实验流程包括优化前和优化后两个环节,具体实验步骤如下[4]:

(1) 打开"家庭能量管理系统"软件平台并登录到系统主界面;

（2）在实验系统软件主界面中，设置"采样间隔"为 60 s，即设置每个时段 Δt 的时长为 1 min，利用 24 min 模拟一天的 24 h；

（3）打开 GUI 的"优化前用电时段设置"界面，输入 3 个模拟家庭用户中所有负荷的初始用电时段和可转移时段，设置完成后点击"确定"按钮，然后退出；

（4）回到实验系统主界面，点击"启动"按钮，开始运行实验系统，"当前时段"栏实时指示当前实验实际所处的运行时段；

（5）通过主界面观测各时段的电价（本实验中采用的是实时电价），通过"实时功率界面"观测并记录所有负荷在各个时段的运行功率，通过"负荷曲线界面"观测各用户在各个时段的负荷曲线，直到第 24 个时段"优化前"环节运行完成；

（6）打开"优化控制界面"，点击"开始优化"按钮，执行优化算法；

（7）打开"优化后用电时段"界面，观测并记录所有负荷的实际运行时段；

（8）从第 25 个时段开始，通过主页面观测各时段的电价，通过"实时功率界面"观测并记录所有负荷在各个时段的运行功率，通过"负荷曲线界面"观测各用户在各个时段的负荷曲线，直到第 48 个时段"优化后"环节运行完成；

（9）对比分析优化前时段 1～24 和优化后时段 25～48 两个阶段的统计数据。

7.2.2 实测结果及数据分析

1）优化前各时段家用设备功率实测

在执行优化之前，3 个家庭用户都按照固有的生活习惯进行用电（即初始用电情形），所有家用设备在 24 个时段的实测功率如表 7-1～7-3 所示，其中，用户 1 家中装有 EV 和 PV，用户 2 家中仅装有 EV，而用户 3 家中未装设 EV 和 PV。通过表 7-1～7-3 中的数据可以看出，3 个用户中家用设备的额定功率差别很大，但是各类型家电的初始工作时段并无太大差别，即用户在用电习惯上具有一定的相似性，例如，在 20 点左右，3 个用户家中有多种负荷在同时工作，很容易形成负荷"尖峰"，这对电网是极为不利的。

表 7-1　优化前用户 1 各时段负荷功率实测表　　　　　　单位：W

时段	1	2	3	4	5	6	7	8	9	10	11	12
照明	0	0	0	0	0	0	0	0	0	0	0	0
冰箱	1.66	1.64	1.64	1.63	1.59	1.60	1.65	1.67	1.66	1.64	1.64	1.60
洗衣机	0	0	0	0	0	0	0	0	0	0	0	0
洗碗机	0	0	0	0	0	7.22	0	0	0	0	0	0
电动汽车	7.78	0	0	0	0	0	0	0	0	0	0	0
光伏发出	1.57	1.54	1.61	1.59	1.58	1.60	1.55	1.61	1.60	1.67	1.69	1.61
时段	13	14	15	16	17	18	19	20	21	22	23	24
照明	0	0	0	0	0	3.39	3.34	3.30	3.40	3.34	3.32	0
冰箱	1.63	1.63	1.65	1.62	1.59	1.62	1.70	1.60	1.61	1.61	1.62	1.57
洗衣机	0	0	0	0	0	0	0	4.62	0	0	0	0
洗碗机	0	0	0	0	0	0	0	7.12	0	0	0	0
电动汽车	0	0	0	0	0	0	0	7.99	7.89	7.83	7.81	7.79
光伏发出	1.60	1.61	1.69	1.68	1.59	1.62	1.61	1.69	1.59	1.63	1.58	1.62

表 7-2 优化前用户 2 各时段负荷功率实测表 单位：W

时段	1	2	3	4	5	6	7	8	9	10	11	12
照明	0	0	0	0	0	0	0	0	0	0	0	0
冰箱	1.36	1.35	1.36	1.39	1.41	1.30	1.36	1.37	1.41	1.36	1.37	1.34
洗衣机	0	0	0	0	0	0	0	0	0	0	0	0
洗碗机	0	0	0	0	0	0	10.39	0	0	0	0	0
电动汽车	7.67	0	0	0	0	0	0	0	0	0	0	0
光伏发出	0	0	0	0	0	0	0	0	0	0	0	0

时段	13	14	15	16	17	18	19	20	21	22	23	24
照明	0	0	0	0	0	4.79	4.84	4.89	4.85	4.80	4.91	0
冰箱	1.33	1.39	1.36	1.31	1.29	1.32	1.34	1.33	1.33	1.31	1.36	1.33
洗衣机	0	0	0	0	0	0	0	3.36	0	0	0	0
洗碗机	0	0	0	0	0	0	10.38	0	0	0	0	0
电动汽车	0	0	0	0	0	0	0	7.73	7.71	7.70	7.69	7.68
光伏发出	0	0	0	0	0	0	0	0	0	0	0	0

表 7-3 优化前用户 3 各时段负荷功率实测表 单位：W

时段	1	2	3	4	5	6	7	8	9	10	11	12
照明	0	0	0	0	0	0	0	0	0	0	0	0
冰箱	1.42	1.41	1.47	1.45	1.44	1.45	1.49	1.35	1.47	1.44	1.40	1.40
洗衣机	0	0	0	0	0	0	0	0	0	0	0	0
洗碗机	0	0	0	0	0	0	8.37	0	0	0	0	0
电动汽车	0	0	0	0	0	0	0	0	0	0	0	0
光伏发出	0	0	0	0	0	0	0	0	0	0	0	0

时段	13	14	15	16	17	18	19	20	21	22	23	24
照明	0	0	0	0	0	1.79	1.73	1.82	1.87	1.83	1.89	0
冰箱	1.40	1.46	1.37	1.39	1.40	1.39	1.42	1.40	1.41	1.45	1.36	1.37
洗衣机	0	0	0	0	0	0	0	3.58	0	0	0	0
洗碗机	0	0	0	0	0	0	0	8.46	0	0	0	0
电动汽车	0	0	0	0	0	0	0	0	0	0	0	0
光伏发出	0	0	0	0	0	0	0	0	0	0	0	0

7.2.3 优化后各时段家用设备功率实测

在执行优化之后，3 个用户家中部分可转移负荷的工作时间有所改变，以用户 1 为例，其洗衣机由原来的 20 点转移到了 18 点运行，而电动汽车则从 20～24 和 1 时段转移到了 1～6 时段充电。优化调度之后，各时段家用设备的实测功率如表 7-4～7-6 所示，从表中可以清晰地看出，由于可转移负荷用电时段的转移，第 20 个时段的总负荷用电量显著减小，而提高了低谷时段 1～6 的负荷用电量，从而对整体负荷曲线起到了一定的平滑作用，这对电网的安全稳定运行是有利的。

表 7-4　优化后用户 1 各时段负荷功率实测表　　　　单位：W

时段	1	2	3	4	5	6	7	8	9	10	11	12
照明	0	0	0	0	0	0	0	0	0	0	0	0
冰箱	1.74	1.76	1.60	1.61	1.56	1.58	1.56	1.59	1.70	1.54	1.72	1.55
洗衣机	0	0	0	0	0	0	0	0	0	0	0	0
洗碗机	0	0	0	0	0	0	7.19	0	0	0	0	0
电动汽车	7.76	7.75	7.73	7.72	7.73	7.72	0	0	0	0	0	0
光伏发出	1.53	1.56	1.52	1.54	1.54	1.55	1.59	1.56	1.54	1.57	1.54	1.53

时段	13	14	15	16	17	18	19	20	21	22	23	24
照明	0	0	0	0	0	3.32	3.20	3.32	3.25	3.38	3.31	0
电冰箱	1.52	1.55	1.52	1.51	1.51	1.52	1.52	1.53	1.52	1.52	1.49	1.51
洗衣机	0	0	0	0	0	4.66	0	0	0	0	0	0
洗碗机	0	0	0	0	0	0	0	7.12	0	0	0	0
电动汽车	0	0	0	0	0	0	0	0	0	0	0	0
光伏发出	1.55	1.57	1.56	1.56	1.58	1.55	1.55	1.54	1.59	1.56	1.54	1.57

表 7-5　优化后用户 2 各时段负荷功率实测表　　　　单位：W

时段	1	2	3	4	5	6	7	8	9	10	11	12
照明	0	0	0	0	0	0	0	0	0	0	0	0
冰箱	1.42	1.43	1.38	1.32	1.31	1.31	1.31	1.32	1.33	1.33	1.32	1.33
洗衣机	0	0	0	0	0	0	0	0	0	0	0	0
洗碗机	0	0	0	0	0	0	10.427	0	0	0	0	0
电动汽车	7.71	7.69	7.69	7.71	7.70	7.70	0	0	0	0	0	0
光伏发出	0	0	0	0	0	0	0	0	0	0	0	0

时段	13	14	15	16	17	18	19	20	21	22	23	24
照明	0	0	0	0	0	4.85	4.87	4.84	4.88	4.90	4.76	0
冰箱	1.28	1.31	1.40	1.28	1.30	1.42	1.28	1.26	1.40	1.29	1.28	1.30
洗衣机	0	0	0	0	0	3.33	0	0	0	0	0	0
洗碗机	0	0	0	0	0	0	0	10.36	0	0	0	0
电动汽车	0	0	0	0	0	0	0	0	0	0	0	0
光伏发出	0	0	0	0	0	0	0	0	0	0	0	0

表 7-6　优化后用户 3 各时段负荷功率实测表　　　　单位：W

时段	1	2	3	4	5	6	7	8	9	10	11	12
照明	0	0	0	0	0	0	0	0	0	0	0	0
冰箱	1.66	1.62	1.56	1.48	1.66	1.44	1.44	1.41	1.54	1.47	1.42	1.58
洗衣机	0	0	0	0	0	0	0	0	0	0	0	0
洗碗机	0	0	0	0	0	0	8.40	0	0	0	0	0
电动汽车	0	0	0	0	0	0	0	0	0	0	0	0
光伏发出	0	0	0	0	0	0	0	0	0	0	0	0

时段	13	14	15	16	17	18	19	20	21	22	23	24
照明	0	0	0	0	0	1.88	1.79	1.74	1.92	1.88	1.77	0
冰箱	1.44	1.341	1.33	1.36	1.34	1.37	1.40	1.40	1.37	1.33	1.54	1.34
洗衣机	0	0	0	0	0	3.547	0	0	0	0	0	0
洗碗机	0	0	0	0	0	0	0	8.40	0	0	0	0
电动汽车	0	0	0	0	0	0	0	0	0	0	0	0
光伏发出	0	0	0	0	0	0	0	0	0	0	0	0

7.2.4 数据对比分析

执行优化控制策略前后,用户1、2、3以及所有用户在各时段的模拟负荷用电量对比如图7-8(a)~(d)所示,各家庭用户的总用电费用对比如图7-9所示。

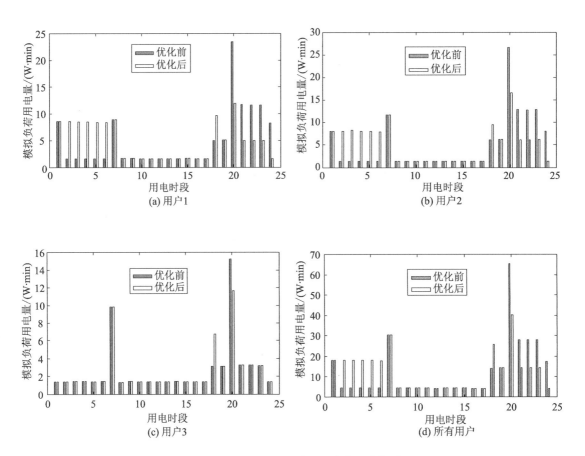

图7-8 优化前后各时段总的模拟负荷用电量对比图

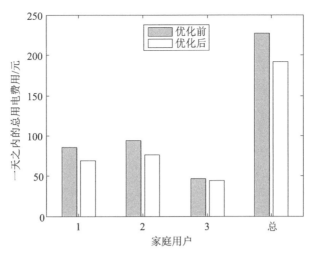

图 7-9　优化前后各家庭用户的总用电费用对比图

从图 7-8(a)和图 7-8(b)中可以看出,执行优化之后,用户 1 和用户 2 负荷曲线"平滑"明显,部分高峰负荷成功转移到了 1～6 时段运行;而图 7-8(c)所示的用户 3 负荷曲线在优化前后变化不大,这是因为用户 3 的家中没有电动汽车,仅有洗衣机、洗碗机两种可转移负荷,而且其可转移时段十分有限。

通过观察图 7-9,不难发现,执行优化调度之后,3 个家庭用户的购电费用都有所降低,其中,用户 1 和用户 2 的用电费用降低显著,而用户 3 的费用降低较少,这说明家庭用户在参与需求响应的过程中,其负荷的可调节能力越大,获得的收益也就越高。

需要说明的是,本节实验系统中时间单位为 min,功率单位为 W,电能单位为 W·min,实时电价则是根据当前功率计算出来的,单位为元/(W·min),因而纵坐标的电能、用电费用数据显得比较大。

7.3　居民负荷非合作博弈优化实验验证

针对上述居民负荷能量管理系统,可实现居民负荷完全信息博弈优化和不完全信息博弈优化实验验证。本节内容首先结合实验系统构建完全信息和不完全信息博弈模型,然后依据构建的模型进行实验验证,并对所获取的实验结果进行讨论分析。

7.3.1　实验系统博弈模型

上述章节所构建的场景考虑了多社区、多用户、多负荷,所以居民侧进行博弈优化调度时均是将用户负荷需求量作为决策变量,即决策变量为连续变量。而本实验系统中所模拟的负荷数量远低于实际系统中的负荷数量,所以在进行博弈优化时需将各类负荷的开关量作为决策变量,即决策变量为离散变量。鉴于此,需要结合本实验系统对完全信息和不完全信息博弈进行重新建模。假设实验场景中,3 个房屋模型分别用来模拟 3 个居民社区,其中任一社区用 i 表示,模型内部 5 种负荷分别用来模拟社区对应负荷,其中任一负荷用 a 表示。本实验中,可参与负荷调度的柔性负荷为洗衣机、洗碗机和电动汽车,不参与负荷调度的负荷为照明和冰箱。对于社区 i 中的负荷 a,假设负荷 a 的额定功率为 P_i^a,二进制变量 $S_{i,t}^a$ 为负荷 a 的开关状态,其中 $S_{i,t}^a=1$ 表示 a 在 t 时段内处于运行状态,$S_{i,t}^a=0$ 表示 a 处于关闭状态[5]。由此可知,社区 i 在 t 时段内的耗电量可表示为

$$L_{i,t} = \sum_{a=1}^{5} S_{i,t}^a P_i^a \Delta t \quad \forall t \in T \tag{7-1}$$

式中,T 表示整个调度周期,Δt 表示时间间隔。进一步,可得整个实验系统能耗量如下

$$L_t = \sum_{i=1}^{3} L_{i,t} = \sum_{i=1}^{3} \sum_{a=1}^{5} S_{i,t}^a P_i^a \Delta t \quad \forall t \in T \tag{7-2}$$

本实验系统采用的电价机制为实时电价,假设电价 p_t 与整个实验系统能耗量 L_t 呈线性关系,即

$$p_t = a_t L_t + b_t \quad \forall t \in T \tag{7-3}$$

式中,a_t 和 b_t 分别为实时电价参数,与时段 t 相关。因此,社区 i 在整个调度周期 T 内的电费可表示为

$$C_i(\boldsymbol{S}_i^a, \boldsymbol{S}_{-i}^a) = \sum_{t=1}^{T} p_t L_{i,t} \tag{7-4}$$

式中,$\boldsymbol{S}_i^a = [S_{i,1}^a, S_{i,2}^a, \cdots, S_{i,T}^a]$ 表示社区 i 中负荷 a 的调控策略集;$\boldsymbol{S}_{-i}^a$ 表示除社区 i 以外两个社区的调控策略集。

1) 完全信息博弈模型

当 3 个社区参与完全信息非合作博弈时,每个社区均以自身费用最小为优化目标对负荷进行优化调度。即,完全信息博弈可建立为如下形式:

- 参与者:实验系统 3 个社区;
- 策略:社区 $i(i=1, 2, 3)$ 的负荷调控策略 $\boldsymbol{S}_i^a$;
- 收益函数:社区 i 在调度周期 T 内电费最小,即

$$\min_{S_{i,t}^a} C_i(\boldsymbol{S}_i^a, \boldsymbol{S}_{-i}^a)$$

$$\text{s.t.} \begin{cases} \sum_{t \in T} S_{i,t}^a P_i^a \Delta t = Q_a \\ S_{i,t}^a = 0 \quad \forall t \in T/T_a \end{cases} \tag{7-5}$$

式中,T_a 表示负荷 a 的可调度时段,Q_a 表示负荷 a 在调度周期 T 内的电能需求量。基于完

全信息博弈模型(7-5),3 个社区之间可进行完全信息非合作博弈。

2) 不完全信息博弈模型

通过前文对不完全信息博弈建模分析可知,社区之间不完全信息的存在使得博弈参与者无法通过推演计算获知其他参与者的决策策略。鉴于此,社区需要利用不完全信息概率分布去推测其他参与者类型,进而获知其他参与者在不同类型下的决策策略。为了与上述完全信息博弈结果进行对比,假设实验系统中的 3 个社区共存在两种类型,其中类型 1 表示社区参与负荷调度博弈优化,类型 2 表示社区不参与负荷调度博弈优化。由于每个社区在参与博弈时,并不知道其他社区是否参加博弈,也就无法推演出其他社区的决策策略。所以,虽然本实验中对社区类型的定义与前文有所不同,但实际性质是一致的。假设社区 i 类型 $j_i (j_i = 1, 2)$ 的概率为 $\Pr(j_i)$,因此,社区 i 在整个调度周期 T 内的电费期望可表示为

$$
\begin{aligned}
EC_i(j_i, S_i^a(j_i), S_{-i}^a(j_{-i})) &= \sum_{j_{-i} \in J_{-i}} C_i(t_i, S_i^a(j_i), S_{-i}^a(j_{-i})) \Pr(\boldsymbol{j}_{-i} \mid j_i) \\
EC_i(j_i, S_i^a(j_i), S_{-i}^a(j_{-i})) & \\
&= \sum_{j_{-i} \in J_{-i}} C_i(t_i, S_i^a(j_i), S_{-i}^a(\boldsymbol{J}_{-i})) \Pr(\boldsymbol{J}_{-i} \mid j_i)
\end{aligned} \tag{7-6}
$$

式中,$\boldsymbol{J}_{-i}$ 表示社区 i 以外两个社区的类型空间组合,j_{-i} 为两个社区的实际类型;$\Pr(\boldsymbol{j}_{-i} \mid j_i)$ 表示社区 i 类型为 j_i 条件下,其他两个社区类型为 $\boldsymbol{j}_{-i}$ 的概率。因此,社区贝叶斯博弈可建立为如下形式:

- 参与者:实验系统 3 个社区;
- 策略:社区 $i (i = 1, 2, 3)$ 类型 t_i 负荷调控策略 $\boldsymbol{S}_i^a(j_i)$;
- 收益函数:社区 i 在调度周期 T 内电费期望最小,即

$$
\min_{S_{i,t}^a} EC_i(j_i, \boldsymbol{S}_i^a(j_i), \boldsymbol{S}_{-i}^a(j_{-i}))
$$

$$
\text{s.t.} \begin{cases} \sum_{t \in T} S_{i,t}^a P_i^a \Delta t = Q_a \\ S_{i,t}^a = 0 \quad \forall t \in T/T_a \end{cases} \quad \text{for} \quad j_i = 1 \min_{S_{i,t}^a} EC_i(j_i, \boldsymbol{S}_i^a(j_i), \boldsymbol{S}_{-i}^a(j_{-i}))
$$

$$
\text{s.t.} \begin{cases} \sum_{t \in T} S_{i,t}^a P_i^a \Delta t = Q_a \\ S_{i,t}^a = 0 \quad \forall t \in T/T_a \end{cases} \quad \text{for} \quad j_i = 1 \tag{7-7}
$$

需要说明的是,当社区类型 $j_i = 2$ 时,社区内负荷按照未参与博弈优化的初始情况运行。假设实验验证中,每个社区为类型 1 和 2 的概率相等,即 $\Pr(j_i = 1) = \Pr(j_i = 2) = 0.5$,且每个社区实际类型均为类型 1。根据完全信息博弈模型(7-5)和不完全信息博弈模型(7-7),可设计出相应的求解算法,并通过 YALMIP 平台调用 Cplex 求解器求解出均衡解。此外,负荷能量管理系统中各类负荷功率如表 7-7 所示。电价参数 a_t 和 b_t 在各时段取值分别为:$a_t = 0.2$ 美元 $/\text{Wh}^2$,$b_t = 0.4$ 美元 $/\text{Wh}(t = 1 \sim 6)$;$a_t = 0.3$ 美元 $/\text{Wh}^2$,$b_t = 0.5$ 美元 $/\text{Wh}$ $(t = 7 \sim 17$ 和 $t = 23 \sim 24)$;$a_t = 0.4$ 美元 $/\text{Wh}^2$,$b_t = 0.6$ 美元 $/\text{Wh}(t = 18 \sim 22)$。 由于实验系统负荷功率较小,若采用实际系统中的电价参数,各社区电费数量级太小($10^{-3} \sim 10^{-2}$ 级)

不便于分析。因此，为了便于后续分析，电价参数设置高于实际参数。

表 7-7 实验系统各社区负荷功率表 单位：W

负荷	社区 1	社区 2	社区 3
照明	3.4	4.8	1.8
冰箱	1.6	1.4	1.4
洗衣机	4.6	3.4	3.6
洗碗机	7.1	10.4	8.5
电动汽车	7.9	7.7	0

7.3.2 完全信息博弈实验研究

表 7-8 所示为完全信息博弈下居民负荷调度安排结果，表中分别为 3 个社区 5 个负荷在 24 个时段内的负荷运行状态调度优化结果。

表 7-8 完全信息博弈下居民负荷调度安排结果表

社区 1	1—6	7—17	18	19	20	21	22	23	24
照明	0	0	1	1	1	1	1	1	0
冰箱	1	1	1	1	1	1	1	1	1
洗衣机	0	0	0	0	0	0	1	0	0
洗碗机	0	0	0	0	1	0	0	0	0
EV	1	0	0	0	0	0	0	0	0

社区 2	1—6	7—17	18	19	20	21	22	23	24
照明	0	0	1	1	1	1	1	1	0
冰箱	1	1	1	1	1	1	1	1	1
洗衣机	0	0	0	0	0	1	0	0	0
洗碗机	0	0	0	0	0	0	0	1	0
EV	1	0	0	0	0	0	0	0	0

社区 3	1—6	7—17	18	19	20	21	22	23	24
照明	0	0	1	1	1	1	1	1	0
冰箱	1	1	1	1	1	1	1	1	1
洗衣机	0	0	1	0	0	0	0	0	0
洗碗机	0	0	0	1	0	0	0	0	0
EV	1	0	0	0	0	0	0	0	0

从表中可以看出，社区 1 各类负荷安排如下：(1)刚性负荷：照明在时段 18～23 期间处于开启状态，冰箱在 24 个时段内均处于开启状态；(2)柔性负荷：洗衣机将会安排在时段 22，洗碗机将会安排在时段 20，电动汽车充电将会安排在 1～6 时段内。社区 2 各类负荷安排如下：(1)刚性负荷：照明在时段 18～23 期间处于开启状态，冰箱在 24 个时段内均处于

开启状态;(2)柔性负荷:洗衣机将会安排在时段 21,洗碗机将会安排在时段 23,电动汽车充电将会安排在 1~6 时段内。社区 3 各类负荷安排如下:(1)刚性负荷:照明在时段 18~23 期间处于开启状态,冰箱在 24 个时段内均处于开启状态;(2)柔性负荷:洗衣机将会安排在时段 18,洗碗机将会安排在时段 19,电动汽车充电将会安排在 1~6 时段内。从调度结果可以看出,3 个社区洗衣机在可调度时间段 18~23 会选择不同的时段分别运行,因而可避免在同一个时段内运行造成电价升高,进而导致电费升高;同理,洗碗机也有类似安排;而社区 1 和 2 均会在低谷时段(1~6 时段)内给电动汽车充电,因为该时段内电价水平在整个调度周期内处于最低水平。图 7-10 所示为点击主界面的负荷曲线控件后得到的居民负荷需求曲线。从图中可以看出,晚高峰时段居民负荷需求基本趋于平稳,未出现某个时段内负荷需求聚集的现象。

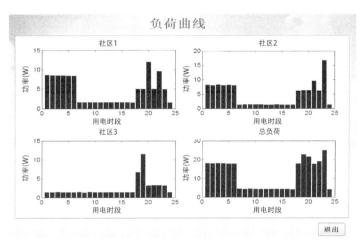

图 7-10　完全信息博弈下居民负荷需求曲线图

基于以上负荷调度安排,可通过点击负荷控制控件对社区各负荷进行实时调控。图 7-11 所示为实验验证实景图。图 7-12 所示为各负荷在时段 18 的实时功率。基于以上实时调度,3 个社区的费用分别为:社区 1 费用 9.9 美元;社区 2 费用 10.7 美元;社区 3 费用 5.6 美元。社区 3 由于没有电动汽车,所以费用低于其他两个社区。

图 7-11　完全信息博弈实验验证实景图

图 7-12　完全信息博弈下负荷实时功率图

7.3.3　不完全信息博弈实验研究

表 7-9 所示为不完全信息博弈下居民负荷调度安排结果。从表中可以看出,社区 1 各类负荷安排如下:(1)刚性负荷:照明在时段 18~23 期间处于开启状态,冰箱在 24 个时段内均处于开启状态;(2)柔性负荷:洗衣机将会安排在时段 18,洗碗机将会安排在时段 21,电动汽车充电将会安排在 1~6 时段内。社区 2 各类负荷安排如下:(1)刚性负荷:照明在时段 18~23 期间处于开启状态,冰箱在 24 个时段内均处于开启状态;(2)柔性负荷:洗衣机将会安排在时段 21,洗碗机将会安排在时段 23,电动汽车充电将会安排在 1~6 时段内。社区 3 各类负荷安排如下:(1)刚性负荷:照明在时段 18~23 期间处于开启状态,冰箱在 24 个时段内均处于开启状态;(2)柔性负荷:洗衣机将会安排在时段 18,洗碗机将会安排在时段 23,电动汽车充电将会安排在 1~6 时段内。通过和上述完全信息博弈结果对比可发现,由于博弈信息的不完全,社区做决策时无法准确获取其他社区的决策,也就无法获取各时段市场负荷水平,进而无法准确把握市场电价信息。所以导致 3 个社区部分负荷会在同一个时段运行(如时段 18、21 和 23 分别有两种柔性负荷同时运行),从而导致该时段负荷需求增大。但从社区内部负荷来看,3 个社区洗衣机和洗碗机未出现在同一个时段运行,因此贝叶斯博弈可实现信息不完全条件下参与者利益最大化目标。从图 7-13 所示的居民负荷需求曲线可以验证上述分析,从中可以看出,在晚高峰时段 18、21 和 23,居民负荷需求明显高于其他相邻时段,即表明这 3 个时段出现了负荷需求聚集现象。该现象造成的后果会使得该时段电价明显高于其他相邻时段,社区消耗相同的电能需要支付更多的电费,也就导致各社区在整个周期内的电费升高。

同样,基于以上不完全信息博弈优化调度结果,可对社区负荷进行实时调控。图 7-14 所示为各负荷在时段 21 的实时功率。基于以上实时调度,3 个社区的费用分别为:社区 1 费用 10.1 美元;社区 2 费用 11.2 美元;社区 3 费用 5.8 美元。和完全信息博弈各社区费用相比,由于博弈信息的不完全导致了社区电费增加,每个社区费用分别增加了 0.2 美元,0.5 美元和 0.2 美元。

表 7-9　不完全信息博弈下居民负荷调度安排结果表

社区 1	1～6	7～17	18	19	20	21	22	23	24
照明	0	0	1	1	1	1	1	1	0
冰箱	1	1	1	1	1	1	1	1	1
洗衣机	0	0	1	0	0	0	0	0	0
洗碗机	0	0	0	0	0	1	0	0	0
EV	1	0	0	0	0	0	0	0	0
社区 2	1～6	7～17	18	19	20	21	22	23	24
照明	0	0	1	1	1	1	1	1	0
冰箱	1	1	1	1	1	1	1	1	1
洗衣机	0	0	0	0	0	1	0	0	0
洗碗机	0	0	0	0	0	0	0	1	0
EV	1	0	0	0	0	0	0	0	0
社区 3	1～6	7～17	18	19	20	21	22	23	24
照明	0	0	1	1	1	1	1	1	0
冰箱	1	1	1	1	1	1	1	1	1
洗衣机	0	0	1	0	0	0	0	0	0
洗碗机	0	0	0	0	0	0	0	1	0
EV	1	0	0	0	0	0	0	0	0

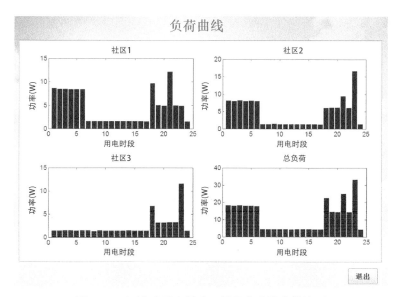

图 7-13　不完全信息博弈下居民负荷需求曲线图

图 7-14　不完全信息博弈下负荷实时功率图

本章主要为了验证电力博弈优化技术的可行性,利用实验系统对居民社区负荷管理博弈优化展开了实验研究。实验结果表明,所提出的博弈方法具有良好的可行性,可决策出各社区不同负荷最佳运行方式,并能够按照优化结果对负荷进行实时调控。此外,通过对比两种博弈实验结果可知,不完全信息博弈由于受信息不完全影响,导致各社区电费要高于完全信息博弈各社区费用。由于受实际系统中居民社区智能终端设备普及率及运算通信能力的限制,本章实验并未以实际居民社区为研究对象,但实验中所涉及的优化算法及实施流程均可以较好地移植至实际系统中。

参考文献

[1] 邓中祚. 智能家居控制系统设计与实现[D]. 哈尔滨:哈尔滨工业大学,2015.

[2] 闫晓俊. 基于 STM32 的 WIFI 视频传输的研究与设计[D]. 太原:中北大学,2016.

[3] 罗华飞. MATLAB GUI 设计学习手记[M].2 版. 北京:北京航空航天大学出版社,2011.

[4] 罗京. 基于智能电价的家庭能量管理技术及实验系统[D]. 南京:东南大学,2018.

[5] 高赐威,李倩玉,李扬. 基于 DLC 的空调负荷双层优化调度和控制策略[J]. 中国电机工程学报,2014,34(10):1546-1555.